Schneider: Von der Null zur Unendlichkeit

Vom gleichen Autor:

Von Röntgen zu Einstein
von Planck zu Heisenberg

ERICH SCHNEIDER

Von der Null zur Unendlichkeit

Mathematische Plaudereien
für Nichtmathematiker

Hesse Becker

Umschlaggestaltung: Gudrun Kiender
Gesamtherstellung: May & Co, Darmstadt
Printed in Germany
ISBN 3-8036-0420-6
Neuauflage 1987

VORWORT

Die Mathematik ist die älteste, aber auch die unpopulärste Wissenschaft. Ein mathematisches Buch für Laien zu schreiben, ist daher eine besonders schwierige Aufgabe. Ich habe sie dadurch zu lösen versucht, daß ich überall die Teile heraussuchte, von denen ich glaubte, daß sie für Laien verständlich und von Interesse seien. So sind eine Reihe von Kapiteln entstanden, die nur lose zusammenhängen und von denen jedes für sich verständlich ist. Sie brauchen daher nicht im Zusammenhang gelesen zu werden, sondern jeder kann sich die ihn am meisten interessierenden heraussuchen.

„Die Masse könnt ihr nur durch Masse zwingen,
Ein jeder sucht sich endlich selbst was aus.
Wer vieles bringt, wird manchem etwas bringen;
Und jeder geht zufrieden aus dem Haus.
Gebt ihr ein Stück, so gebt es gleich in Stücken!
Solch ein Ragout, es muß euch glücken;
Leicht ist es vorgelegt, so leicht als ausgedacht.
Was hilft's, wenn ihr ein Ganzes dargebracht?
Das Publikum wird es euch doch zerpflücken."

Zum Schluß muß ich noch um die Nachsicht meiner Leser bitten, was die Rechtschreibung in den Zitaten anbetrifft. Die einen führe ich in Originalschreibweise an, was den Vorzug hat, daß der Leser sich dann schon durch die altertümliche Rechtschreibung um ein oder zwei Jahrhunderte zurückversetzt glaubt. Wo mir jedoch die Originalschreibweise nicht vorlag, habe ich keine Quellenstudien getrieben, sondern das Zitat so abgeschrieben, wie ich es veröffentlicht fand. Es ist auch gar nicht immer möglich, die Originalschreibweise festzustellen. So heißt es in dem 1860 veröffentlichten Briefwechsel Gauß-Schumacher „diesmal", in dem 1880 veröffentlichten Briefwechsel Gauß-Bessel jedoch „dieß Mal". und in dem 1900 erschienenen Briefwechsel Gauß-Olbers heißt es dann wieder „diesmal", und so hat wohl auch Gauß selbst geschrieben, während „dieß Mal" die Orthographie des Herausgebers von 1880 zu sein scheint.

1. Kapitel

Von Ziffern, Zahlsystemen und Rechenbrettern[1]) *die Erfindung der Null*

Wenn ich an den Anfang dieses Buches das Jahr schreiben will, in dem es neu erscheint, so kann ich das auf zwei verschiedene Weisen tun, entweder einfach oder umständlich, entweder international verständlich oder nur Deutschen verständlich, und auch denen nicht einmal ganz leicht, entweder:

1987

oder: Neunzehnhundertsiebenundachtzig.

Im ersten Falle sind die verwendeten Symbole Zeichen für gewisse Begriffe, es ist eine Begriffsschrift. Im zweiten Falle sind die verwendeten Symbole Zeichen für gewisse Laute der menschlichen Sprache, es ist eine Lautschrift. Die Laute setzen sich dabei zu Wörtern zusammen, und erst die Wörter bezeichnen die Begriffe. Die Lautschrift erscheint also so umständlich, weil sie den Umweg über die Sprache nimmt. Noch etwas anderes kommt hinzu: Die Begriffsschrift wurde zunächst von wenigen benutzt und ließ sich daher im Laufe der Entwicklung verhältnismäßig leicht ändern – wenn man das als vorteilhaft erkannt hatte –, bis sie die heutige, wohl nicht mehr zu übertreffende Vollendung erreichte. Die Sprache dagegen wurde von allen gesprochen und ließ sich daher nicht ändern, auch wenn man ihre Fehler längst eingesehen hatte.

---

[1]) *K. Menninger*, „Kulturgeschichte der Zahlen", Breslau 1934.

So setzt z. B. die deutsche Sprache, wie alle Sprachen, im allgemeinen die größeren Einheiten vor die kleineren, mit Ausnahme der Einer, die vor die Zehner kommen, wie in Vierundfünfzig und Neunzehn. Diese Verwirrung stiftende Umstellung von Einern und Zehnern hört bei den romanischen Sprachen merkwürdigerweise mitten in der ersten Zehnerstufe auf. 15, 16, 17, 18 heißt im Französischen: quin-ze, sei-ze / dix-sept, dix-huit, im Italienischen: quin-dici, se-dici / diciasette, diciotto und im Spanischen: quince / diez-y-seiz, diez-y-siete, diez-ocho.

Besonders merkwürdig ist es im Deutschen, daß wir große Zahlen verschieden lesen, je nachdem, ob es sich um Jahreszahlen handelt oder nicht. 1900 lesen wir z. B. im ersten Falle Neunzehnhundert und im zweiten Falle Eintausendneunhundert. Von allen solchen Absonderlichkeiten ist die Begriffsschrift frei. Sie kommt uns heute selbstverständlich vor, hat aber eine lange Entwicklung hinter sich. Von ihr wollen wir jetzt sprechen.

Wenn wir in einem Aufsatz eine Anzahl von Abschnitten ordnen wollen, so schreiben wir davor: 1., 2., 3. usw. oder aber auch a), b), c) usw. Das heißt zum Ordnen und Zählen kann man statt der Ziffern auch die alphabetische Reihenfolge der Buchstaben benutzen. Das taten die Griechen. Um Einer, Zehner und Hunderter zu bezeichnen, braucht man 27 Zeichen. Das griechische Alphabet der klassischen Zeit besaß aber nur 24 Buchstaben. Sie nahmen daher 3 alte, im Laufe der Zeit verlorengegangene Buchstaben mit hinzu: erstens das Digamma *F ς* („Doppelgamma", benannt nach der Form des großen Buchstaben), das alte phönizische Waw, unser F (das griechische *Φ φ* entspricht ja unserem ph), zweitens das Koppa *Ϙ ϙ*, das alte phönizische Qoph, unser Q, und drittens das San ↑, das alte phönizische Zade, ein Zischlaut, etwa unserem ss entsprechend. Digamma und Koppa wurden wieder an der Stelle eingeschoben, an der sie früher gestanden hatten und daher zur Bezeichnung von 6 und 90 verwendet. Der Buchstabe San dagegen, der ursprünglich zwischen Pi und Koppa gestanden hatte, war im Laufe der Zeit gänzlich in Vergessenheit geraten. Er wurde daher bei Einführung des Ziffernsystems an den Schluß gestellt, als Zeichen für 900. Im 15. Jahrhundert n. Chr. kam dann bei byzantinischen Schreibern dafür die Form ϡ und der Name Sampi auf. Die Tafel der Zahlzeichen sah dann so aus:

1	2	3	4	5	6	7	8	9
A	*B*	*Γ*	*Δ*	*E*	Ϝ	*Z*	*H*	*Θ*
α	*β*	*γ*	*δ*	*ε*	ϛ	*ζ*	*η*	*ϑ*
10	20	30	40	50	60	70	80	90
I	*K*	*Λ*	*M*	*N*	*Ξ*	*O*	*Π*	Ϙ
ι	*κ*	*λ*	*μ*	*ν*	*ξ*	*ο*	*π*	ϟ
100	200	300	400	500	600	700	800	900
P	*Σ*	*T*	*Y*	*Φ*	*X*	*Ψ*	*Ω*	ϡ
ϱ	*σ*	*τ*	*υ*	*φ*	*χ*	*ψ*	*ω*	

PIA bedeutet also 111, wobei es auf die Reihenfolge gar nicht ankam, da *P* ja an sich 100 bedeutet, ohne Rücksicht auf seine Stellung. Man konnte also ebensogut *IPA* oder *AIP* oder noch anders schreiben. Im allgemeinen hielten jedoch die Griechen die durch die Größenfolge gegebene Ordnung inne. Die Tausender wurden durch einen vorgesetzten Strich gekennzeichnet. *BΦΠZ* bedeutet also: 2587 und *A*ϡ*ΛΘ* 1939. An Kürze läßt diese Schreibweise also nichts zu wünschen übrig. Wie kann man aber mit ihr rechnen?

$$OH + M\Theta = PKZ;\ 78 + 49 = 127?$$

Nun, vom Rechnen sprechen wir noch weiter unten. Neben dieser von den ionischen Handelsstädten Kleinasiens (Milet u. a.) ausgehenden Zahlschrift waren in Griechenland übrigens noch andere gebräuchlich, worauf wir hier jedoch nicht eingehen wollen.

Wir wenden uns jetzt vielmehr Zahlschriften zu, die von einem ganz anderen Grundgedanken ausgehen, nämlich der Reihung und Bündelung. In der hieroglyphischen Bilderschrift der Ägypter werden die Einer durch Aneinanderreihen von Strichen gebildet. Zehn solcher Striche werden dann durch ein neues Zeichen 𓎆 (Hufeisen) für die 10 gleichsam gebündelt. Es ist also:

𓏺𓏺𓏺𓏺𓏺𓏺𓏺𓏺𓏺𓏺 = 𓎆.

Zehn 𓎆 werden durch das neue Zeichen 𓍢 (Meßschnur) für 100 wieder gebündelt:

𓎆𓎆𓎆𓎆𓎆𓎆𓎆𓎆𓎆𓎆 = 𓍢,

zehn 𓍢 durch das Zeichen 𓆼 (Lotosblume) für 1000:

𓍢𓍢𓍢𓍢𓍢𓍢𓍢𓍢𓍢𓍢 = 𓆼

und schließlich zehn 𓆼 durch das Zeichen 𓂭 (ein Finger) für 10 000:

𓆼𓆼𓆼𓆼𓆼𓆼𓆼𓆼𓆼𓆼 = 𓂭.

Es bedeutet also:

𓂭𓂭𓂭𓂭 𓆼𓆼 𓍢𓍢𓍢 𓎆𓎆𓎆𓎆𓎆𓎆𓎆 𓏺𓏺𓏺𓏺 42 374

Ähnlich sind auch die lateinischen Zahlen aufgebaut, die das Abendland nach dem Zusammenbruch des Römischen Reiches übernahm und die im späten Mittelalter geradezu als die „deutschen" Zahlen galten, im Gegensatz zu den eindringenden fremden arabisch-indischen Zahlen. Um ihre Zahlen nicht allzu lang werden zu lassen, haben die Römer die Zehnerbündelung durch eine Fünferbündelung ergänzt. Die Einer sind wieder Striche, und es bedeutet: V 5, X 10, L 50, C 100, D 500, M 1000. Das Zeichen V ist vielleicht nach Abb. 1 aus einer Hand entstanden, das Zeichen X aus zwei Händen. C ist wohl die

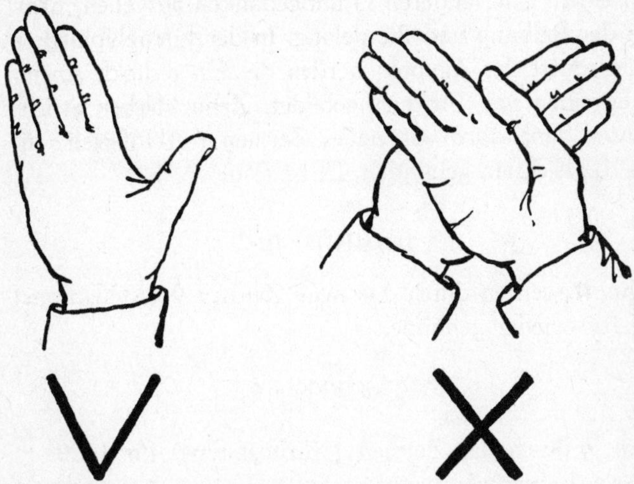

Abb. 1,1 Erklärungsversuch der römischen Ziffern V *und* X

Abkürzung für das lateinische Wort centum = Hundert und M für mille = Tausend. Alle diese Erklärungen sind aber nicht ganz sicher, und für L und D fehlt uns jede Erklärung. Die Jahreszahl 1939 schreibt sich also lateinisch:

MDCCCCXXXVIIII.

Um die Schreibweise etwas abzukürzen, verwendete man später außer der additiven Reihung noch die Subtraktion, setzte also 900 nicht zusammen aus 500 + 100 + 100 + 100 + 100, sondern aus 1000—100, indem man das Zeichen C links neben das Zeichen M schrieb:

CM = DCCCC (=900),

und entsprechend:

IX = VIIII (= 9),

so daß wir für 1939 erhalten:

MCMXXXIX

Rechnen konnte man mit diesen Zahlen natürlich genau sowenig wie mit der griechischen Abc-Zahlschrift. Zum Rechnen benutzte man eine besondere Vorrichtung, ein Rechenbrett. Aus dem alten Griechenland ist ein einziges Rechenbrett erhalten, eine Tafel aus weißem Marmor, die man um die Mitte des vorigen Jahrhunderts auf der Insel Salamis fand. Sie sieht, wenn wir uns auf das Wesentliche beschränken, so aus, wie Abb. 2 zeigt. Die Buchstaben über den Spalten sind die Anfangsbuchstaben der griechischen Zahlwörter: *M* Myrioi = 10 000, *X* Chilioi = 1000, *H* Hekaton = 100, *Δ* Deka = 10 und Г die altgriechische Form des *Π* Pente = 5. Die Zwischenstufen bedeuten dann also: ГΔ = 50, ГH = 500, ГX = 5000 und ГM = 50 000. Gerechnet wurde, indem man Rechensteine in die Spalten legte. In Abb. 2 sind also ausgelegt die

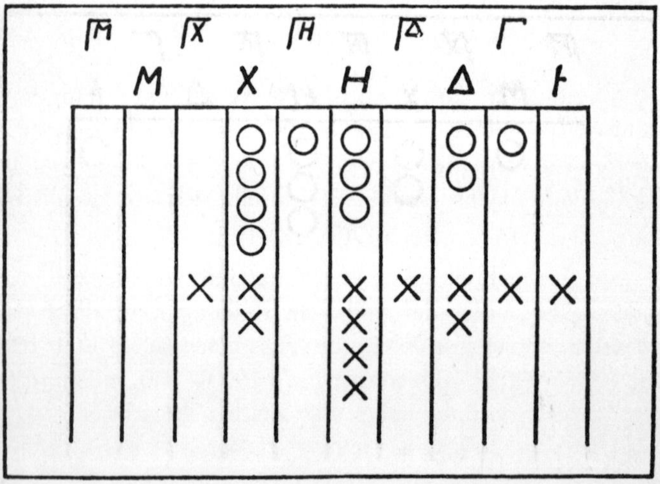

Abb. 1,2 Griechisches Rechenbrett (Salaminische Tafel) mit der Aufgabe 4825 + 7476

Zahlen 4825 und 7476, unterschieden durch Kreise und Kreuze. Sollten diese beiden Zahlen addiert werden, so ging man folgendermaßen vor: Der Stein in der Spalte ⊢ bleibt liegen. Die beiden Steine in der Spalte Γ sind zwei Fünfer und ergeben zusammen einen Zehner. Sie werden also weggenommen und dafür ein neuer Stein in die Spalte *Δ* gelegt. Dann liegen dort aber 5 Steine. 5 Zehner ergeben nun einen Fünfziger. Die 5 Steine in Spalte *Δ* werden daher weggenommen und dafür ein neuer Stein in die Spalte 𐅄 gelegt. Da dort dann zwei Steine liegen und zwei Fünfziger einen Hunderter ergeben, werden die beiden Steine aus der Spalte 𐅄 auch weggenommen und ein neuer Stein in die Spalte *H* gelegt. Hier haben wir dann 8 Steine. 5 werden weggenommen und dafür einer in die Spalte 𐅅 gelegt, wo dann zwei liegen. Sie werden beide weggenommen und dafür ein neuer Stein in die Spalte *X* gelegt. Dort liegen dann 7 Steine. 5 werden weggenommen und dafür einer in die Spalte 𐅆 gelegt. Da dort nun

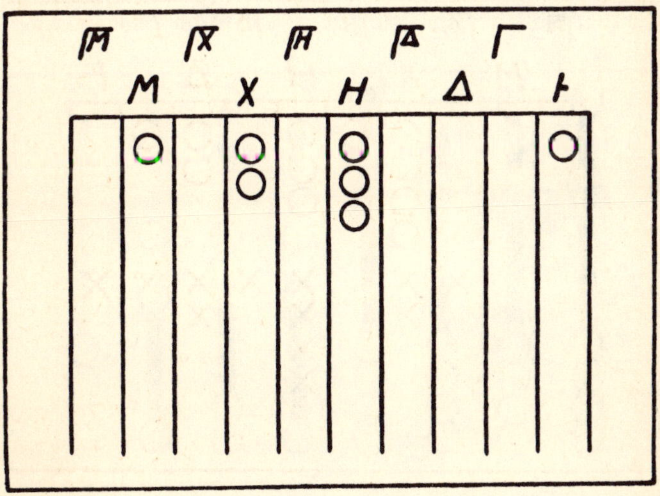

Abb. 1,3 Griechisches Rechenbrett mit der Lösung der Aufgabe von Abb. 1,2 (12 301)

zwei liegen, werden beide fortgenommen und dafür ein Stein in die Spalte *M* gelegt, und damit ist die Rechnung zu Ende. Das Rechenbrett sieht jetzt so aus, wie Abb. 3 zeigt, und gibt das Ergebnis an:

$$4825 + 7476 = 12\,301.$$

Aus der römischen Zeit sind uns zwei Rechenbretter erhalten. Die Römer nannten ihre „Rechenmaschine" Abakus. Sie ist in Abb. 4 abgebildet, wieder unter Beschränkung auf das Wesentliche. Es werden nicht wie beim griechischen Rechenbrett Steine aufgelegt und wieder weggenommen, sondern es werden in 8 Schlitzen einer Metalltafel Knöpfchen (claviculi = Nägelchen) auf und ab geschoben, wodurch die Handlichkeit des Verfahrens gewann. Wie bei den römischen Zahlen bedeutet I die Einer, X die Zehner und C die Hunderter. M für Tausend hat sich aber erst im Mittelalter eingebürgert. Die Römer schrieben (I) für Tausend, ((I)) für 10 000. (((I))) für 100 000 und |X| für eine Million. Die „Fünfer" werden nun nicht, wie beim griechischen Rechenbrett, zwischen die Einer, Zehner,

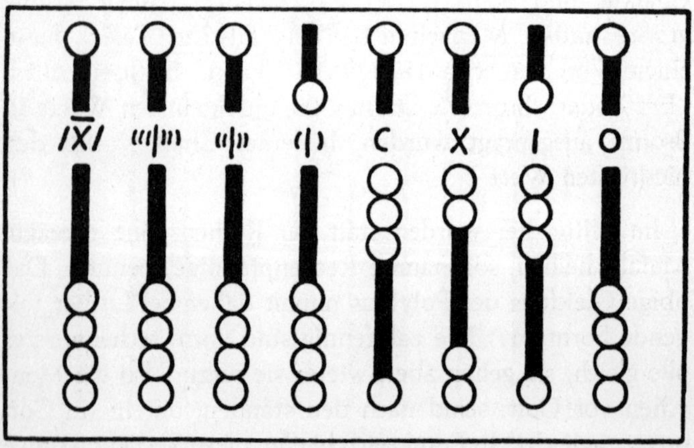

Abb. 1,4 Römisches Rechenbrett (Abakus) mit der Einstellung der Zahl 5328

Hunderter usw. gesetzt, sondern darüber. In Abb. 4 sind also eingeteilt: 3 Einer und 1 Fünfer, also 8; ferner 2 Zehner, 3 Hunderter und 1 Fünftausender, also im ganzen die Zahl 5328.

Besonders bemerkenswert ist noch der letzte Schlitz rechts, der mit O überschrieben ist. Das war das Zeichen für die Unze, eine römische Münze, und zwar $^1/_{12}$ As. Das As war die gebräuchlichste römische Münze, die „Einheit", und eine Unze galt daher den Römern einfach als „ein Zwölftel". Der letzte Schlitz stellt daher die Brüche dar, allerdings keine Dezimalbrüche, sondern eben Zwölftel.

In der Form der Salaminischen Tafel hat sich das Rechenbrett das ganze Mittelalter hindurch bis in die Neuzeit erhalten. In der Literatur finden sich häufig Stellen, die darauf Bezug nehmen. Der römische Geschichtsschreiber Polybius (204–122 v. Chr.) sagt an einer Stelle: „Die Höflinge der Könige gleichen aufs Haar den Rechensteinen auf dem Rechenbrett: sie gelten nämlich ganz nach dem Willen des Rechners eben bloß einen Chalkus und dann wieder ein Talent!" Talent ist die größte antike Münzeinheit. (Das attische Talent hatte einen Wert von etwa 4500 DM.) Chalkus heißt eigentlich „Erz" oder „Bronze". Da nur die allerkleinsten Werte in Bronze ausgeprägt wurden, bedeutet Chalkus also den niedrigsten Wert.

Im Mittelalter wurden statt der Rechensteine geprägte Metallscheiben, sogenannte Rechenpfennige, benutzt. Das obige Gleichnis des Polybius nimmt daher bei Luther folgende Form an: „Die zalpfennig sind vorm rechenmeister alle gleich, sie gelten aber, wie er sie setzt. Also die Menschen vor Gott, seind nach den ständen, darein sie Gott setzt, ungleich!" In Frankreich hießen diese Rechenpfennige jetons. Ein französischer Vers, der Friedrich dem Großen zugeschrieben wird, drückt dasselbe Gleichnis folgendermaßen aus:

„Les courtisans sont des jetons,
leur valeur dépend de leur place:
Dans la faveur, des millions,
et des zéros dans la disgrâce!"

(Die Höflinge sind wie die Rechenpfennige,
ihr Wert hängt von ihrer Stellung ab:
In der Gunst, Millionen,
und Nullen in der Ungnade!)

Luther sagt an einer anderen Stelle: „Der Teufel ist zornig und wirft das H u n d e r t ins T a u s e n t , und richt so mancherlei gewirre an, daß schier niemand weiß, was er glaubt." Die Redensart „Vom Hundertsten ins Tausendste kommen" hat sich ja bis auf den heutigen Tag erhalten. Sie ist ohne die Vorstellung des Rechenbrettes gar nicht zu verstehen. Es galt eben als Urbild der Unordnung, wenn jemand auf dem Rechenbrett die Steine versehentlich auf die Tausender- statt auf die Hunderterlinie setzte.

Ein gewisser Olivier de la Marche, der 1474 seine Erinnerungen schrieb, schildert das Leben am Hofe Karls des Kühnen von Burgund. An einer Stelle heißt es in einem altertümlichen, nicht ganz leicht verständlichen Französisch: „La vient le duc en la chambre des Finances, bien souvent et ne se cloent nuls comptes sans luy ou sans son sceu. Luy mesmes siet au b u r e a u à ung bout, jecte et calcule comme les autres, et n'y a différance en eulx en iciluy exercice sinon que le duc jecte en jectes d'or et les autres de jectes d'argent." (Der Herzog kommt selbst sehr oft in die Schatzkammer, und keine Rechnung wird abgeschlossen ohne ihn oder ohne sein Siegel. Er selbst sitzt am b u r e a u am einen Ende, wirft und rechnet wie die anderen; und es besteht kein Unterschied zwischen ihnen und seinem Rechnen, nur daß der Herzog mit goldenen Rechenmünzen wirft, und die anderen mit silbernen.) Das bureau ist offenbar ein Rechenbrett, und die Rechenpfennige sind am glanzvollen Hofe Karls des Kühnen aus Silber und Gold.

In einem Testament eines englischen Ratsherrn um 1500 heißt es: „I gif to Christofer Nelson, my sone and heire, the grete cownter in the haull, also I gif to William Nelson my sone, the cownter in the parlour ... to Richard the cownter in my bedchambour." (Ich vermache Christof Nelson, meinem Sohn und Erben, das große Rechenbrett in der Halle, ferner meinem Sohn Wilhelm das Rechenbrett im Wohnzimmer ... und Richard gebe ich das in meinem Schlafzimmer.)

Shakespeare läßt im „Wintermärchen" den jungen Schäfer sagen: „I cannot do't without counters." (Ich kann es ohne Rechenpfennige nicht herausbringen.) Und in „Troilus und Cressida" heißt es:

„Will you with counters sum
the past proportion of his infinite?"
(Willst du mit Pfennigen zählen
seiner Unendlichkeit maßlosen Wert?)

Molière schließlich läßt seinen Malade imaginaire die Apothekerrechnung überprüfen: „ayant une table devant lui comptant avec des jetons" (indem er eine Tafel vor sich hat und mit Jetons rechnet).

Natürlich lag immer die Versuchung nahe, die Rechenpfennige als richtiges Geld auszugeben. Auf einem französischen Rechenpfennig steht daher ausdrücklich: „Je suis de laiton, je ne suis pas d'argent" (Ich bin aus Messing, ich bin nicht aus Silber), ähnlich wie auf den Münzen, die bei uns nur zum Spielen geprägt werden, ausdrücklich „Spielmarke" steht. Luther sagt an einer Stelle: „Als were ich ein

Kind odder narr, der sich mit zalpfennigen für gulden effen ließe."

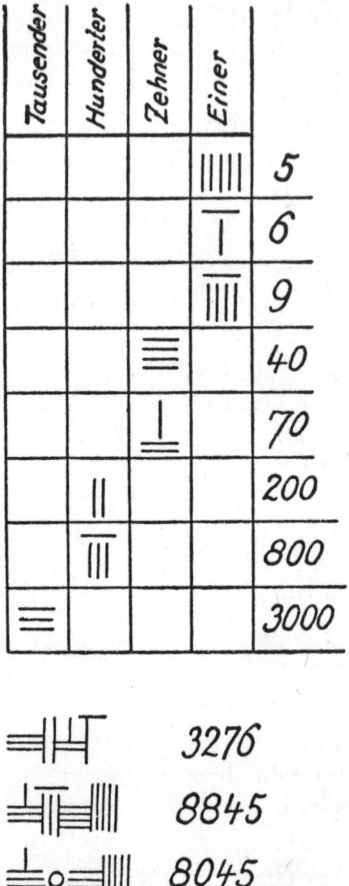

Abb. 1,5 Chinesisches Rechenbrett mit Rechenstäbchen statt Rechenpfennigen und chinesische Stäbchen-Zahlschrift

Es wurde also im Altertum und im Mittelalter mit den römischen Zahlzeichen g e s c h r i e b e n und mit dem Rechenbrett g e r e c h n e t. Das, was den Wert unserer arabisch-indischen Ziffern ausmacht, das Prinzip der Dezimalstellen, besaß man im Altertum und Mittelalter sehr wohl; aber nur auf dem Rechenbrett, nicht in der Schrift. Merkwürdigerweise kam man nicht auf den Gedanken, das Ergebnis, das man auf dem Brett errechnet hatte, einfach so, wie es auf dem Brett aussah, abzubilden, statt es in die römischen Zahlzeichen zu übertragen.

Das taten die Chinesen. Sie hatten es dabei leichter, weil sie nicht runde Rechenpfennige, sondern Stäbchen benutzten. In Abb. 5 sind einige Beispiele für Zahlen, die auf einem chinesischen Rechenbrett in Stäbchen ausgelegt sind, angegeben. Statt der Worte Einer, Zehner, Hunderter, Tausender ist natürlich die chinesische Bezeichnung zu denken. Mit der Richtung, in der die Stäbchen gelegt werden, wird von Dezimale zu Dezimale gewechselt. Bis zur Zahl 5 werden sie bei den Einern und Hundertern senkrecht, bei den Zehnern und Tausendern waagerecht ausgelegt. Von der 6 an wird ein Stäbchen senkrecht zu den übrigen gelegt und bedeutet dann 5 bzw. 50, 500 und 5000, so daß also für jede Dezimale, d. h. für jede Spalte, höchstens 5 Stäbchen nötig sind. Diese Stäbchen lassen sich nun leicht vom Rechenbrett „abschreiben". In Abb. 5 sind dafür 3 Beispiele angegeben. Schwierig wurde die Sache, wenn in einer Spalte kein Stäbchen lag. Wahrscheinlich hätten die Chinesen damals auch ihre Stäbchen-Zahlschrift nicht von ihrer Rechentafel abgelesen, wenn sie nicht von den Indern schon das Zeichen für die Leerstelle, die Null, kennengelernt hätten.

So ist denn die Erfindung der Null durch die Inder das Entscheidende gewesen. Nur durch sie war es möglich, das Dezimalstellensystem von der Rechentafel in die Schrift zu übertragen und mit den geschriebenen Zahlen statt mit Steinen und Rechenpfennigen zu rechnen. Natürlich entstanden nicht gleich die Verfahren, wie wir sie heute benutzen. Die Multiplikationsaufgabe $8765 \cdot 312$ sieht bei uns z. B. folgendermaßen aus:

$$\begin{array}{r} 8765 \cdot 312 \\ \hline 26295 \\ 8765 \\ 17530 \\ \hline 2734680 \end{array}$$

In den ersten italienischen Rechenbüchern wird die Aufgabe so gelöst, wie Abb. 6 zeigt. Die beiden Faktoren werden an die Seiten eines Rechtecks geschrieben. Hat, wie in unserem Beispiel, der eine Faktor 4 und der andere

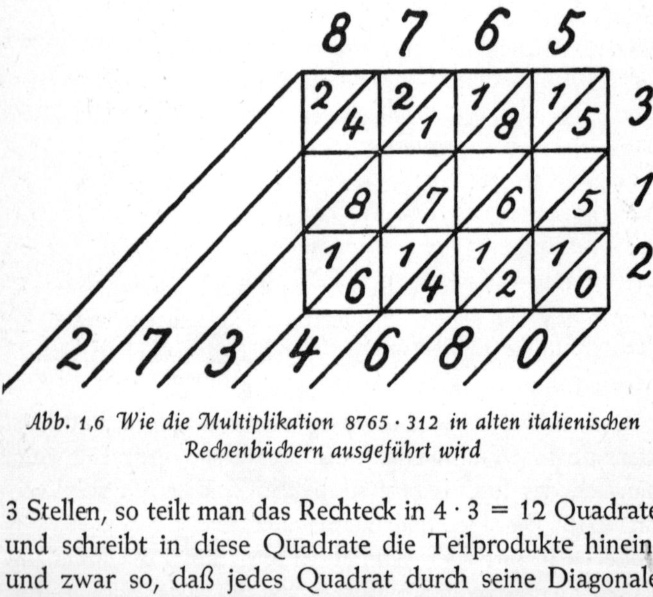

Abb. 1,6 Wie die Multiplikation 8765 · 312 in alten italienischen Rechenbüchern ausgeführt wird

3 Stellen, so teilt man das Rechteck in 4 · 3 = 12 Quadrate und schreibt in diese Quadrate die Teilprodukte hinein, und zwar so, daß jedes Quadrat durch seine Diagonale unterteilt wird und in die rechte untere Hälfte die Einer, in die linke obere Hälfte die Zehner geschrieben werden. Dann wird längs der durchlaufenden Diagonalen addiert, also z. B.

$$5 + 1 + 2 = 8, \quad 5 + 6 + 1 + 4 = 16 \text{ usw.}$$

Uns erscheint es heute unfaßbar, daß nicht sofort überall in Europa die neue Erfindung mit Begeisterung aufgenommen wurde. Tatsächlich hat sie sich nur ganz langsam ausgebreitet, und das Rechenbrett, an das man sich nun einmal gewöhnt hatte, hat sich mit unglaublicher Zähigkeit gehalten. In abgeänderter Form wird es ja in den Anfangsklassen unserer Schulen bis auf den heutigen Tag benutzt. Es heißt jetzt die „Russische Rechenmaschine". Sie soll auf folgendem Wege in unsere Schulen gekommen sein: Der römische Abakus wanderte nach Osten, bis nach China, und wurde dort umgestaltet. Die 5-Bündelung wurde weggelassen und auf Drähten je 10 Kugeln aufgereiht, die zur leichteren Abzählung irgendwie verschieden gefärbt waren. In dieser Form kam die „Rechenmaschine" nach Rußland und wird dort als Stschoty bis auf den heutigen Tag benutzt, auch von Erwachsenen. Napoleon I. hatte nun auf seinem Zuge nach Rußland 1812 in seinem Heere einen bedeutenden Mathematiker, den Pionierleutnant Poncelet. Auf dem Rückzuge wurde Poncelet gefangen und lernte in der Gefangenschaft die Stschoty kennen und schätzen. Nach seiner Rückkehr nach Frankreich führte er die Stschoty in den Schulen in Metz ein, und von dort verbreitete sie sich über die französischen und deutschen Schulen.

Danach können wir es den mittelalterlichen Rechnern nicht übelnehmen, wenn die arabischen Ziffern nur ganz langsam das Rechenbrett und die römischen Ziffern verdrängten. Die älteste Zahl in Stellenschrift in Europa befindet sich auf einer sizilianischen Münze als Jahrezahl: 1138. Hier in Sizilien machte sich wohl der arabische Einfluß am stärksten geltend. Leonardo von Pisa, der am Hofe des Staufenkaisers Friedrich II. in Palermo lebte, schrieb 1202 das für die Verbreitung der arabischen Ziffern im Abendlande grundlegende Rechenbuch. In ihm heißt es in mittelalterlichem Latein (nouem statt novem, figure statt figurae ...): „Nouem figure indorum he sunt 9, 8, 7, 6, 5,

4, 3, 2, 1. Cum his itaque nouem figuris, et cum hoc signo 0, quod arabic cephirum appellatur, scribitur quilibet numerus." (Die neun Figuren der Inder sind diese: 9, 8, 7, 6, 5, 4, 3, 2, 1. Mit diesen neun Figuren und mit diesem Zeichen: 0, was arabisch cephirum heißt, wird jede beliebige Zahl geschrieben.)

Die älteste deutsche Münze mit Ziffern erscheint erst 1438, also 300 Jahre später. Mancherlei Hindernisse stellten sich den neuen Zeichen entgegen. 1299 erläßt der Rat von Florenz eine Verordnung, die das Schreiben der Zahlen in den neuen Ziffern verbietet. Der Grund ist wohl in der Angst vor Fälschungen zu suchen. In einem alten venezianischen Werk über die Buchführung heißt es: „Man verwendet einzig und allein die alten Ziffern, weil man sie nicht so leicht fälschen kann wie jene der neuen Rechenkunst, bei der man mit Leichtigkeit aus einem Zahlzeichen ein anderes machen kann, wie man etwa aus der Null eine 6 oder 9 machen und ähnlich viele andere fälschen könnte." Aus dem gleichen Grunde schreiben wir ja auf Quittungen hinter die Ziffern die Zahl noch einmal in Worten.

Die Zeichen + und — für Addition und Subtraktion finden sich zuerst in einem Rechenbuch von *Joh. Widmann* (1489). Das liegende Kreuz (×) als Multiplikationszeichen, das heute allerdings nur noch selten verwendet wird, geht auf den Engländer *Oughtred* (1631), der Malpunkt und der Divisionsdoppelpunkt auf *Leibniz* zurück, der Bruchstrich auf *Leonardo* von Pisa (1228).

Sodann bereitete den Leuten die Null das größte Kopfzerbrechen. Daß man bei der Zahl 80 auf dem Rechenbrett in die Spalte der Einer keine Rechenmarken hinlegte, weil eben keine Einer da waren, das war ja selbstverständlich. Daß man aber beim Schreiben da etwas hinschreiben sollte, wo doch nichts war, das muß ungeheuer schwer gewesen sein. Wenn man sich weiter keinen Rat wußte, rief man den lieben Gott zu Hilfe. Im Codex des Klosters Salem am Bodensee (um 1200) heißt es: „Jede Zahl entsteht aus der Eins, diese aber aus der Null. Zu wissen ist, daß in ihr ein großes Heiligtum liegt: durch das, was ohne Anfang und Ende ist, wird ER versinnbildlicht; und wie die Null sich weder vermehrt noch vermindert, so erhält ER weder Zufluß noch Abgang. Und wie sie alle Zahlen verzehnfacht, so verzehnfacht ER nicht bloß, sondern vertausendfacht, ja, daß ich richtiger sage, ER schafft alles aus dem Nichts, erhält und lenkt es."

Es wurde viel darüber disputiert, ob die Null und die Eins Zahlen seien oder nicht. Über banale Fragen ist ja immer am erbittertsten gestritten worden. L. Kronecker sagte einmal 1886) in einem Vortrage: „Die ganzen Zahlen hat der liebe Gott gemacht, alles andere ist Menschenwerk." Damit wollte er offenbar ausdrücken, daß der Mathematiker die ganzen Zahlen als etwas Gegebenes hinnimmt und durch allmähliche Erweiterung des Zahlengebietes seine Arithmetik aufbaut. Das Wort „Zahl" kommt von „Zählen" her. Wenn nur e i n Gegenstand da ist, hat man keine Veranlassung zum Zählen. Daher verstand man unter Zahl zunächst nur die M e h r zahl. Von der Eins sagte Boetius (480 524): „numerus non est, sed fons et origo numerorum" (sie ist keine Zahl, aber Quelle und Ursprung der Zahlen). Noch 1740 schrieb ein gewisser Buffon: „l'unité n'est point un nombre" (Die Einheit ist keineswegs eine Zahl). Die erste Erweiterung des Zahlengebietes bestand also darin, daß man auch die Einheit mit in das Zahlengebiet aufnahm. Ebenso wollte man auch die Null zunächst nicht als Zahl gelten lassen. Noch 1697 erklärte Wallis: „Nullum non est numerus" (Null ist keine Zahl). Die zweite Erweiterung bestand also in der Einführung der Zahl Null. Die beiden Sätze: „Die Null ist keine Zahl" und „Die Null ist eine Zahl" widersprechen sich also nicht, sondern sind beide richtig, nur wird das Wort Zahl dabei in zwei verschiedenen Bedeutungen gebraucht, im ersten Satz im alten, engeren, im zweiten Satz im neuen, weiteren Sinne. Die Sprache ist eben doch nicht reich genug, um überall den genauen Inhalt eines Begriffes auszudrücken. Oft muß er aus dem Zusammenhang erschlossen werden.

Ähnlich ist es bei der nächsten Erweiterung des Zahlengebietes, der Einführung der negativen Zahlen. Sie waren schon den Indern bekannt, aber die Araber lehnten sie ab, und so kamen sie nicht nach Europa. Erst in der Arithmetica integra von *Michael Stifel* (1544) tauchen negative Zahlen auf. Der Philosoph Vaihinger schreibt in seinem Buch „Die Philosophie des Als Ob" auf Seite 81: „Das Grundprinzip ist eben auch hier eine unberechtigte Anwendung und Übertragung einer logischen Methode auf Fälle, die streng genommen nicht darunter zu subsumieren sind, oder die Betrachtung solcher Gebilde als Zahlen, welche gar keine rechten Zahlen sind. Negative Zahlen sind ein Selbstwiderspruch, wie alle Mathematiker zugeben." Alle Mathematiker, die Vaihinger kennengelernt hat, waren also keine richtigen Mathematiker, sonst hätten sie nicht zugeben dürfen, daß die negativen Zahlen ein Selbstwiderspruch sind. Es handelt sich nicht um „rechte Zahlen" und „gar keine rechten Zahlen" sondern es handelt sich um Zahlen im engeren und Zahlen im weiteren Sinne. Wenn man sagt: „Schulden sind negatives Vermögen", so erweitern wir damit den Begriff des Vermögens, in dem wir zwischen positivem Vermögen und negativem Vermögen unterscheiden. Es ist doch nun kein logischer Widerspruch, daß negative Vermögen nach wie vor Schulden sind und keine Vermögen im alten, engeren Sinne des Wortes. Wenn aber einem modernen Philosophen, der einen Namen hat, dieser einfache Zusammenhang nicht klargeworden ist, dann dürfen wir es wohl den mittelalterlichen Rechenmeistern nicht übelnehmen, daß sie über die Null so schwer hinweggekommen sind.

Wenn man fragt, weshalb unser Zahlensystem gerade auf der Zahl 10 aufgebaut ist, kann man leicht die Antwort bekommen: „Weil es sich mit der 10 am leichtesten rechnet." Das ist grundfalsch. Das leichte Rechnen hängt nicht mit der Zahl 10, sondern mit dem Prinzip des Stellenwertes zusammen. Die Zahl 10 ist lediglich als Grundzahl genommen worden, weil die Menschen zuerst mit ihren 10 Fingern gerechnet haben. Schon bei dem römischen Dichter Ovid heißt es:

„Annus erat, decimum cum luna receperat orbem.
Hic numerus magno tunc in honore fuit,
Seu quia tot digiti, per quos numerate solemus."
(Zehnmal kreiste der Mond und erfüllte das
römische Jahr.
Darum ward diese Zahl hoch in Ehren gehalten,
Vielleicht auch wegen der Anzahl der Finger, an
denen wir zählen.)

Da wir nicht mehr mit unseren Fingern rechnen, könnte man fragen, ob nicht eine andere Grundzahl heute praktischer wäre. Da kämen vor allem die Potenzen von 2 in Frage. Die einfachste Art der Teilung ist das fortgesetzte Halbieren. Unsere Hausfrauen verlangen je nach der Menge, die sie benötigen: 1 Pfund, $^1/_2$ Pfund, $^1/_4$ Pfund und $^1/_8$ Pfund. Da $^1/_8$ ihnen jedoch schon nicht mehr geläufig ist, verlangen sie in diesem Falle meist ein halbes Viertel. Am deutlichsten tritt dieses Verfahren der Teilung durch fortgesetztes Halbieren bei der Windrose in Erscheinung. Zuerst haben wir nach Abb. 7 die 4 Himmelsrichtungen N, O, S, W. Durch Halbieren entstehen die 4 Hauptzwischenrichtungen: NO, SO, SW, NW. Durch weitere Zweiteilung ergeben sich die 8 Nebenzwischenrichtungen NNO, ONO, OSO, SSO, SSW, WSW,

WNW, NNW. Durch weiteres Halbieren entstehen 16 neue Zwischenrichtungen, die mit NzO, NOzN usw. bezeichnet werden. Damit ist der Kreis in 32 Teile eingeteilt. Der Seemann nennt einen solchen Teil einen „Strich". In unserer Abb. 7 sind die ganzen Striche dann noch in halbe und viertel Striche geteilt. Diese natürliche Einteilung ist aber nur beim Kompaß gebräuchlich. Sonst wird der Kreis in 360° eingeteilt, 1° in 60′ (Bogenminuten) und 1′ in 60″ (Bogensekunden). Diese Art der Teilung geht auf die alten Babylonier zurück und hängt damit zusammen, daß das Jahr 365 (also rund 360) Tage hat. Da für uns das aber gar keine Bedeutung mehr besitzt, ist die Winkelteilung in 360° heute eigentlich ganz sinnlos. Im Vermessungswesen ist man daher zur Einteilung in 400 Neugrade übergegangen. Die natürliche Einteilung durch Halbieren ist also nur bis zur 4 getrieben, dann wird dezimal weitergegangen.

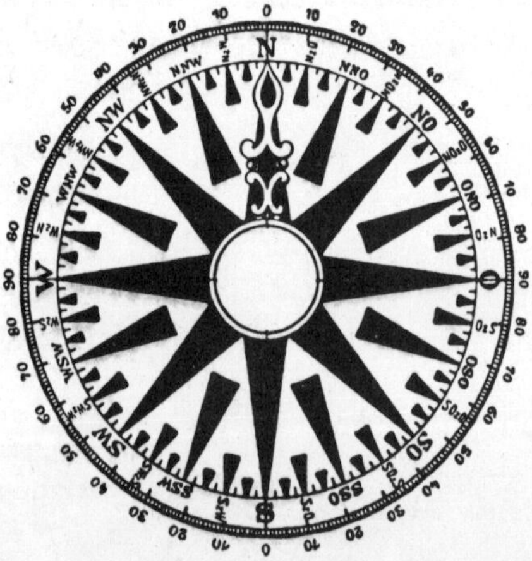

Abb. 1,7 Kompaßrose (Windrose) mit Strichteilung

Professor *Erhard Weigel* in Jena schlug 1673 vor, statt der Zahl 10 die Zahl 4 als Grundzahl zu verwenden, weil die Vierteilung etwas Natürliches und Naheliegendes, die Zehnteilung etwas Künstliches ist. Um Zahlen, die mit 4 als Grundzahl geschrieben sind, lesen zu können, müßten natürlich neue Wörter eingeführt werden. *Weigel* schlägt für 4, $4^2 = 16$, $4^3 = 64$ vor: Erff, Secht, Schock, und für $2 \cdot 4$ und $3 \cdot 4$ Zwerff und Drerff. Die *Weigel*sche Schreibweise benutzt also nur die Ziffern 0, 1, 2, 3. Bei der Zahl 4 fangen bereits die zweiziffrigen Zahlen an.

Weigel war als Erfinder von allerlei Kuriositäten bebekannt. Sein Haus in Jena besaß keine Treppe, sondern die Besucher wurden auf einem Sessel durch einen Flaschenzug ins obere Stockwerk hinaufgezogen. Es war das der erste Fahrstuhl, der also wirklich noch ein „Stuhl" war. Ein Schüler *Weigels* war der Mathematiker und Philosoph *Leibniz*. Er schreibt über seine Jenenser Studien: „Aus der Mathematik naschte ich nur das Angenehmere, indem ich es hauptsächlich liebte, Maschinen kennenzulernen und zu erfinden." Vielleicht hat *Leibniz* von *Weigel* gewisse Anregungen zu seiner Rechenmaschine erhalten, von der wir im nächsten Kapitel noch sprechen werden.

Natürlich werden die Zahlen in der *Weigel*schen Schreibweise unbequem lang. Würde man die Zahl 8 als Grundzahl verwenden, so wäre die durch den Wegfall der Ziffern 8 und 9 entstehende Verlängerung noch erträglich, und man hätte eine natürliche Grundzahl, wie sie z. B. auch in jedem Buche auftritt, wo jeder Bogen beim Oktavformat (8°) aus 8 Blättern bzw. $2 \cdot 8$ Seiten besteht. Vielleicht hat die Zahl 8 tatsächlich früher einmal einen gewissen Abschluß beim Zählen gebildet, so wie heute die 10, denn das Wort „Neun" für die folgende Zahl klingt doch an das Wort „neu" an.

Am längsten werden die Zahlen, wenn man die Zwei als Grundzahl verwendet, also alle Zahlen durch nur zwei Symbole ausdrückt, wie im Morsealphabet alle Buchstaben aus Punkten und Strichen zusammengesetzt sind. Verwenden wir, um Verwechslungen mit dezimal geschriebenen Zahlen zu vermeiden, eine römische statt der arabischen Eins, so schreiben sich die ersten Zahlen dual folgendermaßen:

0	o	8	Iooo	16	Ioooo
1	I	9	IooI	17	IoooI
2	Io	10	IoIo	18	IooIo
3	II	11	IoII	19	IooII
4	Ioo	12	IIoo	20	IoIoo
5	IoI	13	IIoI	21	IoIoI
6	IIo	14	IIIo	22	IoIIo
7	III	15	IIII	23	IoIII

Während wir im dezimalen System Einer, Zehner, Hunderter, Tausender usw. haben, haben wir im dualen System Einer, Zweier, Vierer, Achter, Sechzehner usw. Die duale Zahl IoIII bedeutet also:

$$1 \cdot 16 + 0 \cdot 8 + 1 \cdot 4 + 1 \cdot 2 + 1 \cdot 1 = 23$$

Wir werden am Schluß des nächsten Kapitels davon sprechen, wie dieses duale Zahlensystem in den modernen Elektronen-Rechenmaschinen Verwendung findet.

2. Kapitel

Aus der Geschichte der Rechenkunst[1]
Rechentafeln und Rechenmaschinen

Als ersten deutschen Schulmann kann man den Schotten Alkuin ansehen. Er wurde 735 in York in Nordengland geboren. 766 wurde er Leiter der dortigen Domschule, die er selbst als Knabe besucht hatte. Auf einer Romreise machte er 780 die Bekanntschaft Karls des Großen, und dieser übertrug ihm die Leitung des Schulwesens im Frankenreiche. Alkuin wurde sozusagen am Hofe Karls des Großen in Aachen der erste Unterrichtsminister. 789 führte er die erste deutsche Schulreform durch, die Aachener Kapitulare. Sie forderte, daß an den Dom- und Klosterschulen neben Psalmen, Noten, Gesang und Grammatik auch der K o m p u t u s gelehrt werden solle. Unter dem „computus ecclesiasticus" verstand man die Berechnung der Kirchenfeste. Es waren nämlich damals die beweglichen Kirchenfeste, besonders das Osterfest, wegen der Unfähigkeit der Geistlichen falsch berechnet und daher an verschiedenen Orten zu verschiedenen Zeiten gefeiert worden. Da in Deutschland geeignete Lehrer dieses Faches damals noch fehlten, mußten sie aus Italien herbeigeholt werden. Dieser Komputus war also der erste Mathematikunterricht an deutschen Schulen.

Um den Unterricht zu beleben, waren damals an den Dom- und Klosterschulen scherzhafte Rätselfragen beliebt. Eine solche auf Alkuin zurückgehende Aufgabe „De

[1]) *H. Wittke* „Die Rechenmaschine und ihre Rechentechnik", Berlin 1943.

cursu canis ac fuga leporis" (Über den Lauf des Hundes und die Flucht des Hasen) lautet: „Ein Hund läuft einem Hasen nach. 150 Fuß ist der Hase voraus. Der Hase macht 7 Fuß weite Sprünge, während der Hund 9 Fuß weit springt. Nach wieviel Sprüngen holt der Hund den Hasen ein?"

Bei jedem Sprung kommt der Hund dem Hasen um 9 — 7 = 2 Fuß näher. Der Hund muß also soviel Sprünge machen, wie 2 Fuß in 150 Fuß enthalten sind, also 75.

Wir lösen solche Aufgaben heute als Gleichungen 1. Grades.

Andere Aufgaben führen auf sogenannte diophantische Gleichungen, wie die folgende: „Ein Familienvater hatte ein Hausgesinde von 100 Personen, unter das er vom Jahresertrag 100 Scheffel austeilen ließ, und zwar in der Weise, daß die Männer je 3, die Frauen je 2 und die Kinder je $^1/_2$ Scheffel erhielten. Wieviel Männer, Frauen und Kinder waren es?"

Die Aufgabe hat folgende 6 verschiedene Lösungen:

	Männer	Frauen	Kinder	zusammen
1.	17	5	78	100
2.	14	10	76	100
3.	11	15	74	100
4.	8	20	72	100
5.	5	25	70	100
6.	2	30	68	100

Es erhielten also die

	Männer	Frauen	Kinder	zusammen	
1.	51	10	39	100	Scheffel
2.	42	20	38	100	"
3.	33	30	37	100	"
4.	24	40	36	100	"
5.	15	50	35	100	"
6.	6	60	34	100	"

Den Rest seines Lebens (796–804) verbrachte Alkuin als Abt des Klosters zu Tours. Die Kloster-, Dom- und Stiftsschulen blieben während des ganzen Mittelalters fast die einzigen Stätten gelehrter Bildung. Natürlich versuchte man an diesen kirchlichen Schulen, die Mathematik außer zur Berechnung des Osterfestes auch sonst für religiöse Zwecke auszuwerten. Zu welchen Absonderlichkeiten das mitunter führte, zeigen die Betrachtungen des Abtes von Fulda, Rabanus Maurus (788–856), über das 40tägige Fasten von Moses, Elias und Christus:

„Die Zahl 40 enthält nämlich die Zehnerzahl viermal, wodurch alles das angedeutet wird, was das Zeitliche betrifft. Denn nach der Vierzahl verlaufen die Tages- und Jahreszeiten, die Tageszeiten in Morgen, Mittag, Abend und Nacht, die Jahreszeiten in Frühling, Sommer, Herbst und Winter. Obwohl wir nun in der Zeit leben, sollen wir uns doch, der Ewigkeit wegen, in der wir leben wollen, von den zeitlichen Vergnügungen enthalten und fasten. Ferner haben wir in der Zehnerzahl Gott und die Kreatur zu erkennen. Die Dreiheit deutet nämlich auf den Schöpfer, die Siebenzahl aber auf das Geschöpf, das aus Leib und Geist besteht. In letzterem ist zwar auch eine Dreiheit. Denn wir müssen Gott lieben aus ganzem Herzen, aus ganzer Seele und aus ganzem Gemüt. Im Leibe dagegen offenbaren sich die vier Elemente, aus denen er besteht, ganz deutlich. Wenn wir also durch das, was in der Zehnzahl angedeutet ist, bestimmt werden, in der Zeit – denn zehn ist viermal genommen – keusch und enthaltsam von allen weltlichen Lüsten zu leben, so heißt das vierzig Tage fasten."

Einen Einblick in den Unterrichtsbetrieb einer Klosterschule (Reichenau) gewährt uns das Tagebuch eines gewissen Strabo, in dem es heißt: „Im Sommer 822 begann ich unter Tattos Leitung das Studium der Arithmetik; zuerst erklärte er uns die Bücher des Consuls Manlius Boethius über die verschiedenen Arten und Einteilungen sowie über die Bedeutung der Zahlen; dann lernten wir das Rechnen mit den Fingern und den Gebrauch des Abakus nach den Büchern, welche Beda und Boethius darüber geschrieben haben. Die Zeiteinteilungen der Hebräer, Griechen und Römer sowie die Anleitung zur Berechnung des Kalenders, der goldenen Zahl, der Epakten, der Indiktion nahmen unsere Zeit sowohl als unsere Aufmerksamkeit in hohem Grade in Anspruch. Zur Abwechslung und Unterhaltung lösten wir die mathematischen Rätsel, welche Alknin für den großen Karl gefertigt hatte ... Viele vermochten nicht allen diesen Berechnungen zu folgen, und bevor wir zur Geometrie übergingen, traten diejenigen aus, welche sich fortan dem Studium der Medizin, der Rechtswissenschaften und den Künsten der Malerei und Bildhauerei widmen wollten."

Boethius war ein spätromantischer Staatsmann und Gelehrter (480–524), Beda ein Mönch (gestorben 735). Wann und durch wen der in dem obigen Tagebuch erwähnte Abakus, von dem schon im vorigen Kapitel die Rede war, in die Klosterschule gekommen ist, wissen wir nicht mit Sicherheit. Wilhelm von Malmusbury, ein Historiker aus dem 12. Jahrhundert, der allerdings als nicht ganz zuverlässig gilt, berichtet, „daß Gerbert zweifellos den Sarazenen den Abakus geraubt und die Regeln angegeben habe, welche von den schwitzenden Abazisten kaum verstanden werden".

Gerbert wurde 940 in der Auvergne geboren und im Kloster erzogen. 967 begleitete er einen Grafen Borel von Barcelona in seine Heimat. Dort, in der spanischen Mark, lernte er wohl von den Arabern den Abakus und die indischen Zahlzeichen kennen, denn seit 713 saßen ja die Araber in Spanien. 970 wird er in Rom durch den Papst dem deutschen Kaiser Otto I. vorgestellt und wirkt dann 10 Jahre als Lehrer in Reims. 991 wird er dort Erzbischof. Die Mutter des jungen deutschen Königs Otto III., die Griechin Theophano, veranlaßt ihren Sohn, Gerbert als Lehrer der Arithmetik an seinen Hof zu berufen. Als Otto nach Rom zieht, um sich von dem Papste Gregor V. zum römischen Kaiser krönen zu lassen, begleitet ihn Gerbert, und als Gregor V. 999 stirbt, wird Gerbert selbst unter dem Namen Sylvester II. Papst, stirbt aber bereits 1003.

Einer seiner Schüler, der mittelalterliche Historiker Richerus, berichtet, daß Gerbert an der Domschule in Reims durch einen Schildmacher einen Abakus anfertigen ließ sowie Merkzeichen aus Horn (caracteres, d. h. die im vorigen Kapitel beschriebenen Rechensteine), und daß er ein Lehrbuch des Abakus-Rechnens verfaßte. Richerus schreibt: „Wer diese Wissenschaft von Grund aus zu verstehen wünscht, der möge das Buch lesen, das er an Constantin, den Grammatiker, geschrieben hat. Dort wird er sie zur Genüge und mehr als genügend behandelt finden."

Gerbert war der erste und einzige Mathematiker, der auf dem Stuhle Petri gesessen hat. Daß im übrigen auf den kirchlichen Schulen, die doch der Ausbildung der künftigen Geistlichen dienen sollten, die Mathematik, wenn überhaupt, so doch nur stiefmütterlich behandelt wurde, ist ja nur natürlich. Auch als mit der Entwicklung des Städtewesens neben die kirchlichen Schulen Rats- und Stadtschulen traten, wurde in ihnen hauptsächlich die lateinische Sprache gelehrt und höchst selten einmal ein bißchen Rechnen. Ebenso war auf den im 14. Jahrhundert entstehenden Universitäten Prag (1348), Wien (1365), Heidelberg (1386), Köln (1388), Erfurt (1392) die Mathematik gar nicht oder nur schlecht vertreten. Selbst der Humanismus kam zunächst nur den alten Sprachen, vor allem dem Griechischen, zugute. Von der Universität Erfurt wird sogar berichtet, daß die dortigen Humanisten die Anstellung eines Dozenten für Mathematik ablehnten.

Da aber andererseits das emporkommende Handwerk und der aufblühende Handel immer häufiger die Durchführung größerer Rechnungen erforderten, bildete sich im 15. Jahrhundert eine besondere Zunft der Rechenmeister aus. In kleineren Städten übernahmen sie zugleich die

Dienste des Stadtschreibers und die Überwachung der Maße, Nachprüfung der Fässer usw. Diese Rechenmeister sind es nun gewesen, die den ersten brauchbaren Rechenunterricht in Deutschland erteilt haben. In einer Anstellungsurkunde eines solchen Rechenmeisters heißt es:

„Wir Bürgermeister und Rat zu Rostock urkunden hiermit, daß wir den ehrenfesten und wohlgelahrten Jeremias Bernstertz zu unserm und gemeiner Stadt Schreib- und Rechenmeister bestellt haben, bestellen ihn auch Kraft dieses Briefes dergestalt, daß er wöchentlich des Montags, Dienstags, Donnerstags und Freitags eine Stunde in der lateinischen Schule allhier aufwarten, die junge Jugend daselbst ohne Unterschied umsonst, andere aber außerhalb der Schule wöchentlich alle Tage, es seien Knaben, Mädchen und andere, so es von ihm begehren, für billiges und leidliches Monats- und Wochengeld im lateinischen und deutsch Schreiben, Rechnen, Buchhalten und anderen nützlichen Künsten und guten Sitten fleißig lehren und sonst alles andere, so einem fleißigen und getreuen Schreib- und Rechenmeister eignen und gebühren will nach seinem besten Verstande und Vermögen mit höchstem Fleiße berichten solle."

Es hat außerordentlich lange gedauert, bis das Rechnen dann in den eigentlichen Schulunterricht aufgenommen wurde. So wird von dem lutherischen Gymnasium in Essen in einem Revisionsbericht aus dem Jahre 1805 (!) festgestellt, daß an der Schule kein Rechenunterricht erteilt werde, weil die älteren Schüler dem Lehrer „bekannt gemacht" hätten, „daß in der Stadt itzt ein fertiger geübter Rechenmeister sei, der eine kürzere Methode habe".

Nachdem 1445 die Buchdruckerkunst erfunden war, verfaßten die Rechenmeister auch die ersten Rechenbücher. Das älteste, ein italienisches, erschien 1478 in Treviso, das älteste deutsche 1483 in Bamberg. Der bekannteste deutsche Rechenmeister ist Adam Riese. „Nach Adam

Riese", sagen wir ja noch heute, wenn wir das Ergebnis einer Zahlenrechnung angeben. Das Brett- und Ziffernrechnen ging damals nebeneinander her, und es wurde viel über die Vor- und Nachteile dieser beiden Verfahren gestritten. Die Anhänger des Rechnens auf dem Brett (Abakus) oder auf den „Linien", wie man damals sagte, hießen Abazisten, die Anhänger des modernen Ziffernrechnens Algorithmiker. Adam Riese schreibt:

„Ich habe befunden in Unterweisung der Jugend, daß alleweg die, so auf den Linien anheben, des Rechnens fertiger und lauftiger werden, denn so mit den Ziffern, die Feder genannt, anfahen, In den Linien werden sie fertig des zelens, und für alle exempla der kauffhendel und Hausrechnung schöpffen sie einen bessern grund. Mügen alsdann mit geringer Mühe auff den Ziffern ihre Rechnung vollbringen."

Adam Riese ist 1492 in Staffelstein in der Nähe von Bamberg geboren. Er wurde 1522 „Rechenmeister" in Erfurt und 1525 dasselbe in Annaberg in Sachsen, wo er auch eine Rechenschule leitete. Er starb 1559. Seine Bücher fanden die weiteste Verbreitung, besonders wegen ihrer „holdseligen" Aufgaben, in denen er die Rechenkunst immer wieder auf Fragen des täglichen Lebens anwendete. Auch als Dichter hat er sich betätigt. Hierfür ein Beispiel:

„Pitagoras dir sagt fürwar /
All ding durch zal wird offenbar.
Drumb sih mich an / verschmeh mich nit /
Durchließ mich vor / das ich dich bit.
Vnd[1] merck zum anfang meiner Lehr /
Zu rechens kunst dadurch dich kehr.
In Zal / in Maß vnd in Gewicht /
All ding von Gott sind zugericht.
Denn klerlich Salomon das sagt /
Ohn zal vnd maß Gott nichts behagt.

[1]) Im Anlaut schrieb man damals immer v statt u.

Beschreibt vns auch S. Augustin
Vnd malet vns frey in den sin.
Sich soll kein Mensch nichs vnterstehn /
Kein Göttlich / weltlich kunst begehn.
Ohn rechens art durch ware zal /
Bewert ist das in manchem fall.
Ein Mensch dem zal verborgen ist /
Leichtlich der verfürt wird mit list.
Dis nun zu hertzen bit ich sehr
Vnd jeder sein Kind rechnen lehr.
Wie sichs gegen Gott vnd Welt verhalt /
So werden wir mit Ehren alt."

Was für Schwierigkeiten zur Zeit der Reformation das Rechnen noch machte, ersieht man aus der folgenden Übersetzung einer lateinischen Einführungsrede, die Philipp Melanchthon 1517 an der Universität Wittenberg für einen Mathematiklehrer hielt:

„Nachdem ich Ihnen den Nutzen der Rechenkunst erörtert habe, der nicht im geringsten in Zweifel zu ziehen ist, meine ich, auch noch kurz etwas über ihre Leichtigkeit hinzufügen zu sollen. Ich glaube, daß sich die Studierenden von diesen Künsten durch das Vorurteil, sie seien zu schwer, abschrecken lassen. Was die Anfangsgründe des Rechnens betrifft, die ja gewöhnlich schon in der Schule getrieben und im täglichen Leben angewandt werden, so sind die gewaltig im Irrtum, die sie für äußerst schwierig halten. Diese Wissenschaft entspringt unmittelbar dem Menschengeist und läßt sich völlig klar dartun. Deshalb können ihre Anfangsgründe gar nicht dunkel und schwer sein, sie sind im Gegenteil so durchsichtig, daß Kinder sie begreifen können, weil alles ja so natürlich vor sich geht. Die Regeln des Vielfachens und Teilens allerdings erfordern viel mehr Fleiß, aber ihr Sinn wird doch sehr bald von den Aufmerksameren eingesehen werden. Übung und Anwendung erfordert diese Fertigkeit wie alle anderen."

Während hier also Studenten noch gesagt wird, daß Multiplizieren und Dividieren schwer zu lernen sei, waren zur gleichen Zeit in der Astronomie schon Logarithmen in Gebrauch. Man wurde auf sie geführt beim Vergleich einer arithmetischen mit einer geometrischen Folge. Bei einer arithmetischen Folge entsteht jedes Glied aus dem vorhergehenden durch Addition einer und derselben Zahl. Nennen wir das Anfangsglied a und die Zahl, die addiert wird, d (Differenz der arithmetischen Folge), so ist die Folge also:

$$a \quad a+d \quad a+2d \quad a+3d \; \ldots \; a+nd$$

Bei einer geometrischen Folge entsteht jedes Glied aus dem vorhergehenden durch Multiplikation mit einer und derselben Zahl. Nennen wir das Anfangsglied wieder a und die Zahl, mit der multipliziert wird, q (Quotient der geom. Folge), so ist die Folge

$$a \quad aq \quad aq^2 \quad aq^3 \; \ldots \; aq^n$$

Ist q größer als 1, so werden die Glieder der Folge immer größer, ist dagegen q kleiner als 1, so werden sie immer kleiner. Deswegen wollen wir $q = 1 + d$ setzen. Ist d groß, so wachsen die Glieder sehr schnell. Dagegen wachsen sie um so langsamer, je kleiner d ist. Ferner wollen wir annehmen, daß die arithmetische Folge mit 0 und die geometrische mit 1 beginnt und dann beide Folgen zum Vergleich übereinander schreiben

$$(1) \quad \frac{0 \quad d \quad 2d \quad 3d \; \ldots \; nd \; \ldots}{1 \quad 1+d \quad (1+d)^2 \quad (1+d)^3 \; \ldots \; (1+d)^n \; \ldots}$$

Als Zahlenbeispiel betrachten wir den Fall $d = 1$. Dann ist:

$$(2) \quad \frac{0 \; 1 \; 2 \; 3 \; 4 \; 5 \; 6 \; 7 \; 8 \; 9 \; 10 \; 11 \; 12 \; \ldots}{1 \; 2 \; 4 \; 8 \; 16 \; 32 \; 64 \; 128 \; 256 \; 512 \; 1024 \; 2048 \; 4096 \; \ldots}$$

Mit einer solchen Tafel kann man nun rechnen, und zwar auf folgende Weise: Soll 8 mit 512 multipliziert werden, so sucht man die über 8 und 512 stehenden Zahlen und findet 3 und 9. Sie werden addiert $3 + 9 = 12$ und dann findet man unter ihrer Summe das Ergebnis 4096. Soll andererseits 2048 durch 32 dividiert werden, so müssen die über 2048 und 32 stehenden Zahlen subtrahiert werden. Unter ihrer Differenz $11 - 5 = 6$ findet man dann das Ergebnis 64. Auf diese Weise kann also das Multiplizieren auf das Addieren und das Dividieren auf das Subtrahieren zurückgeführt werden.

In (2) sind die Zahlen der unteren Reihe die Potenzen von 2 und die Zahlen der oberen Reihe die zugehörigen Exponenten. Nennen wir eine Zahl der oberen Reihe x und die darunter stehende Potenz von 2 y, so ist also

$$y = 2^x \tag{3}$$

Man nennt x den Logarithmus von y für die Basis 2. In der kleinen Tabelle (2) stehen über dem Strich also die Logarithmen der darunter stehenden Zahlen. Welches ist nun die Basis der kleinen Logarithmentafel (1)? Um das zu erkennen, müssen wir beachten, daß man statt $(1 + d)^n$ auch schreiben kann

$$(1 + d)^{\frac{nd}{d}} \text{ oder schließlich } \left([1 + d]^{\frac{1}{d}}\right)^{nd}$$

Schreiben wir diesen Ausdruck in (1) unter nd, so steht wieder wie in (2) unter dem Strich eine Potenz, deren Exponent die darüber stehende Zahl ist. Die Basis der Logarithmentafel (1) ist also

$$(1 + d)^{\frac{1}{d}} \tag{4}$$

Die primitive Logarithmentafel (2) hat offenbar den Nachteil, daß die Zahlen der unteren Reihe zu weit auseinanderliegen. Sollen zwei Zahlen multipliziert werden, die in der unteren Reihe von (2) nicht enthalten sind, so müssen statt dessen die Zahlen von (2) genommen werden, die den gegebenen Zahlen am nächsten kommen, statt 11 · 400 muß man also 8 · 512 rechnen, was natürlich zu ungenau ist.

Nun folgen, wie wir schon oben sagten, die Zahlen in (1) um so dichter aufeinander, je kleiner d ist, also muß man d möglichst klein machen. Was dabei aus (4) wird, läßt sich nicht sogleich voraussagen. Die Grundzahl 1 + d der Potenz wird mit abnehmendem d kleiner, aber der Exponent 1/d wird größer und, da 1 + d etwas größer als 1 ist, wächst die Potenz mit größer werdendem Exponenten. Die beiden Einflüsse wirken also in entgegengesetztem Sinne. Den Grenzwert, dem (4) bei abnehmendem d zustrebt, nennt man die Zahl e. Es ist

$$e = 2{,}71828182846\ldots$$

John Neper (auch *Napier* geschrieben) Baron von *Merchiston*, der 1550 in der Nähe von Edinburg geboren wurde und bis zu seinem Tode (1617) in Schottland lebte, setzte d = 0,0000001. Seine Tafel erschien 1614 unter dem Titel „Descriptio mirifici logarithmorum canonis" (Beschreibung der wunderbaren Regel der Logarithmen). Die Logarithmen lagen damals (zur Zeit des dreißigjährigen Krieges) gleichsam in der Luft. In Deutschland war es *Jobst Bürgi* (1552–1632), der unabhängig von den Engländern eine Logarithmentafel berechnete. Er stammte aus Toggenburg in der Schweiz und brachte die längste Zeit seines Lebens im Dienste des Landgrafen Wilhelm IV. in Kassel zu, das damals eine wichtige Pflegstätte der Naturwissenschaften in Deutschland war. Leider erschien die *Bürgi*sche Tafel erst 1620, also 6 Jahre nach der „Descriptio" *Nepers*, zu Prag. *Kepler* nannte daher *Bürgi* einen cunctator (Zauderer) und einen secretorum suorum custos (einen Hüter seiner Geheimnisse). Der Titel seiner Tafel war: „Arithmetische vnd Geometrische Progreß

Tabul, sambt gründlichen vnterricht, wie solche nützlich in allerley Rechnungen zu gebrauchen vnd verstanden werden soll."

Die Logarithmen, die zur Basis e gehören, nennt man die „natürlichen" Logarithmen. Da unser Zahlensystem aber eine andere Basis hat, nämlich die Zahl 10, sind für den praktischen Gebrauch Logarithmen mit der Basis 10 geeigneter. Eine solche Logarithmentafel sieht also etwa so aus:

(5)

-3	-2	-1	0	1	2	3	4	5	6
0,001	0,01	0,1	1	10	100	1000	10000	100000	1000000

Der Zusammenhang ist hier also sehr einfach. Die Rechenarbeit beginnt erst, wenn die Lücken ausgefüllt werden sollen, z. B. die zwischen den Logarithmen 0 und 1 (bzw. zwischen den darunter stehenden Zahlen 1 und 10).

(6)

0,00	0,30	0,48	0,60	0,70	0,78	0,85	0,90	0,95	1,00
1	2	3	4	5	6	7	8	9	10

Die Lücken werden dabei also so ausgefüllt, daß jetzt die unten stehenden Zahlen gleiche Abstände haben, während in (5) die oben stehenden Logarithmen gleiche Abstände hatten. Während dann in (5) die Abstände der unten stehenden Zahlen immer größer werden, werden in (6) die Abstände der Logarithmen immer kleiner.

Eine Logarithmentafel für die Basis 10 veröffentlichte zuerst *Henry Briggs* (1556–1630), der mit *Neper* in enger Verbindung gestanden hatte, 1624 in London unter dem Titel „Arithmetica logarithmica". Merkwürdigerweise enthielt sie nur die Logarithmen von 1 bis 20000 und von 90000 bis 100000, diese allerdings auf 14 Stellen. Die Lücke von 20000 bis 90000 wurde von dem Holländer *Adrian Vlacq* (auch *Vlack geschrieben)* ausgefüllt, der nicht bloß ein guter Mathematiker, sondern auch ein rühriger Buchhändler war und sehr viel zur Verbreitung der Logarithmen beigetragen hat. Seine Tafel erschien 1628 in Gouda bei Leyden als zweite Auflage der *Brigg*schen Arithmetica logarithmica und enthielt nun alle Logarithmen der Zahlen von 1 bis 100 000, aber nur auf 10 Dezimalen. Das Werk bildete die Grundlage aller folgenden Logarithmentafeln. Natürlich ist nicht zu erwarten, daß ein so umfangreiches Tafelwerk fehlerfrei war. Es sind im Laufe der Zeit etwa 300 Fehler nachgewiesen, die sich nicht auf die letzte Dezimale beziehen. (Damit man eine sichere Gewähr übernehmen kann, daß die 10. Stelle richtig ist, müssen in besonders unglücklichen Fällen die Logarithmen 16stellig berechnet werden. Ein solcher Logarithmus ist z. B.

$$\log 29\,888 = 4{,}47549'68545'49999'3$$

Erst als man an der 16. Stelle die 3 gefunden hatte, war man sicher, daß auch bei weiteren Rechnungen die 10. Stelle eine 5 bleiben und nicht zu einer 6 werden würde.

Als verbesserter Abdruck der *Vlack*schen Tafel erschien zur Zeit der Koalitionskriege die Tafel von *Vega*, die in ihrer Anordnung das Vorbild für alle modernen Tafeln geworden ist. Sie erschien 1794 „mit Röm. kayserl. allergnädigstem Privilegio" in der Weidmannschen Buchhandlung in Leipzig, und der Verfasser nennt sich auf dem Titelblatt „Major und Professor der Mathematik beym kayserl. königl. Bombardiercorps.

Außer dem deutschen Titelblatt besaß das Werk auch noch ein lateinisches, beginnend mit „Thesaurus logarithmorum completus", und darnach wird die Tafel meist als der „Thesaurus von Vega" bezeichnet. Interessant ist das Vorwort, aus dem wir den Schluß hier abdrucken wollen:

„Es ist zwar gar nicht wahrscheinlich, dennoch aber wohl möglich, daß bey der Herausgabe dieses Werkes irgend eine fehlerhafte Stelle sey übersehen worden. Um solche ausfindig zu machen, verpflichte ich mich hiermit – eben so wie bey der ersten Auflage meiner logarithmisch-trigonometrischen Tafeln (Wien 1783), meinem ersten

Versuche solcher undankbaren Beschäftigungen – für jede erste an mich zu machende Anzeige eines jeden übersehenen Fehlers, der zu falschen Rechnungen Anlaß geben kann, einen kayserl. Dukaten zu bezahlen, und sodann die angezeigten fehlerhaften Stellen bey einer schicklichen Gelegenheit öffentlich bekannt zu machen, damit man doch auf diese Art vollkommen fehlerfreye logarithmische Tafeln erhalte, falls dieses Werk ja noch einige fehlerhafte Stellen enthalten sollte.

Geschrieben bey der kayserl. königl. Armee am obern Rhein am 1ten Oktober 1794.

G. Vega."

Es ist mir nicht bekannt, ob der ausgesetzte Preis einmal zur Auszahlung gelangt ist. Nach neuen Berechnungen, von denen gleich die Rede sein wird, wäre 267mal dazu Veranlassung gewesen.

Als das Werk selten geworden war, wagte man sich nicht an einen Neudruck heran, weil man neue Druckfehler fürchtete; darum erschien 1896 in Florenz ein photographischer Abdruck.

Nachdem der „Thesaurus" über 100 Jahre das logarithmische Standardwerk geblieben war, erschien erst in unseren Tagen ein neues 10stelliges Tabellenwerk: „Zehnstellige Logarithmen der Trigonometrischen Funktionen von 0 bis 90° für jedes Tausendstel des Grades", Berlin 1919, und: „Zehnstellige Logarithmen der Zahlen 1 bis 100 000", Berlin 1922 (herausgegeben vom Reichsamt für Landesaufnahme unter wissenschaftlicher Leitung von Prof. Dr. J. Peters). Was die Zuverlässigkeit der neuen Logarithmentafel anbetrifft, so wollen wir darüber die Verfasser selbst zu Worte kommen lassen. Sie schreiben im Vorwort unter anderem:

„Die ersten Ziffern der Mantissen wurden mit einer der vorhandenen 7stelligen Tafel und der 8stelligen von Bauschinger und Peters bis zur 7. oder 8. Dezimale verglichen, wobei die verglichenen Tafeln vollständige Übereinstimmung zeigten, während zum Vergleich der noch fehlenden Ziffern die 10stellige Tafel von Vlacq (Arithmetica logarithmica, Goudae 1628) und eine neuere amerikanische Tafel („Logarithms, their nature computation, and uses, with logarithm tables of numbers and circular functions to ten places of decimals, Part I W. W. Duffield" Appendix Nr. 12 in U.S.Coast and Geodetic Survey, Report for 1896, Part II) herangezogen wurden. Wie zu erwarten war, stellte sich dabei bei Vlacq eine ganze Reihe von Fehlern heraus. Wichtiger mußte der Vergleich der Endziffern mit der amerikanischen Tafel erscheinen, da diese nach Angabe des Verfassers auf vollständiger Neurechnung bis zur 12. Dezimale beruhe. Um so auffallender war die Tatsache, daß auch hier überaus viele Abweichungen zutage traten. Ja es zeigte sich sogar, daß in den allermeisten Fällen diese Abweichungen mit den gefundenen Vlacqschen Fehlern übereinstimmten. Natürlich wurden alle bei dem Vergleichen nicht übereinstimmenden Logarithmen einer sorgfältigen Prüfung durch Neurechnung unterzogen; dabei erwiesen sich die amerikanischen Werte restlos als fehlerhaft ... Es ist nicht verwunderlich, wenn die Angaben von Vega (Thesaurus logarithmorum completus, Lipsiae 1794) mit denen von Vlacq übereinstimmen, da, wie Vega ausdrücklich betont, der Thesaurus lediglich ein verbesserter Abdruck von Vlacqs Tafel ist. Erstaunen muß es aber erregen, daß der amerikanische Verfasser mit seiner Neurechnung an 267 Stellen die gleichen fehlerhaften Logarithmen des Thesaurus erzielen konnte".

Im Anhang enthält die Tafel neben anderen Zahlenwerten die Zerlegung der Zahlen in Primfaktoren bis zu

$$10\,192 = 2^4 \cdot 7^2 \cdot 13$$

und die Logarithmen der Primzahlen bis 113 auf 84 Stellen. Aus diesen beiden Tafeln kann man ohne große

Mühe den Logarithmus jeder Zahl unter 10 192 auf 84 Stellen finden, denn es ist z. B.

$$\log 10\,192 = 4 \cdot \log 2 + 2 \cdot \log 7 + \log 13$$

Eine Genauigkeit von 10 Stellen ist außer in der Astronomie fast nirgends erforderlich. Für die meisten anderen Zwecke sind 10stellige Tafeln unnötig und auch viel zu unhandlich. Man ging daher im Laufe der Zeit zu 7- und 5stelligen Tafeln über, die noch vor 40 Jahren in den meisten Schulen gebräuchlich waren. Seitdem hat sich ziemlich allgemein die 4stellige Tafel durchgesetzt, und für technische Zwecke genügt vielfach eine Genauigkeit von 3 Stellen. Dann kann man die Rechnung noch weiter vereinfachen, indem man von den buchförmigen Logarithmentafeln zum logarithmischen Rechenschieber übergeht.

Der Rechenschieber besteht in seiner einfachsten Form aus einer festen und einer beweglichen Skala, die wir den „Stab" und die „Zunge" nennen wollen. Sollen mit einem solchen Schieber zwei Zahlen addiert werden, z. B. 2 und 3, so stellt man nach Abb. 1 den Nullstrich der Zunge unter die „2" des Stabes und liest dann über der „3" der Zunge das Ergebnis „5" ab. Dieses Verfahren ist besonders praktisch, wenn zu einer Zahl (wie hier der 2) eine ganze Reihe anderer Zahlen addiert werden sollen. Man liest dann bei Festbleiben der Einstellung der Zunge die Ergebnisse auf dem Stabe ab, in Abb. 1 also von 2 + 1 = 3 bis 2 + 13 = 15. Soll subtrahiert werden, z. B. 11 — 9, so stellt man nach Abb. 1 die „9" der Zunge

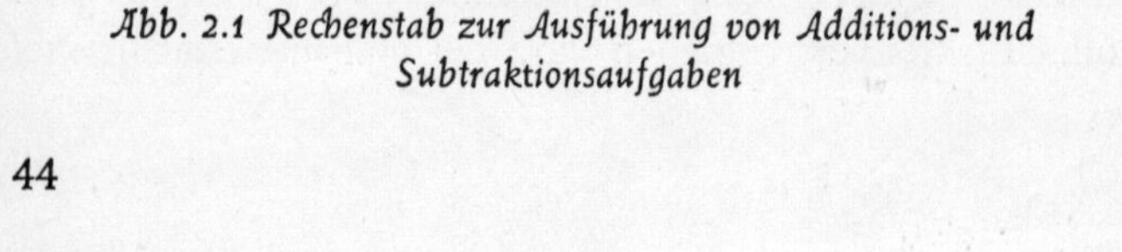

Abb. 2.1 Rechenstab zur Ausführung von Additions- und Subtraktionsaufgaben

unter die „11" des Stabes und liest über dem Nullstrich der Zunge auf dem Stabe das Ergebnis „2" ab.

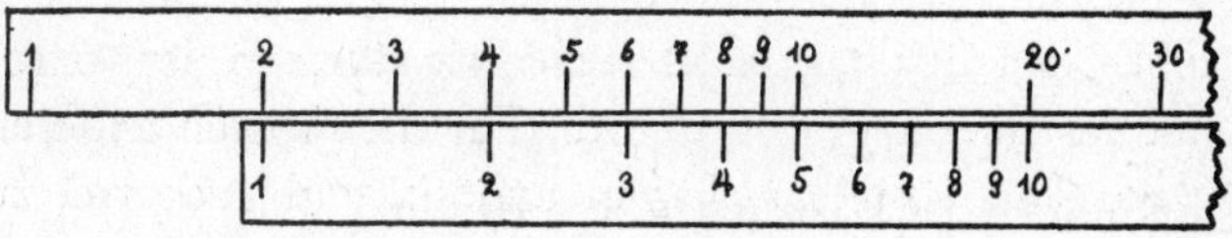

Abb. 2,2 Rechenstab zur Ausführung von Multiplikations- und Divisionsaufgaben (eingestellt zur Multiplikation mit 2)

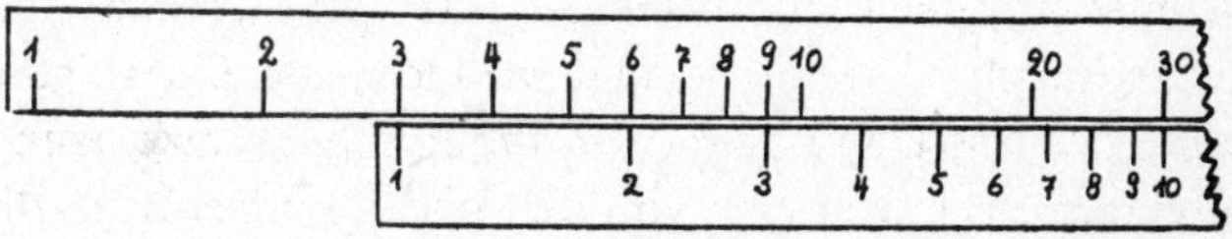

Abb. 2,3 Rechenstab zur Multiplikation mit 3 eingestellt

Tragen nun Stab und Zunge logarithmische Skalen wie in Abb. 2 und 3, so kann man in derselben Weise multiplizieren und dividieren. Um 2 · 3 zu finden, stellt man den Strich „1" der Zunge unter Strich „2" des Stabes und liest über der „3" der Zunge auf dem Stabe das Ergebnis „6" ab. Auch hier kann man bei einer Einstellung der Zunge eine ganze Reihe von Multiplikationsaufgaben lösen, in Abb. 2 von 2 · 2 = 4 bis 2 · 10 = 20 und in Abb. 3 von 3 · 2 = 6 bis 3 · 10 = 30. Soll dividiert werden, z. B. 10 : 5, so stellt man die „5" der Zunge unter die „10" des Stabes und liest über der „1" der Zunge auf dem Stabe das Ergebnis „2" ab.

Natürlich ist bei den wirklichen Rechenstäben die Skala weiter unterteilt, so daß man nicht eine, sondern drei Stellen abliest, eine Genauigkeit, die, wie schon oben gesagt, für die meisten technischen Zwecke vollkommen ausreicht.

Etwas anders ist es bei Rechnungen, die sich auf Geld oder Geldeswert beziehen, und bei manchen statistischen

Rechnungen. Hier wird meist die volle Genauigkeit verlangt. In Kaufhäusern und Banken, bei Behörden und Ämtern ist daher die Logarithmentafel weniger am Platze. Hier mußte noch bis zum Ende des vorigen Jahrhunderts in alter Weise nach Adam Riese gerechnet werden. Seitdem hat man aber immer mehr die Rechenmaschine eingeführt, und deshalb wollen wir wenigstens eine von ihnen in ihren Grundzügen hier kurz besprechen.

Die Schwierigkeiten lagen bei den Rechenmaschinen, wie bei manchen anderen Erfindungen, in der praktischen Ausführung und nicht in den Grundgedanken, die vielmehr schon sehr alt sind. Bereits der deutsche Philosoph und Mathematiker Gottfried Wilhelm Leibniz (1646 bis 1716) hatte eine Rechenmaschine erfunden, aber leider waren die Feinmechaniker zur damaligen Zeit noch nicht imstande, die nötige Präzisionsarbeit zu liefern. 1673 legte *Leibniz* seine Erfindung der Royal Society in London, und später, nachdem er noch einige Verbesserungen angebracht hatte, der Pariser Akademie der Wissenschaften vor. Außerdem hat er sie in den Abhandlungen der Berliner Akademie, Miscellanea Berolinensia Bd. 1, beschrieben. Obwohl er für den Bau seiner Maschine angeblich 24 000 Taler opferte, ist sie nie richtig in Gang gekommen. Nach seinem Tode weigerten sich seine Erben, den mit der Fertigstellung beauftragten Mechaniker Teubertin zu bezahlen, so daß die Maschine unvollendet blieb. Sie befindet sich jetzt im Archiv der Königlichen Bibliothek zu Hannover. Erst 1878, also 200 Jahre nach *Leibniz*, wurde in Deutschland die fabrikmäßige Herstellung von Rechenmaschinen von dem Ingenieur Arthur Burkhardt in Glashütte i. Sa. aufgenommen.

Wir wollen nun als Beispiel die von dem russischen Mathematiker Odhner erfundene Sprossenradmaschine in ihren Grundzügen besprechen. Sie erhielt ihren Namen von dem in Abb. 4 gezeigten Sprossenrad. Es besitzt in

9 radialen Schlitzen 9 verschiebbare Zahnstifte 4, die sogenannten Sprossen. Sie haben seitliche Ansätze 6, die in einem Schlitz gleiten, der aus zwei konzentrischen Kreisbogenteilen besteht. Der Schlitz befindet sich in dem in Abb. 4 schraffiierten Einstellring 5, der den aus dem Gehäuse der Maschine herausragenden Griff G_1 trägt.

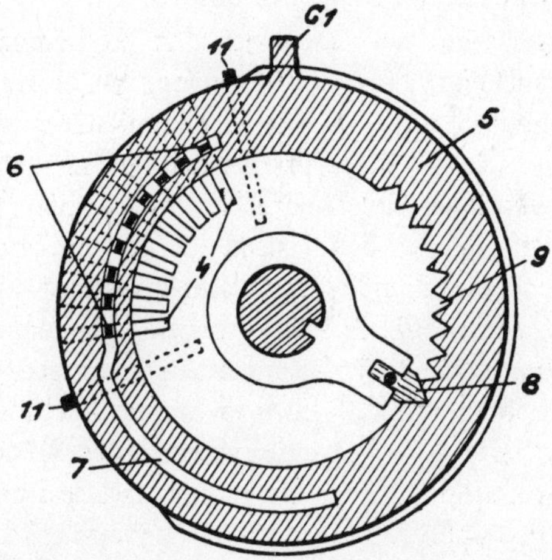

Abb. 2,4 Sprossenrad der Rechenmaschine nach Odhner

Wird dieser gedreht (in Abb. 4 nach rechts), so gelangen die seitlichen Ansätze 6 aus dem einen Teile des Stufenschlitzes in den anderen, dessen Radius etwas größer ist. Um den Radienunterschied werden dann die Zähne nacheinander gehoben und ragen über den Einstellring hinaus. Am Gehäuse der Maschine befinden sich die Ziffern 1 bis 9, auf die der Griff G_1 eingestelt wird. Damit auch genau 5 Zähne herausragen, wenn der Griff G_1 neben der „5" des Gehäuses steht, ist ein Riegel 8 angebracht, der in Zähne 9 eingreift und so eine genaue Einstellung verbürgt. Nach Abb. 5 sitzen nun eine Reihe solcher Sprossenräder auf einer Welle 2. Ihre Anzahl ist gleich der Zahl der Dezimalstellen, mit denen die Maschine rechnet. Meist sind es 9. In Abb. 5 sind dagegen der Übersichtlichkeit wegen nur 4 gezeichnet. Das 1. (von

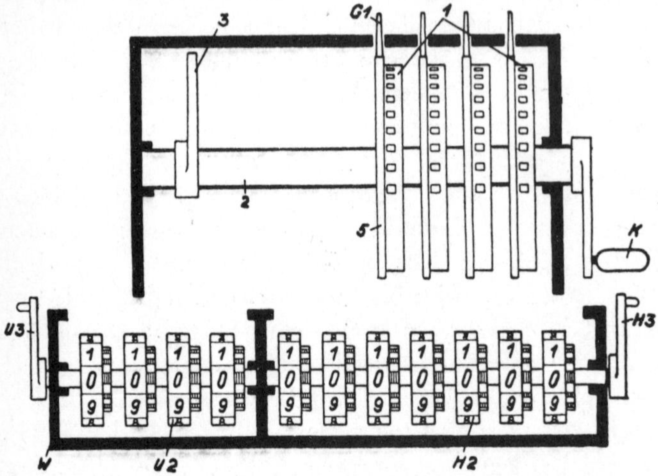

Abb. 2,5 Schema der Sprossenmaschine

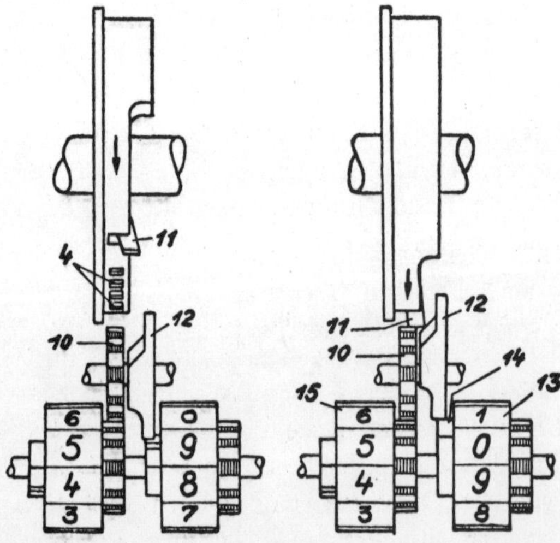

Abb. 2.6 Die Wirkungsweise der Stifte zur Zehnerübertragung

links gerechnet) gilt dann also für die Tausende, das 2. für die Hunderte, das 3. für die Zehner und das letzte für die Einer.

Unter dem festen Teil der Maschine befindet sich der Wagen W. Er trägt rechts das Resultatwerk H2, das aus einer Anzahl von Zahlenrollen besteht. Es sind immer mehr Zahlenrollen als Sprossenräder vorhanden, in Abb. 5 sind es 7. Sie stehen in Abb. 5 alle auf Null, in Abb. 6a steht die linke auf 5 und die rechte auf 9. Jede Zahlenrolle besitzt ein Zahnrad, in das die Sprossenräder über Zwischenräder (in Abb. 6 mit 10 bezeichnet) eingreifen. Werden die Sprossenräder nun gemeinsam mit Hilfe der Kurbel K gedreht, so dreht jedes Sprossenrad die ihr gegenüberstehende Zahlenrolle um so viel Einheiten weiter, wie Zähne aus dem Sprossenrad herausragen. In der Grundstellung des Resultatwerkes, bei der die Einerzahlenrolle dem Einersprossenrad, die Zehnerzahlenrolle dem Zehnersprossenrad usw. gegenübersteht, erscheint also, wenn beispielsweise die Zahl 1203 eingestellt worden ist, bei einer Kurbeldrehung im Resultatwerk 1203, bei zwei Kurbeldrehungen $2 \cdot 1203 = 2406$, bei drei Kurbeldrehungen 3609 usw. Soll nun statt mit 3 mit 23 multipliziert werden, so wird, nachdem die Kurbel dreimal gedreht worden ist, der Wagen um eine Stelle nach rechts geschoben, so daß das Einersprossenrad jetzt der Zehnerzahlenrolle gegenübersteht, das Zehnersprossenrad der Hunderterzahlenrolle usw., und dann wird die Kurbel noch zweimal gedreht. Soll mit 123 multipliziert werden, wird in der Grundstellung des Wagens die Kurbel dreimal gedreht, dann der Wagen um eine Stelle verschoben und die Kurbel zweimal gedreht und schließlich der Wagen noch einmal um eine Stelle verschoben und die Kurbel einmal gedreht. Damit man nun weiß, wie oft man jedesmal gedreht hat, sitzt auf der Welle noch der lange Zahn 3 und auf dem Wagen befindet sich ihm gegenüber das Umdrehungszählwerk U2, das ebensoviel Zahlenrollen besitzt wie Sprossenräder vorhanden sind, in Abb. 5 also 4. Bei der Grundstellung des Wagens dreht der lange Zahn im obigen Beispiel das mit der Einerzahlenrolle verbundene Zahnrad dreimal um einen Zahn weiter, so daß die Zahlenrolle die „3" zeigt. Nachdem der Wagen um eine Stelle nach rechts geschoben wurde, dreht dann der lange Zahn die Zehnerrolle des Umdrehungszählwerkes auf „2", und nachdem der Wagen dann noch einmal um eine Stelle verschoben wurde, dreht er die Hunderterzahlenrolle auf „1". Die Hebel U3 und H3 dienen dazu, nach Ausführung der Rechnung Umdrehungswerk und Resultatwerk wieder auf Null zu stellen.

Eine besondere Schwierigkeit bildet die Zehnerübertragung. Sie wird durch die Stifte 11 des Sprossenrades besorgt. (Es sind zwei Stifte vorhanden, weil die Kurbel bei der Addition und Multiplikation in dem einen, bei der Subtraktion und Division im anderen Sinne gedreht wird.) Die Stifte 11 bewegen sich normalerweise nicht in der Ebene der Sprossen 4 und drehen daher normalerweise die Zahlenrollen des Resultatwerkes nicht weiter, wie das in Abb. 6a angedeutet ist. Wird nun aber die rechte Zahlenrolle der Abb. 6 (wir wollen annehmen, es sei die Einerrolle) durch ihr Sprossenrad (das in Abb. 6 nicht mit gezeichnet ist) von 9 auf Null gedreht, so schiebt der Schaltdaumen 14 einen Hebel 12 nach oben. Dieser „Zehnerhebel" besitzt eine Schrägfläche, an der der Stift 11 des Zehnersprossenrades nach links gleitet, dadurch in die Ebene der Sprossen 4 gelangt und die Zehnerzahlenrolle um eine Stelle weiterdreht.

Die Ausführung einer Multiplikation erfordert vom Rechner also doch noch eine ziemlich umfangreiche Tätigkeit. Er muß mit der Kurbel die richtige Anzahl von Drehungen ausführen und er muß den Wagen immer um die richtige Anzahl von Stellen verschieben. Man hat nun automatische Rechenmaschinen konstruiert, die dem Rechner auch diese Arbeit abnehmen. Er braucht dann bloß die beiden Faktoren auf seiner Maschine einzustellen und dann — auf den Knopf zu drücken. Alles andere besorgt dann die Maschine selbst (wozu sie natürlich mit einem Elektromotor ausgerüstet sein muß).

Es gibt nun aber Probleme, die zu so umständlichen Rechnungen führen, daß man den Rechner noch weiter entlasten muß. Wir wählen als Beispiel eine Aufgabe, die nicht sehr wichtig ist, aber den Vorteil hat, leicht verständlich zu sein. Es soll entschieden werden, ob 10 000 000 001 $= 10^{10} + 1$ eine Primzahl ist oder nicht (vgl. das folgende Kapitel). Um das festzustellen, muß man 10 000 000 001 durch alle Primzahlen, die zwischen 3 und 100 000 liegen, dividieren. Es wäre an sich möglich, auch eine mechanische Rechenmaschine zu konstruieren, die das automatisch erledigt. Man müßte die Primzahlen in der Maschine in einem Speicher auf irgendeine Weise stapeln und die Maschine so konstruieren, daß sie selbsttätig diese Zahlen aus dem Speicher entnimmt und 10 000 000 001 der Reihe nach durch die entnommenen Zahlen dividiert, automatisch aufhört, falls die Division aufgegangen ist, und den letzten Divisor in einem Resultatwerk sichtbar macht. Natürlich lohnt es sich aber nicht, eine Maschine bloß für einen ganz bestimmten Zweck zu bauen. Man muß eine Maschine haben, der man die verschiedensten Aufgaben stellen (der man verschiedene „Befehle" erteilen) kann. Das ist praktisch wohl bloß auf elektrischem Wege möglich.

Die Wirkungsweise einer solchen elektrischen Rechenmaschine, wie z. B. der Elektronen-Rechenmaschine, ist nun von der der mechanischen Maschinen erheblich verschieden. Man verwendet hier statt des dezimalen das duale Zahlensystem, von dem wir schon im vorigen Kapitel sprachen. Wir betrachten als einfaches Beispiel die

Addition von 6 und 7. In dualer Schreibweise sieht sie so aus:

	8	4	2	1
A:		I	I	0
B:		I	I	I
C:	I	I	0	I

So, wie wir in der dezimalen Schreibweise Einer-, Zehner-, Hunderter-, Tausender-Stellen usw. haben, so haben wir hier Einer-, Zweier-, Vierer-, Achter-Stellen usw. Wir addieren zuerst die Einer: 0 + I = I, dann addieren wir die Zweier: I + I = I0, d. h. in die Zweier-Reihe kommt eine Null und in die Vierer-Reihe ist eine I zu übertragen. In

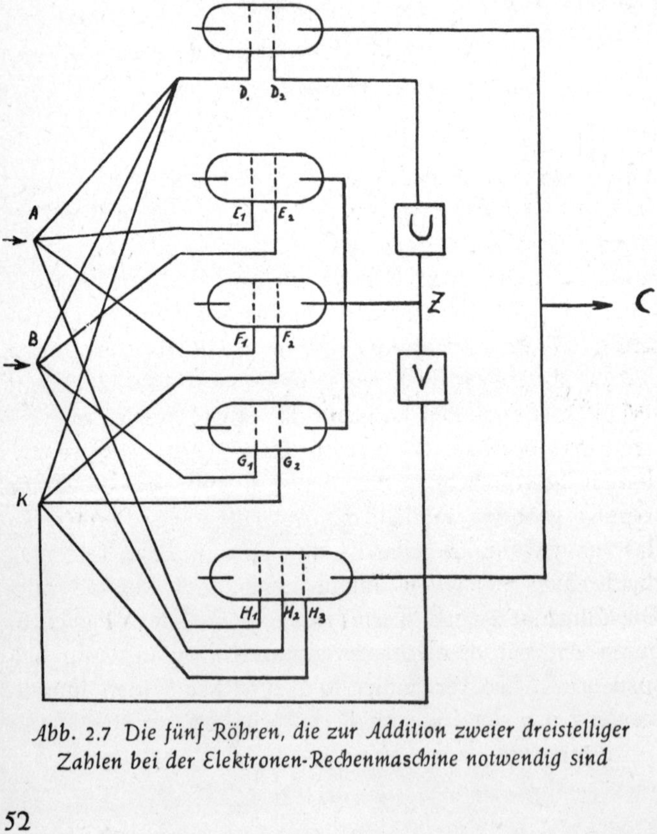

Abb. 2.7 Die fünf Röhren, die zur Addition zweier dreistelliger Zahlen bei der Elektronen-Rechenmaschine notwendig sind

der Vierer-Reihe haben wir dann I + I + I = I I, d. h. in die Vierer-Reihe kommt eine I und in die Achter-Reihe ebenfalls. Das Ergebnis ist also:

$$\mathrm{IIOI} = 1 \cdot 8 + 1 \cdot 4 + 0 \cdot 2 + 1 = 13$$

Die Elektronen-Rechenmaschine löst nun nach Abb. 2,7 die Aufgabe mit Hilfe von 5 Röhren folgendermaßen: Die beiden Summanden werden den beiden Eingängen A und B in Form von elektrischen Impulsen zugeführt. Diese Impulse sind in Abb. 2,8 graphisch dargestellt, ebenso wie

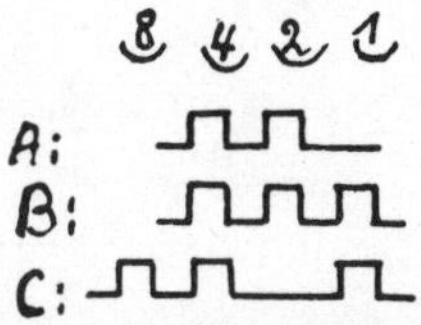

Abb. 2,8 Die Impulse der beiden Summanden A und B und der Impuls der Summe C

die Impulse, die dem Resultat C entsprechen. Die Röhren D, E, F, G besitzen nur zwei Gitter, die letzte Röhre H dagegen hat drei Gitter. Die Röhren lassen nur Strom hindurch, wenn allen Gittern ein positiver Impuls zugeführt wird. (Die positive Ladung der Gitter saugt aus der Kathode Elektronen heraus und dadurch kommt der Strom zustande.) Eine Ausnahme macht bloß die erste Röhre D. Hier genügt es, wenn das erste Gitter einen positiven Impuls erhält. Die Gitter stellen gleichsam Tore dar, die für gewöhnlich geschlossen sind und erst durch die Impulse geöffnet werden, mit Ausnahme des Gitters D_2, das für gewöhnlich offen ist und während der Rechnung durch einen (negativen) Impuls geschlossen werden kann. Die Eingänge A und B sind in der aus Abb. 2,7 erkennbaren Art mit den Gittern verbunden. In unserem Beispiel erhält also der Eingang A zunächst keinen Impuls, sondern nur der Eingang B. Es erhalten also die Gitter

D_1, E_2, G_1 und H_2 positive Impulse. Das führt aber nur in der Röhre D zu einem Strom, weil nur in D das zweite Gitter normalerweise offen ist. Es fließt also von D ein Impuls zum Ausgang C. Nun kommen die „Zweier". Jetzt erhalten sowohl A als B einen Impuls. Infolgedessen erhalten beide Gitter der Röhre E positive Ladung, und es fließt ein Impuls von der Röhre E nach Z. Hier verzweigt er sich. Ein Teil fließt nach U, wird dort umgepolt und als negativer Impuls dem Gitter D_2 zugeführt. Dadurch wird das Gitter geschlossen und verhindert, daß die Impulse, die gleichzeitig von A und B nach D_1 fließen, die Röhre D öffnen. Der andere Teil fließt nach V und wird dort um die Zeit, die zwischen zwei aufeinanderfolgenden Impulsen liegt, verzögert und dann dem Punkte K, der gleichsam einen dritten Eingang darstellt, zugeführt. Beim nächsten Rechenschritt, der Vierer-Stufe, erhalten wieder sowohl A als B einen Impuls und außerdem trifft in K noch der verzögerte Impuls ein. Alle drei Impulse fließen zur Röhre H, deren 3 Tore also geöffnet werden, so daß sie einen Impuls zum Ausgang C schickt. Außerdem erhalten aber auch alle 6 Gitter der Röhren E, F G Impulse, und es fließt von dort ein Impuls nach Z, wo er sich wieder teilt. Ein Teil fließt zur Röhre D und sperrt das Gitter D_2, ein Teil fließt verzögert nach K. Beim nächsten Rechenschritt (Achter-Stufe) erhalten A und B keine Impulse, da die beiden Summanden ja zu Ende sind. Es fließt also nur von K ein Impuls nach D_1, und daher schickt die Röhre D einen Impuls zum Ausgang C, und damit ist die Addition beendet.

Der Leser wird das Verfahren zunächst für viel umständlicher halten als das der mechanischen Rechenmaschinen. Man muß aber bedenken, daß man das Verfahren ohne Schwierigkeiten fortsetzen kann, also sehr große Zahlen addieren, und da sich die Multiplikation auf die Addition zurückführen läßt, auch multiplizieren kann. Infolge der Verwendung des dualen Zahlsystemes wird die Rechnung zwar sehr lang, aber da elektrische Vorgänge sehr rasch erfolgen, erfordern die Rechnungen trotzdem nur sehr wenig Zeit. Die Zeit zwischen zwei aufeinanderfolgenden Impulsen beträgt etwa 0,00001 Sekunde (1 hundertstel Millisekunde), bei den schnellsten amerikanischen Maschinen 0,000001 Sekunde (1 Mikrosekunde). Die Multiplikation zweier 10stelligen Zahlen (32stelliger Dualzahlen) dauert bei einer Elektronen-Rechenmaschine etwa 1 Millisekunde. Das ist wichtig, da man eine Elektronen-Rechenmaschine ja nicht für eine einzelne Multiplikation in Anspruch nimmt, sondern nur für lange, zusammengesetzte Rechnungen. Wir erwähnten oben als Beispiel die Entscheidung, ob eine vorgegebene große Zahl eine Primzahl ist oder nicht. Da die Maschine nicht für einen besonderen Fall gebaut ist, müssen ihr also die zur Lösung der Aufgabe nötigen Anweisungen beim Beginn der Rechnung gegeben werden. Es geschieht das in ähnlicher Weise wie z. B. beim Hollerith-System der Maschine die Aufgabe erteilt wird, aus einer Kartothek Karten nach einem bestimmten Gesichtspunkt herauszusuchen, also nach dem L o c h kartenverfahren. In einen Papierstreifen werden in geeigneter Weise Löcher gestanzt, dann wird der Papierstreifen durch die Maschine geführt und die Löcher abgetastet, wodurch die Maschine die Anweisungen erhält, die zur Lösung der Aufgabe notwendig sind, wie z. B.: Entnimm dem Speicher die Zahlen, die dort an den Stellen ... und ... gespeichert sind, multipliziere sie miteinander (bzw. dividiere die erste Zahl durch die zweite) und führe das Ergebnis der Stelle ... des Speichers zu usw.

Der Speicher besteht z. B. aus einem rotierenden Zylinder, dessen Mantel mit Eisenpulver bedeckt ist. Ihm gegenüber befindet sich eine Reihe kleiner Elektromagnete. Einem dieser Magnete werden die Impulse zugeleitet. Dadurch wird der Magnet erregt und magnetisiert die ihm gerade gegenüberstehende Stelle des rotierenden Zylinders. Die dual geschriebene Zahl, die also aus einer Reihe der Zeichen I und 0 besteht, ist jetzt also gespeichert als eine Reihe magnetischer und unmagnetischer Stellen des Zylindermantels. Derselbe Elektromagnet kann nun die Zahl wieder dem Speicher entnehmen. Bei der Drehung des Zylinders rufen die magnetisierten Stellen im Elektromagneten einen Impuls hervor, die unmagnetischen jedoch nicht, und damit erscheint die Zahl wieder als eine Folge elektrischer Impulse. Ein Zylinder von den Abmessungen 30 zu 15 cm kann auf diese Weise 1000 Zahlen mit je 36 Dualziffern speichern. Er macht etwa 100 Umdrehungen in der Minute, so daß sowohl das Speichern als auch die Entnahme der Zahlen aus dem Speicher in sehr kurzer Zeit vor sich geht.

In den Tageszeitungen wurden die Elektronen-Rechenmaschinen als elektrische G e h i r n e bezeichnet. Deswegen ist es vielleicht doch nicht überflüssig, darauf hinzuweisen, daß die Tätigkeit auch einer elektrischen Rechenmaschine rein m e c h a n i s c h ist, das Wort mechanisch im Gegensatz zu geistig verstanden. Die geistige Arbeit leistet allein der Mathematiker, der der Maschine die Anweisungen gibt. Was *Lichtenberg* von den Büchern sagt: „Solche Bücher sind wie Spiegel. Wenn ein Affe hineinsieht, kann kein Apostel herausschauen", das gilt entsprechend auch von der Elektronen-Rechenmaschine. Wenn jemand ihr unsinnige Anweisungen gibt, errechnet sie auch sinnlose Resultate.

3. Kapitel

Algebra und Gruppentheorie

Eine uralte, ursprünglich wohl chinesische Aufgabe lautet: In einem Stall befinden sich Kaninchen und Hühner. Sie haben zusammen 35 Köpfe und 94 Beine. Wieviel Kaninchen und wieviel Hühner sind es?

Man kann ohne viel Mathematik die Lösung folgendermaßen finden: Wären es lauter Kaninchen, so hätten sie $35 \cdot 4 = 140$ Beine, es wären also 46 Beine zuviel. Ich muß also, damit es weniger Beine werden, aber gleichviel Köpfe bleiben, eine gewisse Anzahl Kaninchen gegen Hühner vertauschen. Ersetze ich ein Kaninchen durch ein Huhn, so sind es 2 Beine weniger, ersetze ich zwei Kaninchen durch zwei Hühner, so sind es 4 Beine weniger usw. Damit es 46 Beine weniger werden, muß ich 23 Kaninchen durch Hühner ersetzen, d. h.: es sind 23 Hühner und $35 - 23 = 12$ Kaninchen.

Es gibt nun ein Schema, nach dem man derartige Aufgaben lösen kann, und wer dieses Schema beherrscht, ist unzweifelhaft im Vorteil denen gegenüber, die die Aufgabe durch reine Verstandesschlüsse lösen müssen. Das Schema sieht folgendermaßen aus: Wir bezeichnen die Anzahl der Kaninchen mit x und die der Hühner mit y. Dann ist, da die Anzahl der Kaninchen und Hühner zusammen 35 beträgt

(1) $$x + y = 35$$

Da jedes Kaninchen 4 Beine, die x Kaninchen also $4 \cdot x$ Beine besitzen und jedes Huhn 2 Beine, die y Hühner also $2 \cdot y$ Beine, ist die Anzahl aller Beine also $4x + 2y$, und da andererseits die Gesamtzahl der Beine 94 sein soll, haben wir als zweite Gleichung:

$$(2) \qquad 4x + 2y = 94$$

Damit haben wir die Aufgabe für das Schema vorbereitet, und das Schema arbeitet nun automatisch weiter. Es gibt feste Regeln, nach denen solche Gleichungen aufgelöst werden. Die wichtigste lautet: Man darf ein Glied von der linken auf die rechte Seite der Gleichung bringen, aber dabei wird aus „plus" „minus" und aus „mal" „dividiert durch" und umgekehrt. Nach dieser Regel folgt aus (1), wenn wir x von links nach rechts bringen

$$(3) \qquad y = 35 - x$$

Setzen wir nun in (2) an Stelle von y (35 — x) ein, so erhalten wir:

$$4x + 2\,(35 - x) = 94$$
$$4x + 70 - 2x = 94$$
$$4x - 2x = 94 - 70$$
$$2x = 24$$
$$x = 12$$

Setzen wir diesen Wert von x in (3) ein, so folgt

$$y = 23$$

Es waren also 12 Kaninchen und 23 Hühner.

Das Gleichheitszeichen führte der Engländer *Recorde* 1557 ein, weil nichts gleicher sei als ein Paar paralleler Linien. Die Unbekannte wurde zur Zeit der Reformation mit „coss" bezeichnet (italienisch: cosa = Sache), die Algebra als „Regel Coß" und die, die mit Gleichungen umzugehen verstanden, als Cossisten. Der Name Algebra stammt aus dem arabischen Lehrbuch des *Mohammed Ben Musa Alkaresmi* (1. Viertel des 9. Jahrhunderts). Er bedeutet wörtlich „Wiederherstellung" und bezieht sich auf das Hinüberbringen der Glieder von der einen auf die andere Seite der Gleichung. Die in der Gleichung

$$4x + 2y = 94$$

auftretenden Zahlen 4 und 2 bezeichnet man als Koeffizienten. Das Wort stammt von *François Viète* (meist *Vieta* genannt), der von 1540–1603 lebte und wie *Fermat* eigentlich Jurist war.

Man kann die obige Aufgabe auch ganz allgemein behandeln, indem man davon ausgeht, daß die Tiere zusammen a Köpfe und b Beine hatten. Dann lauten die beiden Gleichungen:

$$x + y = a$$
$$4x + 2y = b$$

Aus der 1. Gleichung folgt $y = a - x$ und, wenn wir das in die 2. Gleichung einsetzen:

$$4x + 2\,(a - x) = b$$
$$4x + 2a - 2x = b$$
$$2x = b - 2a$$
$$x = \frac{b - 2a}{2}$$

Setzt man diesen Wert in die Gleichung $y = a - x$ ein, so folgt

$$y = \frac{4a - b}{2}$$

Heißt es jetzt also in der Aufgabe, daß die Tiere zusammen 30 Köpfe und 80 Beine hatten, so ist in der allgemeinen Lösung statt a 30 und statt b 80 zu schreiben. Dann ergibt sich

$$x = \frac{80 - 2 \cdot 30}{2} = 10$$

$$y = \frac{4 \cdot 30 - 80}{2} = 20$$

Auf den Gedanken, erst mit Buchstaben zu rechnen und dann für die Buchstaben irgendwelche Zahlen einzusetzen, konnten die Griechen nicht kommen, da bei ihnen ja jeder Buchstabe eine ganz bestimmte Zahl bedeutete, wie wir im 1. Kapitel gesehen haben. Der Gebrauch der kleinen lateinischen Buchstaben stammt von dem Oxforder Professor *Th. Harriot* (1560–1621) und von *Descartes* die Regel, für die bekannten Größen die ersten und für die unbekannten die letzten Buchstaben des Alphabetes zu verwenden. Da bei der Auflösung der Gleichungen 2. und höheren Grades immer Wurzeln auftreten, war früher für die Unbekannte statt des Buchstaben x auch ein r gebräuchlich (lateinisch: radix = Wurzel), und noch heute nennt man die Lösungen einer Gleichung auch ihre Wurzeln.

Gleichungen kannten schon die alten Griechen, aber nicht in unserer Schreibweise. Um eine bestimmte Vorstellung zu haben, dachten sie sich die unbekannten und gegebenen Zahlen immer als Strecken. Die Auflösung der Gleichung 2. Grades

$$x^2 + a \cdot x = b^2$$

sieht dann also nach Abb. 1 etwa so aus: Gegeben sind eine Strecke AB = a und ein Quadrat GHJK = b^2. Es soll über AB ein Rechteck ABCD konstruiert werden derart, daß die Fläche dieses Rechteckes zusammen mit der des anliegenden Quadrates ADEF gleich dem gegebenen Quadrat GHJK ist. Zur Lösung denken wir uns das Rechteck ABCD halbiert und die Hälften an das Quadrat ADEF so angetragen, daß die schraffierte winkelförmige Fläche der Abb. 1 entsteht. Durch das Quadrat MNOA mit der Seite a/2 wird die schraffierte Fläche zu dem großen Quadrat LNPE ergänzt, dessen Seite wir y nennen wollen. Die Aufgabe, die zweite Seite x des Rechteckes ABCD zu finden, ist damit zurückgeführt auf die Aufgabe, die Seite des Quadrates LNPE zu finden. Da nun die schraffierte Fläche gleich dem Quadrat GHJK sein soll, ist LNPE = GHJK + MNOA, d. h. es ist die Seite eines

Quadrates gesucht, das ebenso groß ist wie zwei gegebene Quadrate zusammengenommen. Diese Aufgabe löst der Lehrsatz des *Pythagoras*. Man zeichnet nach Abb. 1 ein rechtwinkliges Dreieck HQJ, dessen Katheten die Längen a/2 und b haben. Die Hypotenuse ist dann y und die gesuchte Strecke x ist HR = y — a/2. Die Abb. 1 ist gezeichnet für a = 9 und b = 6. Man erhält durch die geo-

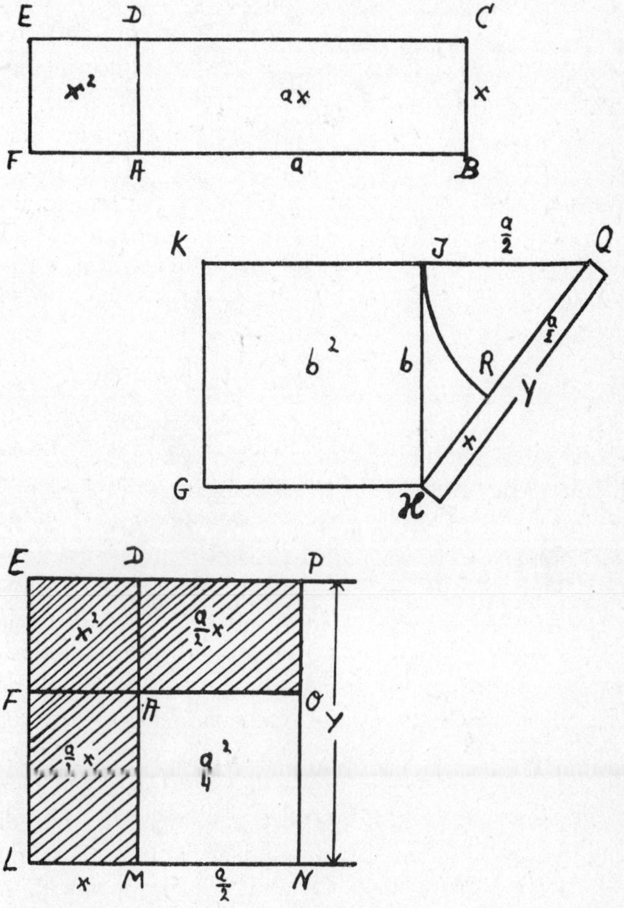

Abb. 3,1 Geometrische Auflösung der Gleichung $x^2 + ax = b^2$

metrische Konstruktion nur die positive Lösung $x = 3$ der Gleichung

$$x^2 + 9x = 36,$$

nicht dagegen die negative Lösung $x = -12$.

Man kann mit Leichtigkeit Gleichungen bilden, die irgendwelche vorgegebenen Zahlen als Lösungen besitzen. Die Lösungen 2 und 3 hat z. B. die Gleichung

$$(x-2) \cdot (x-3) = x^2 - 5x + 6 = 0,$$

die Lösungen 2, 3 und 4 die Gleichung

$$(x-2)(x-3)(x-4) = x^3 - 9x^2 + 26x - 24 = 0$$

die Lösungen 2, 3, 4 und 5 die Gleichung

$$(x-2)(x-3)(x-4)(x-5) = x^4 - 14x^3 + 71x^2 - 154x + 120 = 0,$$

die Lösungen 2, 3, 4, 5 und 6 die Gleichung

$$(x-2)(x-3)(x-4)(x-5)(x-6) = x^5 - 20x^4 + 155x^3 - 580x^2 + 1044x - 720 = 0$$

usw. Die Aufgabe, die Lösungen einer Gleichung zu finden, ist also gleichbedeutend mit der Aufgabe, die linke Seite der Gleichung in Faktoren zu zerlegen. Den „Fundamentalsatz der Algebra", daß jede algebraische Gleichung Lösungen besitzt, drückte *Gauß* daher in seiner Doktordissertation 1799 in der Form aus, daß sich „jede rationale ganze Funktion in reelle Faktoren ersten oder zweiten Grades zerlegen lasse". Obwohl bereits *Descartes* die Ausdrücke „reelle Lösung" und „imaginäre Lösung" gebraucht hatte, vermied *Gauß* hier also noch die imaginären Lösungen und zerlegte einen Faktor wie $(x^2 + 9)$ nicht in die beiden Faktoren ersten Grades $(x + \sqrt{-3})$ $(x - \sqrt{-3})$, weil sich damals manche Mathematiker noch sträubten, $\sqrt{-3}$ als eine Zahl anzuerkennen. Dann hat allerdings gerade *Gauß* selbst sehr viel dazu beigetragen, daß die imaginären Zahlen allgemein anerkannt wurden, besonders durch die geometrische Darstellung der komplexen Zahlen in der „*Gaußschen* Zahlenebene". Die reellen Zahlen wurden seit *Descartes* durch die Punkte einer Geraden dargestellt. Da auf dieser Geraden keine weiteren Zahlen mehr Platz haben, deutete *Gauß* die imaginären Zahlen als Punkte einer zweiten Geraden. Die komplexen Zahlen, die aus einem reellen und einem imaginären Bestandteil zusammengesetzt sind, sind dann als Punkte der Ebene zu deuten, wie das in Abb. 2 dargestellt ist.

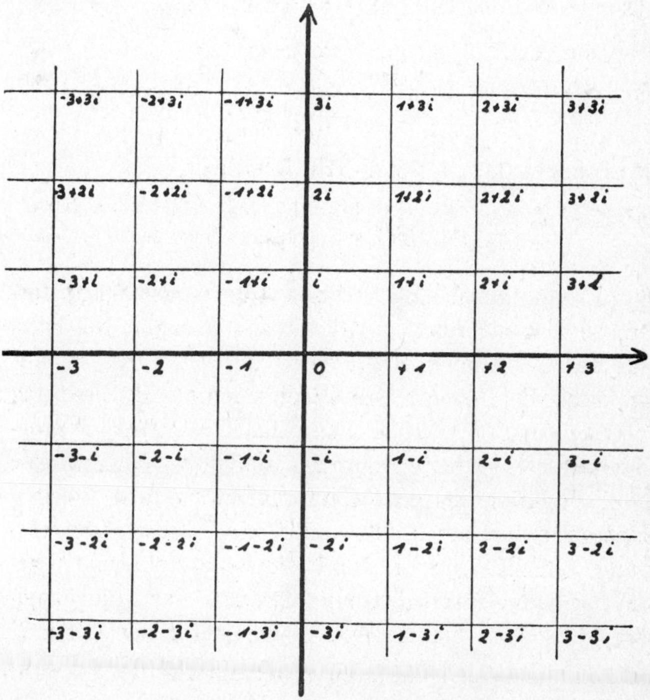

Abb. 3,2 Die Gaußsche Zahlenebene

Lange bevor auf diese Weise das Problem der Gleichungen 2. Grades erst restlos erledigt worden war, versuchte man sich an Gleichungen 3. und 4. Grades. *Vieta* erkannte zuerst, daß jede Aufgabe, die auf eine Gleichung 3. Grades (kubische Gleichung) führt, entweder durch zwei mittlere Proportionalen lösbar oder auf die Dreiteilung eines Winkels zurückführbar ist. Zur ersten Klasse gehören die Gleichungen, die eine reelle und zwei komplexe Wurzeln besitzen, wie z. B. die Gleichung $x^3 = 1$, die die Wurzeln

$$x_1 = 1$$

$$x_2 = -\frac{1}{2} + \frac{i}{2}\sqrt{3}$$

$$x_3 = -\frac{1}{2} - \frac{i}{2}\sqrt{3}$$

hat. Schon die alten Griechen hatten das Delische Problem vgl. Kapitel 8) durch zwei mittlere Proportionalen gelöst. Aus

$$a : x = x : y = y : b$$

folgt allgemein $x^3 = a^2b$ und für $b = 2a$ speziell $x = a\sqrt[3]{2}$. Zur zweiten Klasse gehören die Gleichungen mit drei reellen Wurzeln wie z. B. die Gleichung

$$x^3 - 3x - 2\cos\alpha = 0,$$

die zur Dreiteilung des Winkels gehört, da $x = 2\cos\frac{\alpha}{3}$ ist. Für $\alpha = 360°$ ist

$$x^3 - 3x - 2 = 0$$

mit den Lösungen $x_1 = -1$; $x_2 = +2$
und für $\alpha = 180°$ ist

$$x^3 - 3x + 2 = 0$$

mit den Lösungen $x_1 = +1$; $x_2 = -2$

Diese Sonderfälle gehören also zur Dreiteilung des ganzen bzw. halben Kreises. Es ergeben sich hier nur 2 statt 3 Lösungen, da -1 bzw. $+1$ eine sogenannte Doppelwurzel ist.

Die allgemeine Formel zur Auflösung einer Gleichung 3. Grades wird nach *Hieronymus Cardanus* benannt, der von 1501 bis 1576 lebte und in Pavia und Rom Mathematik und Medizin lehrte. Die Formel steht in seiner „Ars magna de Regulis Algebraicis", die 1545 in Nürnberg gedruckt wurde. *Cardano* nennt als Entdecker *Scipione del Ferro*, der um 1515 die Auflösung gefunden habe, und in zweiter Linie *Nicolo Tartaglia* (1500—1557). Es knüpfte sich daran ein häßlicher Prioritätsstreit ähnlich dem um die Erfindung der Differentialrechnung (vgl. Kapitel 12). In einem 1546 in Venedig gedruckten Werk *Tartaglias* wird von einem Eid berichtet, durch den sich *Cardano Tartaglia* gegenüber verpflichtet haben soll, das Auflösungsverfahren nicht zu verraten. Diesen Eid habe *Cardano* also durch seine Veröffentlichung in der Ars magna gebrochen. Einem Schüler Cardanos, *Luigi Ferrari* (1522 bis 1565) gelang dann die Auflösung der Gleichungen vierten Grades.

Euler glaubte noch an die Auflösbarkeit aller Gleichungen, aber *Leibniz* äußerte in einem Briefe an *Tschirnhausen* bereits Zweifel, und *Gauß* spricht 1799 in seiner Doktordissertation von der Unmöglichkeit der Auflösung von Gleichungen 5. Grades, und im gleichen Jahre gibt *Paolo Ruffini* in seiner „Theoria generale della equazioni" einen, allerdings nicht ganz zwingenden Beweis für die Unmöglichkeit, jede beliebige Gleichung 5. Grades aufzulösen.

Den ersten einwandfreien Beweis führte *Niels Henrik Abel*, der 1802 bei Stavanger als Sohn eines Pfarrers geboren wurde. 1821 ging er an die Universität Christiania (heute Oslo), erwarb aber seine mathematische Bildung hauptsächlich durch Selbststudium der Werke *Eulers*, *Lagranges und Legendres*. 1823 glaubte er, die Auflösung der Gleichung 5. Grades gefunden zu haben, und zog dadurch die Aufmerksamkeit der Mathematiker auf sich. Es muß für ihn eine schwere Enttäuschung gewesen sein, als er dann selbst merkte, daß er einem Irrtum zum Opfer gefallen war, aber bald fand er dann statt dessen den Unmöglichkeitsbeweis. Nach einer kurzen vorläufigen Veröffentlichung vom Jahre 1824 erfolgte die ausführliche Darstellung 1826 im „Journal für die reine und angewandte Mathematik", das der Berliner Oberbaurat *A. L. Crelle* gegründet hatte. Ein Stipendium hatte nämlich *Abel* eine Reise nach Berlin ermöglicht, wo *Crelle* die ungewöhnliche Begabung des jungen Studenten erkannte und ihn zu fördern suchte. Im Februar 1826 reiste *Abel* von Berlin nach Italien und dann nach Paris, wo er sich vom Juli bis zum Ende des Jahres aufhielt. *Cauchy*, der damals als der bedeutendste französische Mathematiker galt, und mit dem *Abel* gern in Verbindung getreten wäre, ließ sich jedoch nicht sprechen. Eine Abhandlung, die er Ende Oktober der Pariser Akademie einreichte, blieb zunächst unter den Papieren *Cauchys* liegen, erlitt dann, als *Cauchy* nach der Julirevolution von 1830 wegen seiner königstreuen Gesinnung in die Verbannung gehen mußte, das gleiche Schicksal unter den Papieren des Mathematikers *Gergonne* und erschien erst 1841 auf Betreiben der Norwegischen Regierung, als *Abel* schon tot war.

Abel hatte ursprünglich die Absicht, von Paris nach Göttingen zu reisen, wo er sich an *Gauß* wenden wollte, aber infolge der schlechten Erfahrungen, die er in Paris gemacht hatte, verlor er den Mut und fuhr direkt von Paris nach Berlin, wo er erstmalig schwer erkrankte. Im Mai kehrte er lungenleidend nach Norwegen zurück und stand dort krank und stellungslos, ohne äußeren Abschluß seines Studiums, dem Nichts gegenüber. In Berlin war jedoch *Crelle* für ihn tätig. Man plante dort ein polytechnisches Institut nach dem Pariser Vorbilde und wollte die Leitung einem Mathematiker übertragen. Es wurde kein geringerer als *Gauß* berufen und, als dieser abgelehnt hatte, erging auf *Crelles* Betreiben 1829 die Berufung an *Abel.* Sie traf in Christiania ein, wenige Tage nachdem *Abel* vollkommen mittellos gestorben war.

Es ist ein merkwürdiger Zufall, daß der andere Begründer der modernen Algebra, *Evariste Galois,* ein nicht weniger tragisches Lebensschicksal hatte. Er wurde 1811 geboren und wollte 1829 in die Ecole polytechnique eintreten, bestand aber zweimal die Aufnahmeprüfung nicht, angeblich, weil er die an ihn gestellten Fragen nicht beantwortete, weil sie ihm zu dumm waren. Während *Abel* als linkisch und schüchtern geschildert wird, fiel *Galois* durch seine Überheblichkeit unangenehm auf. Statt in die Ecole polytechnique trat er in die Ecole normale ein, wo er aber auch nicht lange blieb. Es war damals in Frankreich eine unruhige Zeit, in der vielen Beamten und Gelehrten vorgeworfen wurde, daß sie ihre Gesinnung wechselten, um sich in ihren Stellungen zu behaupten. Auch *Galois* erhob in einer Studentenzeitschrift solche Vorwürfe gegen den Direktor seiner Schule und mußte daher die Schule verlassen. Nicht weniger Mißgeschick als bei seinem Schulbesuch hatte er mit seinen wissenschaftlichen Veröffentlichungen. Eine Mitteilung, die er 1829 der Akademie einreichte, verlor sich unter den Papieren *Cauchys,* der sie zur Begutachtung erhalten hatte, und eine zweite, die *Galois* 1830 einreichte, hatte *J. B. Fourier* mit nach Hause genommen. Er starb aber, bevor er das Manuskript, das nachher nicht mehr zu finden war, begutachtet hatte. Als *Galois* diese Mitteilung 1831 nochmals einreichte, erhielt er sie nach vier Monaten von *Poisson* als „unverständlich" zurück.

Verärgert stürzte sich *Galois* immer mehr in den Strudel der Politik und mußte Monate im Gefängnis zubringen. Schließlich geriet er in eine Liebesaffäre und fiel am 30. Mai 1832, 21jährig, in einem Duell. In der Nacht vor diesem verhängnisvollen Duell hatte er die wichtigsten

Ergebnisse seiner Untersuchungen in einem Briefe an seinen Freund *A. Chevalier* kurz zusammengefaßt. In ihm heißt es zum Schluß: „... Aber ich habe keine Zeit mehr, und meine Ideen über dieses unendliche große Gebiet sind noch nicht gut entwickelt. Du wirst diesen Brief in der ‚Revue encyclopédique' abdrucken lassen.... Du wirst *Jacoby* oder *Gauß* bitten, ihre Meinung zu sagen, nicht über die Wahrheit, sondern über die Wichtigkeit meiner Theoreme. Nach all dem, so hoffe ich, wird es Leute geben, denen dadurch geholfen wird, dieses Chaos zu entziffern. Ich umarme Dich in hinströmender Liebe..."

Die Auflösung der Gleichungen 3. und 4. Grades ist so umständlich, daß sie für das praktische Rechnen keine Bedeutung hat. Wenn bei physikalischen oder technischen Anwendungen der Mathematik einmal eine solche Gleichung auftritt, begnügt man sich damit, sie durch N ä h e r u n g s verfahren zu lösen. Auch die Feststellung, daß die Gleichungen vom 5. und höheren Grade nur in Sonderfällen auflösbar sind, hat nur theoretische Bedeutung genau so wie der Nachweis, daß sich ein beliebiger Winkel mit Zirkel und Lineal nicht in drei gleiche Teile teilen läßt. In der Praxis können auch Gleichungen 5. Grades mit jedem beliebigen Grade der Annäherung aufgelöst werden genau so, wie man einen Winkel durch „Probieren" so genau in drei gleiche Teile teilen kann, wie das mit Papier und Bleistift eben möglich ist. Da die von *Abel* und *Galois* entwickelte Theorie aber eine große theoretische Bedeutung besitzt, wollen wir hier doch kurz auf sie eingehen, selbst auf die Gefahr hin, daß der eilige Leser die folgenden Zeilen überschlägt.

Wir haben oben gesehen, wie man die linke Seite einer Gleichung durch ein Produkt darstellen kann, falls man die Wurzeln der Gleichung schon kennt. Es seien also x_1, x_2, x_3 die Wurzeln einer Gleichung 3. Grades. Dann ist

$$(x - x_1)(x - x_2)(x - x_3) = x^3 + a x^2 + b x + c = 0$$

Multiplizieren wir das Produkt auf der linken Seite aus, so erhalten wir:

$$x^3 - (x_1 + x_2 + x_3) x^2 + (x_2x_3 + x_3x_1 + x_1x_2) x - x_1x_2x_3$$

Vergleichen wir mit $x^3 + ax^2 + bx + c$, so ist

$$-a = x_1 + x_2 + x_3$$
$$b = x_2x_3 + x_3x_1 + x_1x_2$$
$$-c = x_1x_2x_3$$

Was wir hier mit der Gleichung 3. Grades getan haben, kann man natürlich mit jeder Gleichung machen, und man nennt diese Formel den *Vieta*schen Wurzelsatz. Die Koeffizienten a, b, c sind symmetrische Funktionen der Wurzeln, d. h. sie ändern sich nicht, wenn man z. B. x_1 und x_2 vertauscht. Es gibt noch andere symmetrische Funktionen, wie z. B.

$$x_1^2 + x_2^2 + x_3^2 \quad \text{oder allgemein:} \quad x_1^n + x_2^n + x_3^n.$$

Dagegen ist das Produkt

$$(x_2 - x_3)(x_3 - x_1)(x_1 - x_2)$$

nicht symmetrisch, denn es ändert bei Vertauschung von x_1 und x_2 sein Vorzeichen. Eine solche Funktion nennt man alternierend. Wir betrachten nun die verschiedenen Möglichkeiten die 3 Wurzeln anzuordnen. Man bezeichnet die verschiedenen Anordnungen von irgendwelchen Dingen (Elementen) als Permutationen. Es gibt bei 3 Elementen folgende 6 Permutationen :

1) $x_1x_2x_3$	d_1) $x_2x_3x_1$	d_2) $x_3x_1x_2$
a) $x_1x_3x_2$	b) $x_3x_2x_1$	c) $x_2x_1x_3$

Die merkwürdige Bezeichnung, die wir den Permutationen gegeben haben, indem wir die erste mit 1), die zweite aber nicht mit 2), sondern mit d_1 bezeichneten usw., wird sich gleich erklären. Beim Übergang von 1) $x_1x_2x_3$ nach a) $x_1x_3x_2$

vertauschen sich also x_2 und x_3, während x_1 seinen Platz beibehält. Man nennt den Vorgang einer solchen Vertauschung manchmal ebenfalls eine Permutation, wir wollen ihn jedoch eine Substitution nennen. Man kann die Substitution a auf alle 6 Permutationen anwenden. Es geht dann über:

$x_1x_2x_3$ in $x_1x_3x_2$ $x_2x_3x_1$ in $x_3x_2x_1$ $x_3x_1x_2$ in $x_2x_1x_3$
$x_1x_3x_2$ in $x_1x_2x_3$ $x_3x_2x_1$ in $x_2x_3x_1$ $x_2x_1x_3$ in $x_3x_1x_2$

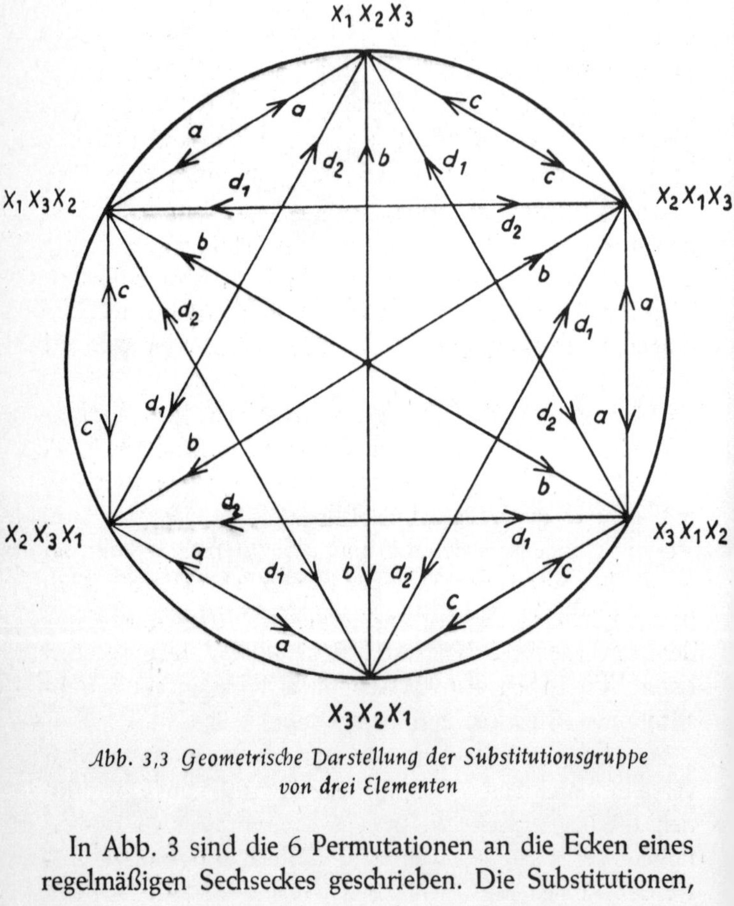

Abb. 3,3 Geometrische Darstellung der Substitutionsgruppe von drei Elementen

In Abb. 3 sind die 6 Permutationen an die Ecken eines regelmäßigen Sechseckes geschrieben. Die Substitutionen,

d. h. die Übergänge von einer Permutation zur anderen, entsprechen dann den Verbindungslinien der Ecken, und zwar die obigen 6 Übergänge 3 Seiten des Sechseckes, wobei jede Seite doppelt zählt entsprechend den beiden Richtungen, in denen der Übergang stattfinden kann. Die Seiten sind daher mit Pfeilspitzen versehen, und an diese Pfeilspitzen ist der Buchstabe a geschrieben. So, wie also zu der Permutation $x_1x_3x_2$ die Substitution a gehört, gehört zu jeder der 5 anderen Permutationen eine Substitution mit Ausnahme der ersten, da diese ja die Ausgangspermutation ist. Man ordnet ihr jedoch aus Symmetriegründen ebenfalls eine Substitution zu, nämlich die Substitution 1, d. h. die Identität, die Substitution, die alles beim alten läßt, also eigentlich gar keine Substitution ist.

Die Substitutionen b und c verhalten sich offenbar genau so wie a. Bei b bleibt x_2 an seiner Stelle und bei c x_3. Es findet immer bloß e i n e Vertauschung statt, und deswegen nennt man a, b, c ungerade Substitutionen. (Der Name rechtfertigt sich allerdings erst, wenn man mehr als 3 Elemente hat, so daß auch Vertauschungen von 3, 5 ... Gliedern vorkommen.) Anders ist es dagegen bei der Substitution d_1. Diese Substitution entsteht, indem man z. B. erst x_2 mit x_3 vertauscht und dann in $x_1x_3x_2$ noch x_1 mit x_2, und entsprechend ist es bei d_2. Da man also zwei Vertauschungen vornehmen muß, nennt man d_1 und d_2 gerade Permutationen. Zu ihnen rechnet man auch die Identität 1 hinzu, da hier 0 Permutationen vorgenommen werden, und man die Null zu den geraden Zahlen rechnen kann. Wir haben also einschließlich der Identität 6 Substitutionen, 3 gerade und 3 ungerade.

Sie bilden eine sogenannte Substitutionsgruppe. Man versteht unter einer Gruppe eine Anzahl von Operationen, die insofern eng zusammen gehören, als zwei Operationen der Gruppe, wenn sie nacheinander ausgeführt werden, keine neue Operation darstellen, sondern zu einem

Ergebnis führen, das auch durch eine einzige Operation der Gruppe erreicht werden kann. Aus der Abb. 3 erkennt man z. B., daß die Substitution a $x_1x_2x_3$ in $x_1x_3x_2$ überführt, und diese Permutation $x_1x_3x_2$ wird durch b in $x_3x_1x_2$ überführt. Es gibt aber eine Substitution, die $x_1x_2x_3$ unmittelbar in $x_3x_1x_2$ überführt, nämlich die Substitution d_2. In der Gruppentheorie schreibt man das Nacheinander-Ausführen zweier Operationen als Produkt. Man schreibt also:

$$a \cdot b = d_2$$

Wendet man erst die Substitution b und dann a an, so kommt man von $x_1x_2x_3$ über $x_3x_2x_1$ nach $x_2x_3x_1$, also ist nach Abb. 3

$$b \cdot a = d_1$$

Es ist also $a \cdot b$ von $b \cdot a$ verschieden. Dagegen führen d_1 und d_2, nacheinander auf $x_1x_2x_3$ angewendet, unabhängig von ihrer Reihenfolge auf $x_1x_2x_3$ zurück, einmal über $x_2x_3x_1$ und einmal über $x_3x_1x_2$

$$d_1 \cdot d_2 = d_2 \cdot d_1 = 1$$

Man bezeichnet die Tatsache, daß man in einem Produkt die Faktoren vertauschen kann, als das kommutative Gesetz. Für die symbolische Multiplikation von Substitutionen gilt also das kommutative Gesetz nicht allgemein.

Wendet man die Substitution a zweimal hintereinander auf $x_1x_2x_3$ an, so kommt man wieder auf $x_1x_2x_3$ zurück. Das mehrmalige Ausführen derselben Operation schreibt man folgerichtig als Potenz. Es ist also $a^2 = 1$. Wendet man d_1 zweimal hintereinander an, so kommt man von $x_1x_2x_3$ über $x_2x_3x_1$ nach $x_3x_1x_2$. Direkt kommt man von $x_1x_2x_3$ nach $x_3x_1x_2$ durch die Substitution d_2. Es ist also $d_1^2 = d_2$. Man kann aus Abb. 3 leicht folgende Gleichungen ablesen:

$$a \cdot b = b \cdot c = c \cdot a = d_2$$
$$b \cdot a = a \cdot c = c \cdot b = d_1$$
$$a^2 = b^2 = c^2 = 1$$
$$d_1 \cdot d_2 = d_2 \cdot d_1 = 1, \quad d_1^2 = d_2 \quad d_2^2 = d_1$$
$$d_1^3 = d_2^3 = 1.$$

Zu jeder Operation existiert in einer Gruppe eine zweite (reziproke), die die erste wieder rückgängig macht. Folgerichtig wird man die reziproke Operation von a mit 1/a bezeichnen. Es ist

$$\frac{1}{a} = a, \quad \frac{1}{b} = b, \quad \frac{1}{c} = c$$
$$\frac{1}{d_1} = d_2 \quad \frac{1}{d_2} = d_1$$

Daß die Substitutionen d_1 und d_2 sich so ganz anders verhalten als a, b und c hängt damit zusammen, daß die Permutationen

$$x_1x_2x_3 \quad x_2x_3x_1 \quad x_3x_1x_2$$

durch sogenannte cyklische Vertauschung (griech.: kyklos = Kreis) der Buchstaben ineinander übergehen. Die Substitution d_1 und d_2 bilden mit der Identität zusammen eine Untergruppe, d. h. sie bilden für sich schon eine Gruppe (Gruppe der geraden Permutationen). Man nennt sie die cyklische Gruppe C_3, und das Aufsuchen solcher Untergruppen bildet das Hauptproblem der Gruppentheorie.

Das Ganze wird viel anschaulicher, wenn man die Substitution als geometrische Operation deutet. Wir nennen, was schon viel bequemer ist, die Elemente nicht x_1, x_2, x_3, sondern A, B, C, und schreiben nach Abb. 4 diese Buchstaben an die Ecken eines gleichseitigen Dreiecks. Dann erkennt man, daß d_1 und d_2 Drehungen des Dreiecks um 120° bzw. 240° darstellen. (Statt um 240° zu drehen, kann man auch um 120° im entgegengesetzten Sinne drehen.) Die Operationen a, b, c stellen Drehungen um die Mittellote des Dreiecks dar.

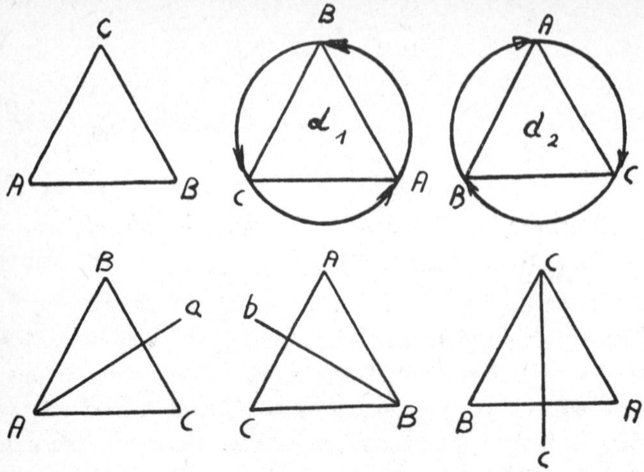

Abb. 3,4 Deutung der Substitutionsgruppe als Symmetriegruppe des gleichseitigen Dreiecks

Die Gruppentheorie ist ein gutes Beispiel für das große Abstraktionsvermögen der Mathematik. Ob es sich um irgendwelche Gegenstände handelt, die vertauscht werden sollen, oder um ein Dreieck, dessen Symmetrie gekennzeichnet werden soll, ist für die Mathematik belanglos. Hier kommt es bloß auf gewisse Verknüpfungen an, die eine Gruppe bilden. Da die geometrischen Operationen wegen ihrer Anschaulichkeit für die meisten Menschen leichter verständlich sind als die abstrakten Permutationen der Algebra, wollen wir den Rest der Gruppentheorie in das 7. Kapitel verlegen.

4. Kapitel

Zahlentheorie, Primzahlen, Pythagoreische Zahlen, der Große Fermatsche Satz[1]

Es ist eine allgemeine Erscheinung, daß das Mittel oft den Zweck überwuchert. So sind die Zahlen in der Hauptsache ein Mittel zur Lösung technischer und kaufmännischer Aufgaben. Daneben hat es aber seit dem Altertum immer wieder Leute gegeben, denen die Zahlen kein Mittel, sondern Selbstzweck waren. Man bezeichnet diesen Teil der Mathematik als die Zahlentheorie. Sie führt ein Dasein etwas abseits von den übrigen Zweigen der Mathematik, und über ihre Wichtigkeit sind die Ansichten geteilt. Das Anziehende und Eigenartige an ihr ist, daß einerseits ihre Fragestellungen meist so einfach sind, daß sie jeder Laie verstehen kann, und daß andererseits die Beantwortung dieser Fragen oft solche Schwierigkeiten macht, daß sie bis auf den heutigen Tag noch nicht gelungen ist.

Vor allem ist es eine Frage, die immer wieder die Geister beschäftigt hat, die nach der Verteilung der Primzahlen. Man versteht unter einer Primzahl bekanntlich eine Zahl, die durch keine andere Zahl (außer der 1) teilbar ist. Auf *Eratosthenes* (275—195 v. Chr.), den Direktor der Bibliothek von Alexandrien, geht folgendes Verfahren zur Auffindung von Primzahlen zurück: Man schreibt alle Zahlen der Reihe nach hin und streicht zunächst alle Zahlen aus, die durch 2 teilbar sind, dann alle Zahlen, die durch 3 teilbar

[1]) *E. Trost* „Primzahlen", Basel 1953

sind, dann alle durch 5 teilbaren Zahlen usw. Was dann übrigbleibt, sind Primzahlen. Da so alle Zahlen, die keine Primzahlen sind, gleichsam herausgesiebt werden, bezeichnet man das Verfahren als das „Sieb des Eratosthenes". Es ist, wie man sieht, sehr primitiv, war aber lange Zeit hindurch das einzige Mittel zur Auffindung von Primzahlen. Siebt man also die durch 2 und 5 teilbaren Zahlen heraus, so heißt das, man kann sich bei der Betrachtung von Primzahlen auf die Zahlen beschränken, die mit 1, 3, 7 und 9 endigen. Im ersten Hundert gibt es neben 2 und 5 noch folgende 24 Primzahlen:

1	3	7	—
11	13	17	19
—	23	—	29
31	—	37	—
41	43	47	—
—	53	—	59
61	—	67	—
71	73	—	79
—	83	—	89
—	—	97	—

Da nach dem Verfahren des *Eratosthenes* immer mehr Zahlen herausgesiebt werden, könnte man auf die Vermutung kommen, daß es von einer bestimmten großen Zahl ab vielleicht keine Primzahlen mehr gibt. Daß dem nicht so ist, hat bereits Euklid nachgewiesen, von dem wir im nächsten Kapitel ausführlich sprechen werden und der sich auch schon mit arithmetischen Fragen beschäftigt hat, meistens jedoch in geometrischer Einkleidung. Der Beweis, daß es unendlich viele Primzahlen gibt, wird indirekt geführt, indem gezeigt wird, daß die Annahme des Gegenteiles auf einen Widerspruch führt. Angenommen nämlich, es gäbe nur endlich viele Primzahlen, dann müßte unter ihnen eine größte sein. Ich nenne sie p. Alle Zahlen, die größer als p sind, müßten dann durch eine der Primzahlen

1, 2, 3, 5, 7, 11, 13, 17, 19 . . . p teilbar sein. Ich gelange also zu einem Widerspruch, wenn ich zeige, daß es eine Zahl x gibt, die erstens größer ist als p und die zweitens durch keine der Primzahlen von 1 bis p teilbar ist. Eine solche Zahl zu finden, ist aber nicht schwer. Es ist z. B. die Zahl:

$$x = 1 \cdot 2 \cdot 3 \cdot 5 \cdot 7 \cdot 11 \cdot 13 \cdot 17 \cdot 19 \ldots p + 1,$$

denn diese Zahl gibt, wenn man sie durch eine der Primzahlen von 1 bis p dividiert, stets den Rest 1.

Wir werden im nächsten Kapitel sehen, daß manche Philosophen, wie z. B. Schopenhauer, die indirekten Beweise ablehnen. Direkt läßt sich die Tatsache aber nicht beweisen. Es ist auch leider nicht so, daß x nun etwa eine neue Primzahl ist, wenn p zwar nicht die letzte Primzahl überhaupt, sondern bloß die letzte *bekannte* Primzahl ist. Die Zahl x ist nämlich so sehr viel größer als p, daß die Möglichkeit besteht, daß zwischen p und x noch eine Primzahl q liegt und x ein Vielfaches von q ist. Als Beispiel schreibe ich die Zahl x hin für p = 3, 5, 7, 11 und 13:

$$2 \cdot 3 + 1 = 7 \quad \text{Primzahl}$$
$$2 \cdot 3 \cdot 5 + 1 = 31 \quad \text{Primzahl}$$
$$2 \cdot 3 \cdot 5 \cdot 7 + 1 = 211 \quad \text{Primzahl}$$
$$2 \cdot 3 \cdot 5 \cdot 7 \cdot 11 + 1 = 2311 \quad \text{Primzahl}$$
$$2 \cdot 3 \cdot 5 \cdot 7 \cdot 11 \cdot 13 + 1 = 30031 = 59 \cdot 509,$$

also keine Primzahl.

Im Laufe der Zeit ist auf die Berechnung von Primzahlen eine ungeheure Rechenarbeit verschwendet worden. 1811 erschien das erste größere Tabellenwerk, das bis 1 020 000 von allen nicht durch 2, 3 oder 5 teilbaren Zahlen die Zerlegung in Primfaktoren angab, wobei die Primzahlen durch einen Strich gekennzeichnet wurden. Es trug den Titel „Cribrum arithmeticum" (cribrum = Sieb), anknüpfend an das Siebverfahren des *Eratosthenes*. Der Verfasser, *Chernac*, hatte sehr sorgfältig gearbeitet und eine fast fehlerfreie Arbeit geliefert. Bald darauf erschienen Tafeln von *J. Chr. Burckhardt*, die bis 3 000 000 reichten. Auf Veranlassung von *Gauß* hat dann der Hamburger Rechenkünstler *Zacharias Dahse* Tafeln von 6 000 000 bis 8 000 000 berechnet. Später wurden sie von *Rosenberg* bis 9 000 000 vervollständigt, und der Engländer *Glaisher* hat dann die Lücke von 3 000 000 bis 6 000 000 ausgefüllt. Weiter reichende Tafeln sind nicht gedruckt worden. In den Archiven der Wiener Akademie der Wissenschaften befinden sich aber Manuskripte von *J. Ph. Kulik*, die bis 100 000 000 reichen.

In besonderen Fällen ist man sogar über diese Zahl hinausgegangen. Ein gewisser *Landry* hat 1867 die Zahlen von der Form $2^n + 1$ und $2^n - 1$ bis $n = 64$ auf ihre Zerlegbarkeit hin untersucht. Bis $n = 10$ ergeben sich folgende Zahlen:

n	$2^n + 1$	$2^n - 1$
2	5 Primzahl	3 Primzahl
3	$9 = 3^2$	7 Primzahl
4	17 Primzahl	$15 = 3 \cdot 5$
5	$33 = 3 \cdot 11$	31 Primzahl
6	$65 = 5 \cdot 13$	$63 = 3^2 \cdot 7$
7	$129 = 3 \cdot 43$	127 Primzahl
8	257 Primzahl	$255 = 3 \cdot 5 \cdot 17$
9	$513 = 3^3 \cdot 19$	$511 = 7 \cdot 73$
10	$1025 = 5^2 \cdot 41$	$1023 = 3 \cdot 11 \cdot 31$

Man erkennt, daß bis $n = 10$ $2^n - 1$ immer dann eine Primzahl ist, wenn n selbst eine Primzahl ist. Die nächste Zahl $2^{11} - 1 = 2047 = 23 \cdot 89$ ist allerdings keine Primzahl. *Mersenne* gab 1644 alle Zahlen von der Form $M(p) = 2^p - 1$ bis $p = 257$ an, die er für Primzahlen hielt. Er irrte sich dabei in 5 Fällen. M (p) ist eine Primzahl für p = 2, 3, 5, 7, 13, 17, 19, 31, 61, 89, 107, 127 und zusammengesetzt für alle anderen 43 p, die kleiner als 257 sind. Mit Hilfe einer elektronischen Rechenmaschine wurde im Sommer 1952 in Kalifornien gezeigt, daß zwischen M (127) und M (521) 66 zusammengesetzte Zahlen liegen. M (127), die 75 Jahre lang als größte Primzahl galt, nur noch M (607) und M (1279) als Primzahlen nachgewiesen. Die letzte Zahl hat 386 Ziffern, während die Primzahl M (127). die 75 Jahre lang als größte Primzahl galt, nur 39 Ziffern besitzt.

Die *Mersenne*schen Primzahlen sind noch von Bedeutung wegen eines Zusammenhanges mit den vollkommenen Zahlen. Darunter versteht man Zahlen, die gleich der Summe ihrer echten Teiler sind. (Unter echten Teilern einer Zahl versteht man alle Teiler einschließlich der 1, aber ausschließlich der Zahl selbst.) So ist z. B.:

$$6 = 1 + 2 + 3$$
$$28 = 1 + 2 + 4 + 7 + 14$$
$$496 = 1 + 2 + 4 + 8 + 16 + 31 + 62 + 124 + 248$$
$$8128 = 1 + 2 + 4 + 8 + 16 + 32 + 64 + 127 + 254 + 508 + 1016 + 2032 + 4064$$

Schon in den Elementen des *Euklid* findet sich folgender Satz: Eine gerade Zahl ist eine vollkommene Zahl, wenn sie die Form

$$2^{n-1} (2^n - 1)$$

hat, und wenn $2^n - 1$ eine Primzahl ist. Es sind also

$$2 \cdot (2^2 - 1) = 2 \cdot 3 = 6$$
$$2^2 (2^3 - 1) = 4 \cdot 7 = 28$$
$$2^4 (2^5 - 1) = 16 \cdot 31 = 496$$
$$2^6 (2^7 - 1) = 64 \cdot 127 = 8128$$
$$\dots\dots\dots\dots$$

vollkommene Zahlen. Man kennt also so viel vollkommene Zahlen, wie Primzahlen von der Form $2^p - 1$ bekannt sind, also nach obiger Aufzählung 15, denn ungerade vollkommene Zahlen sind nicht bekannt.

Betrachten wir nun die Zahlen der Form $2^n + 1$ in der

obigen kleinen Tabelle, so erkennen wir, daß sie bis n = 10 Primzahlen sind, falls n selbst eine Potenz von 2 ist. *Fermat* glaubte, daß alle Zahlen der Form

$$F(m) = 2^{2^m} + 1$$

Primzahlen seien, erklärte aber selbst, daß er den Beweis „noch nicht vollständig habe erledigen können", und *Euler* zeigte, daß F (5) keine Primzahl ist. Es ist:

$$\begin{aligned}
F(0) &= 2^1 + 1 = 3 && \text{Primzahl}\\
F(1) &= 2^2 + 1 = 5 && \text{Primzahl}\\
F(2) &= 2^4 + 1 = 17 && \text{Primzahl}\\
F(3) &= 2^8 + 1 = 257 && \text{Primzahl}\\
F(4) &= 2^{16} + 1 = 65\,537 && \text{Primzahl}\\
F(5) &= 2^{32} + 1 = 4\,294\,967\,297 = 641 \cdot 6\,700\,417
\end{aligned}$$

Die ersten 5 *Fermat*schen Primzahlen sind auch die einzigen, die bekannt sind. Nachgewiesen ist, daß F(m) zusammengesetzt ist für m = 5, 6, 7, 8, 9, 11, 12, 15, 18, 23, 36, 38 und 73.

Merkwürdigerweise besitzen die Zahlen F (m) auch eine geometrische Bedeutung. *Gauß* hat nämlich folgenden Satz bewiesen: „Ist p eine Primzahl von der Form $2^{2^m} + 1$, so ist die Teilung des Kreises in p gleiche Teile möglich; für jede andere Primzahl aber und für jede Primzahlpotenz, außer den Potenzen von 2, ist die Teilung unmöglich." Stillschweigend ist dabei vorausgesetzt, daß zur Konstruktion nur Zirkel und Lineal verwendet werden dürfen und daß die Teilung nicht durch Probieren gefunden werden darf. Wir werden im 5. Kapitel noch davon sprechen, daß hier ein großer Gegensatz zwischen der wissenschaftlichen Geometrie und der praktischen Zeichenkunst besteht. Der Zeichner wird selbstverständlich seinen Kreis durch Probieren in jede gewünschte Anzahl von gleichen Teilen teilen und sich den Teufel um die *Gauß*schen Untersuchungen kümmern. Verbindet man die Teilpunkte miteinander, so erhält man ein regelmäßiges Vieleck. Statt von der Teilung des Kreises kann man also auch von der Konstruktion regelmäßiger Vielecke sprechen.

Die Konstruktion des regelmäßigen 3-, 4-, 5-, 6-, 8-, 10-, 12- und 15-Ecks war schon den alten Griechen bekannt. *Gauß* hat dann die Konstruktion des regelmäßigen 17-Ecks angegeben, worüber wir im 14. Kapitel noch einmal sprechen werden. Mit dem regelmäßigen 257-Eck hat sich der Mathematiker *Richelot* beschäftigt, und der Realgymnasialdirektor *Hermes*, ein Schüler *Richelots*, hat das 65 537-Eck behandelt. Die Abhandlung *Richelots zählt* 80 Seiten, das Manukript von *Hermes* aber füllt einen geräumigen Handkoffer, der im Mathematischen Institut der Universität Göttingen aufbewahrt wird. Unmöglich ist die Teilung des Kreises und die Konstruktion des regelmäßigen Vielecks also für die Primzahlen: 7, 11, 13, 19, 23 ... und für die Primzahlpotenzen: 9, 25, 27 ... und natürlich auch für die Vielfachen dieser Zahlen, wie 14, 21, 28, 18, 22 usw.

Mit besonderer Liebe haben die Zahlentheoretiker ferner die benachbarten Primzahlen untersucht, d. h. solche, die sich nur um 2 unterscheiden. In der folgenden kleinen Tabelle sind sie durch eine geschweifte Klammer zusammengefaßt. Ob ihre Anzahl unendlich ist oder nicht, ist unbekannt. Noch unter sehr großen Primzahlen gibt es solche Zwillinge, wie z. B. 10 016 957 und 10 016 959. Unter den 78 498 Primzahlen, die kleiner als eine Million sind, gibt es 8164 Zwillinge. Andererseits gibt es in der Reihe der Primzahlen auch große Lücken, wie z. B. die zwischen 370 261 und 370 373 liegende Lücke von der Länge 112.

Wir verlassen nun die Primzahlen und gehen zu den sogenannten Pythagoreischen Zahlen über. Sie stellen wie die oben betrachteten Zahlen $2^{2^m} + 1$ eine Verbindung zwischen Geometrie und Zahlentheorie her. Im 5. Kapitel werden wir davon sprechen, daß die alten Ägypter ein

Die Primzahlen zwischen 100 und 1100

101	307	503	701	907
103	311	509	709	911
107	313	521	719	919
109	317	523	727	929
113	331	541	733	937
127	337	547	739	941
131	347	557	743	947
137	349	563	751	953
139	353	569	757	967
149	359	571	761	971
151	367	577	769	977
157	373	587	773	983
163	379	593	787	991
167	383	599	797	997
173	389	601	809	1009
179	397	607	811	1013
181	401	613	821	1019
191	409	617	823	1021
193	419	619	827	1031
197	421	631	829	1033
199	431	641	839	1039
211	433	643	853	1049
223	439	647	857	1051
227	443	653	859	1061
229	449	659	863	1063
233	457	661	877	1069
239	461	673	881	1087
241	463	677	883	1091
251	467	683	887	1093
257	479	691		1097
263	487			
269	491			
271	499			
277				
281				
283				
293				

Man erkennt aus der Tabelle, wie ungleichmäßig die Zwillinge verteilt sind. Während zwischen 887 und 1013 kein Zwilling liegt, häufen sie sich am Ende unserer kleinen Tabelle wieder. Die Primzahlzwillinge bis 300 000 hat *H. Tietze* zusammengestellt. Bayr. Akad. d. Wissensch., Math. Nat. Klasse 1947

rechtwinkliges Dreieck mit den Seiten 3, 4, 5 zum Abstecken rechter Winkel benutzt haben sollen. Es fragt sich nun, ob es noch andere derartige Zahlen gibt, d. h. Zahlen x, y, z, die der Gleichung des Pythagoras:

$$x^2 + y^2 = z^2$$

genügen. Die Frage wurde schon von *Diophant* beantwortet. Es gibt unendlich viele solcher Zahlen, und man kann sie alle durch ein einfaches Verfahren finden. Sind nämlich a und b zwei beliebige ungerade Zahlen ohne gemeinsamen Teiler und setzen wir:

$$x = \frac{1}{2}(a^2 - b^2); \; y = a \cdot b; \; z = \frac{1}{2}(a^2 + b^2),$$

so sind x, y, z immer Pythagoreische Zahlen. Im folgenden einige Beispiele:

a	b	x	y	z	$x^2 +$	y^2	$= x^2$
3	1	4	3	5	16 +	9	= 25
5	1	12	5	13	144 +	25	= 169
5	3	8	15	17	64 +	225	= 289
7	1	24	7	25	576 +	49	= 625
7	3	20	21	29	400 +	441	= 841
7	5	12	35	37	144 +	1225	= 1369

Die nächste Frage, welche sich die Zahlentheoretiker vorlegten, war nun die: Gibt es auch drei Zahlen x, y, z von der Art, daß

$$x^3 + y^3 = z^3,$$

d. h. gibt es zwei dritte Potenzen, deren Summe wieder eine dritte Potenz ist? Nachdem es nicht gelungen war, drei derartige Zahlen zu finden, begann man nach Zahlen x, y, z zu suchen, die der Gleichung

$$x^4 + y^4 = z^4$$

genügen sollten, was aber ebenfalls nicht glückte, und schließlich stellte *Fermat* den Satz auf: Es ist unmöglich, drei ganze Zahlen x, y, z zu finden, die der Gleichung

$$x^n + y^n = z^n$$

genügen, falls n größer ist als 2. *Pierre Fermat* (1601–1665) war Parlamentsrat in Toulouse, also kein Mathematiker, sondern Jurist. Er beschäftigte sich daher nur in seinen

Mußestunden mit zahlentheoretischen Fragen und hat die Ergebnisse seiner Forschungen nie in besonderen Schriften veröffentlicht, sondern nur im Briefwechsel mit verschiedenen Gelehrten einiges mitgeteilt. Anderes hat er überhaupt für sich behalten und es nur als Randbemerkung in sein Handexemplar des *Diophant* geschrieben. Es ist dann erst fünf Jahre nach seinem Tode durch seinen Sohn veröffentlicht worden.

Diophant war ein antiker Mathematiker, der wahrscheinlich um 300 n. Chr., also 600 Jahre nach *Euklid*, in Alexandria lebte. Über seine Person wissen wir so gut wie nichts. Da seine Werke einen ganz anderen Charakter tragen als die der übrigen antiken Mathematiker, vermutet man, daß er vielleicht gar kein Grieche war, obgleich er griechisch geschrieben hat, sondern einer der „Barbaren", die damals ins römische Weltreich kamen und sich die Errungenschaften der griechisch-römischen Kultur aneigneten. Von den Werken *Diophants* gab der französische Mathematiker *Claude Gaspard Bachet de Méziriac* (1587–1638) eine mit Anmerkungen versehene Übersetzung heraus, und in diese Diophantausgabe schrieb nun *Fermat* den obigen Satz: „Es ist unmöglich, einen Kubus in zwei Kuben, ein Biquadrat in zwei Biquadrate und allgemein irgendeine Potenz außer dem Quadrat in zwei Potenzen mit demselben Exponenten zu zerlegen." (Kubus heißt eigentlich Würfel. Man versteht in der Arithmetik darunter eine 3. Potenz und unter Biquadrat, d. h. Doppelquadrat, eine 4. Potenz.)

Fermat fügte noch hinzu, er habe für diesen Satz einen wunderbaren Beweis gefunden, aber der Raum reiche nicht aus, ihn hinzuschreiben. Seitdem bemühen sich die Zahlentheoretiker aller Länder vergeblich, diesen „wunderbaren Beweis" wiederzufinden. Der Berliner Mathematiker *Ernst Eduard Kummer* (1810–1893) hat zwar den Beweis für alle Exponenten unter 100 durchgeführt, aber mit den Hilfsmitteln der höheren Zahlentheorie, die *Fermat* noch nicht kannte. *Fermat* muß also einen besonders glücklichen Gedanken gehabt haben, der bisher leider noch keinem Mathematiker wieder eingefallen ist, oder – er hat sich geirrt. Der „Große *Fermat*sche Satz" war vor etwa 30 Jahren in aller Munde, weil der 1906 verstorbene Mathematiker *P. Wolfskehl* in Darmstadt einen Preis von 100 000 Mark vermachte für denjenigen, der entweder den Satz allgemein beweist oder ihn durch ein Gegenbeispiel widerlegt. Es wurde den Mathematikern der Welt eine Frist von 100 Jahren gesetzt. Im Jahre 2007 sollte der Preis erlöschen. (Inzwischen ist er aber, soviel ich weiß, der Inflation zum Opfer gefallen.) Nachdem die ersten Nachrichten durch die Zeitungen gegangen waren, lief in Göttingen sehr bald eine Flut von vermeintlichen Beweisen ein. Da die Göttinger Gesellschaft der Wissenschaften sich weigerte, Manuskripte zu prüfen, waren alle „Beweise" im Selbstverlag erschienen. Eine mathematische Zeitschrift, das „Archiv der Mathematik und Physik", richtete eine besondere Rubrik zur Untersuchung von vermeintlichen *Fermat*beweisen ein; bis Anfang 1911 hatte man so 111 Beweise abgeschlachtet. Viele Beweise waren so töricht, daß sich eine nähere Untersuchung gar nicht lohnte. Es ist überhaupt fraglich, ob *Wolfskehl* mit seiner Stiftung der Mathematik einen Dienst erwiesen hat. Viel geistige Arbeit ist auf diese Weise nutzlos vertan worden, die in anderen Richtungen nutzbringender hätte verwendet werden können. Die meisten täuschten sich über die Schwere der Aufgabe, indem sie nicht beachteten, daß alle Exponenten unter 100 ja von *Kummer* bereits erledigt sind, d. h. also: alle Fälle, die der einfachen Zahlenrechnung zugänglich sind.

5. Kapitel

Pythagoras und Euklid

Der römische Baumeister *Vitruv* erzählt in seinem 25 v. Chr. erschienenen Werk über die Baukunst folgende Geschichte: „Als *Aristipp*, ein Schüler des *Sokrates*, bei einem Schiffbruch am Ufer von Rhodus strandete, fand er dort in den Sand gezeichnet geometrische Figuren. Freudig rief er da zu seinen Gefährten gewendet aus: Bene speremus, hominum enim vestigia video!" (Laßt uns guter Hoffnung sein, denn ich sehe die Spuren von Menschen!) Diese Anekdote zeigt, daß die Mathematik im griechisch-römischen Kulturkreis eine ganz andere Rolle gespielt hat als bei uns. In einer Erzählung aus unseren Tagen würde etwa berichtet werden, daß die Schiffbrüchigen einen – Zigarettenstummel gefunden hätten. Eine andere Geschichte, die ebenfalls von der hohen Achtung zeugt, die man im klassischen Altertum der Mathematik entgegenbrachte, berichtet *Plutarch* (50–120 n. Chr.): „Als ein Orakel den Römern befohlen hatte, dem Weisesten der Hellenen ein Standbild zu errichten, stellten sie die Statue des Pythagaros auf." „Mathema" bedeutete ja im Griechischen nicht nur Mathematik, sondern das Wissen überhaupt, der beste Beweis dafür, daß in Griechenland die Mathematik im Mittelpunkt aller Wissenschaft stand.

Der Einfluß, den die griechische Mathematik, insbesondere das klassische Lehrbuch des *Euklid*, auf die europäische Kultur hatte, war fast noch stärker als der Einfluß der aristotelischen Philosophie oder der Kunst eines *Phi-*

dias und *Praxiteles*. Kein Buch, die Bibel ausgenommen, hat so viel Ausgaben und Übersetzungen erlebt wie die „Elemente" des *Euklid*, und noch bis vor 30 und 40 Jahren wurde die Geometrie auf unseren Schulen durchaus im Geiste der Elemente gelehrt. Das Werk entstand unter der Regierung des ersten Ptolemäus (323–285 v. Chr.) in Alexandrien. Diese Tatsache ist kennzeichnend, denn die griechische Geometrie ging aus der Berührung des Griechentums mit der ägyptischen Kultur hervor.

Bei dem Wort „Ägypten" denkt wohl jeder zunächst an die Pyramiden. Angeblich haben sie eine große mathematische Bedeutung. Die Engländer wollen gefunden haben, daß die Höhe OC der Cheopspyramide (Abb. 5,1)

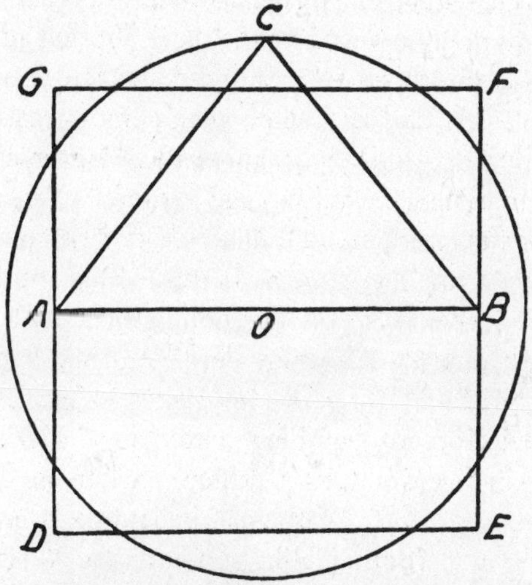

Abb. 5.1 Aufriß ABC und Grundriß DEFG der Cheopspyramide. Das Quadrat hat den gleichen Umfang wie der Kreis

gleich dem Radius des Kreises ist, der den gleichen Umfang hat wie die Grundfläche DEFG der Pyramide. Es ist also: $4 \cdot AB = 2\pi \cdot OC$. Die Höhe soll ferner eine kosmische Bedeutung besitzen. Die Entfernung der Erde von der Sonne soll gerade eine Milliarde Pyramidenhöhen sein, und so werden noch viele andere erstaunliche Beziehungen abgeleitet. Wenn auch die meisten dieser Spekulationen nicht haltbar sein werden, so ist doch nach neueren Untersuchungen bemerkenswert, mit welcher Genauigkeit die Seiten des Grundquadrates nach den Himmelsrichtungen orientiert sind und wie gering die Abweichungen der Winkel von 90° sind. Die Ägypter müssen also bedeutende mathematische Kenntnisse besessen haben. Das geht auch aus einem literarischen Funde hervor.

Gegen Ende des vorigen Jahrhunderts wurde ein im Britischen Museum befindlicher Papyrus (der sogenannte Papyrus Rhind) entziffert und entpuppte sich als ein mathematisches Lehrbuch mit dem anspruchsvollen Titel: „Anleitung zur Kenntnis aller Geheimnisse." Man nimmt an, daß das Buch aus der Zeit von 2000–1700 v. Chr. stammt. Der Verfasser, *Ahmes* zeigt, wie man Rechtecke, Dreiecke und Trapeze berechnet. Ja sogar der Flächeninhalt des Kreises wird angenähert berechnet, indem angegeben wird, er sei gleich dem eines Quadrates, dessen Seite $^8/_9$ des Kreisdurchmessers ist. Es entspricht das dem Näherungswert $\pi = 3{,}160$. Unter anderem wird auch die Bruchrechnung gelehrt, besonders die Zerlegung der Brüche in Stammbrüche, d. h. solche mit dem Zähler 1, wie z. B. $\frac{2}{9} = \frac{1}{6} + \frac{1}{18}$ oder $\frac{2}{95} = \frac{1}{60} + \frac{1}{380} + \frac{1}{570}$. Es ist nicht ganz klar, warum gerade darauf besonderer Wert gelegt wird. Für alle diese Aufgaben werden aber nur „Rezepte" zur Lösung angegeben, ohne jede Begründung.

Viele Griechen sind bei den ägyptischen Mathematikern in die Lehre gegangen. Das neue Königreich, das Ptolemäus, der ehemalige Feldherr und Freund Alexanders des Großen, in Ägypten gründete, war also besonders dazu berufen, die griechische Mathematik weiter zu pflegen, als im Mutterlande selbst der Kulturwille des griechischen

Volkes zu erlahmen begann. Die ersten Ptolemäer, die die Beinamen Soter (Retter), Philadelphus (Schwesternliebhaber) und Euergetes (Wohltäter) trugen, pflegten an ihrem Hofe in Alexandrien Kunst und Wissenschaft. Es wurde die Bibliothek gegründet, die größte und berühmteste des Altertums, die zur Römerzeit 700 000 Bände (d. h. Rollen) besessen haben soll, und das „Museum", das allerdings kein Museum im heutigen Sinne war, sondern ein wissenschaftliches Forschungsinstitut, eine Akademie der Wissenschaften. Diesem Museum gehörte auch *Euklid* an.

Von seinem Leben wissen wir so gut wie nichts; aber das ist kein schlechtes Los, wenn das Werk eines Menschen so groß ist, daß er selbst über dem Werk vergessen wird. Dieses Schicksal teilt *Euklid* ja mit *Homer* und dem Dichter des Nibelungenliedes. Eine einzige Anekdote wird uns berichtet. Als er von Ptolemäus einmal gefragt wurde, ob es denn nicht eine leichtere Einführung in die Mathematik gäbe als das schwierige Lehrbuch der Elemente, soll *Euklid* geantwortet haben: „Zur Mathematik gibt es keinen Extraweg für Könige!" Heute sind wir gegen derartige Anekdoten mißtrauisch, und es erscheint uns fast zweifelhaft, ob die Elemente von ihrem Verfasser überhaupt als Lehrbuch für Anfänger geschrieben worden sind. Vielleicht sind alle Schulbücher der Griechen verlorengegangen. Vielleicht gab es aber auch einführende Lehrbücher zur damaligen Zeit überhaupt nicht, sondern nur die mündliche Unterweisung. So beruht es möglicherweise auf einem Mißverständnis, daß 22 Jahrhunderte hindurch auf allen Schulen des Abendlandes die Geometrie nach den starren Formen *Euklids* betrieben und manchem dadurch verleidet worden ist.

Vor allem vermißt man in den „Elementen" jede Beziehung zu den praktischen Anwendungen. Der Gelehrte betreibt zwar die Wissenschaft um ihrer selbst willen, aber der Schüler möchte doch gern wissen, was man mit den Lehrsätzen anfangen kann. So enthält z. B. vor allem der stereometrische Teil (11., 12. und 13. Buch) nicht eine einzige Inhaltsberechnung. Derartige Berechnungen finden sich erst bei *Archimedes* (287–212 v. Chr.). Sodann vermissen wir jede Rücksichtnahme auf die Bedürfnisse des praktischen Zeichnens. Die „Elemente" waren eben ein wissenschaftliches Buch, und die mehr handwerksmäßigen Regeln wurden im Altertum nur mündlich weitergegeben. Aber auf unseren Schulen hätten die einfachsten Regeln des praktischen Zeichnens nicht ebenfalls so lange vernachlässigt werden dürfen.

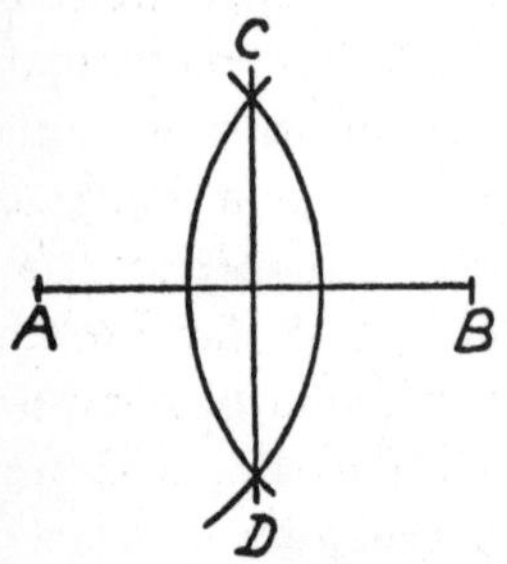

Abb. 5,2 Halbieren einer Strecke nach Euklid

So löst z. B. *Euklid* und mit ihm die Schulmathematik von gestern die Aufgabe, eine gegebene Strecke zu halbieren, nach Abb. 5,2 folgendermaßen: Um die Endpunkte A und B der gegebenen Strecke werden zwei Kreise mit demselben Radius geschlagen. Ihre Schnittpunkte C und D werden verbunden und die Verbindungslinie schneidet AB im gesuchten Mittelpunkt. Der praktische Zeichner löst die Aufgabe dagegen durch „Probieren". Er nimmt eine Strecke in den Zirkel, die er nach dem A u g e n m a ß für die Hälfte von AB hält, und trägt sie von A aus zweimal in Richtung B ab. Erreicht er dabei B nicht ganz, so muß die Strecke vergrößert werden, kommt er über B hinaus, so muß sie verkleinert werden. Das macht er so lange, bis er eine Strecke gefunden hat, die er auf AB genau zweimal auftragen kann.

Wer in seiner Schulzeit noch nach den strengen Grundsätzen *Euklids* erzogen worden ist, wird über diese „unmathematische" Konstruktion zunächst erstaunt sein. Sie ist aber erfahrungsgemäß ebenso genau wie die klassische Konstruktion und belastet die Zeichnung nicht mit unnötig vielen Hilfslinien. Oder ein anderes Beispiel: Nach *Euklid* ist die Aufgabe, einen Winkel in drei gleiche Teile zu teilen, unlösbar. Für den praktischen Zeichner stellt sie keine Schwierigkeit dar. Er schlägt nach Abb. 5,3 um den Scheitel S des gegebenen Winkels mit beliebigem Radius einen Kreis, der die Schenkel in A und B schneidet. Dann trägt er auf dem Kreisbogen von A aus eine Strecke dreimal auf, in der Hoffnung, dabei zum Punkt B zu gelangen. Es wird ihm das natürlich nicht gleich beim erstenmal gelingen. Er merkt aber gleich, ob er seine Probestrecke vergrößern oder verkleinern muß, und beim zweiten oder dritten Versuch hat er den Bogen und damit auch den Winkel in drei gleiche Teile geteilt.

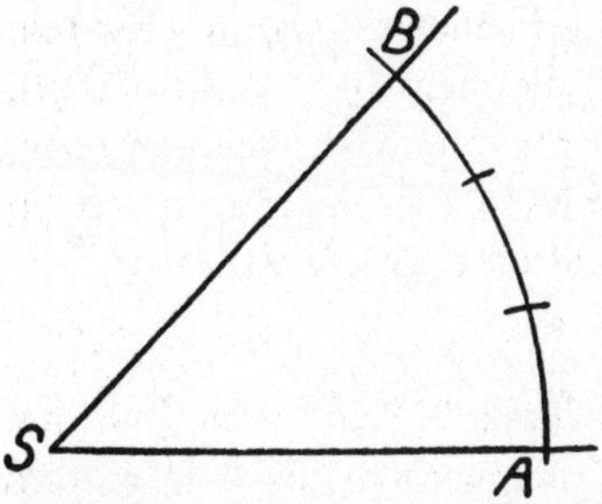

Abb. 5,3 Dreiteilung des Winkels

Das starre Festhalten an manchen euklidischen Konstruktionen in unseren Schulen war auch aus dem Grunde unberechtigt, weil wir heute auf Papier zeichnen, das wir vor uns auf dem Tische zu liegen haben. Die Griechen zeichneten aber wohl meist im Sande auf dem Fußboden. Sie hatten daher eine Vorliebe für den Zirkel und kannten ein einfaches Gerät nicht, das uns heute unentbehrlich erscheint: das rechtwinklige Schiebedreieck. So löst z. B. *Euklid* die Aufgabe, in einem gegebenen Punkt auf einer gegebenen Geraden das Lot zu errichten, nach Abb. 5,4 folgendermaßen: Um den gegebenen Punkt A wird ein Kreis mit beliebigem Radius geschlagen, der die gegebene Gerade in B und C schneidet. Um diese beiden Punkte werden zwei Kreise mit gleichem Radius geschlagen, die

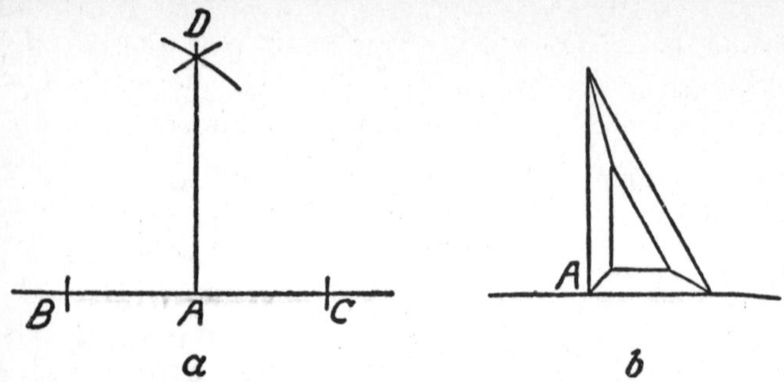

Abb. 5,4 Errichtung des Lotes im Punkte A
a) Lösung nach Euklid, b) praktische Lösung

sich in D schneiden. Dann ist AD das gesuchte Lot. Im Gegensatz zu diesem umständlichen Verfahren legen wir heute das rechtwinklige Dreieck so an, wie Abb. 5,4b zeigt, und ziehen das Lot, ohne irgendeine Hilfslinie nötig zu haben. Noch deutlicher tritt die Überlegenheit des Schiebedreiecks vielleicht bei der folgenden Aufgabe in Erscheinung: Durch einen Punkt soll zu einer gegebenen Geraden die Parallele gezogen werden. *Euklid* legt zu diesem Zweck durch den gegebenen Punkt A nach Abb. 5,5 eine beliebige Gerade, die die gegebene Gerade in B schneidet. Dann schlägt er um A und B zwei Kreise mit dem gleichen

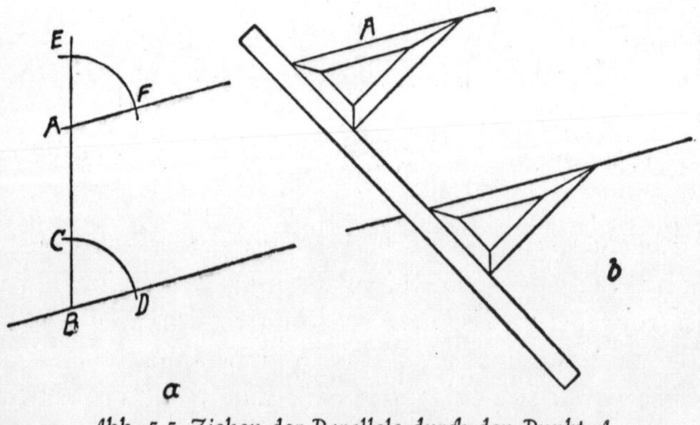

Abb. 5,5 Ziehen der Parallele durch den Punkt A,
a) Lösung nach Euklid, b) praktische Lösung

Radius. Der Kreis um B schneidet die gegebene Gerade in D und die Hilfsgerade in C. Der Kreis um A schneidet die Hilfsgerade in E. Dann trägt er die Strecke CD von E aus auf dem Kreise ab bis F. AF ist dann die gesuchte Parallele. Wir legen heute nach Abb. 5,5b das rechtwinklige Dreieck an die gegebene Gerade an, legen an das Dreieck das Lineal und schieben das Dreieck an dem Lineal entlang so weit, bis wir durch A die Parallele ziehen können. Auch hier brauchen wir also nicht eine einzige Hilfslinie.

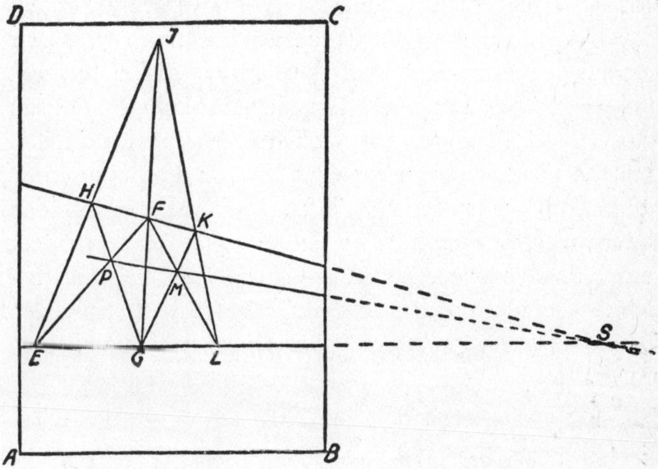

Abb. 5,6 Lösung der Aufgabe, einen gegebenen Punkt P mit dem unzugänglichen Schnittpunkt S zweier gegebener Geraden zu verbinden

Schließlich sahen die Griechen die Zeichenebene immer als beliebig groß an. Zwei gerade Linien waren bei ihnen also entweder parallel oder sie schnitten sich. Wir berücksichtigen heute noch die dritte Möglichkeit, daß die Geraden sich zwar schneiden, daß der Schnittpunkt aber unzugänglich ist, weil er nach Abb. 5,6 außerhalb des Zeichenbogens ABCD liegt. Die moderne Geometrie hat nun

Verfahren entwickelt, um z. B. einen gegebenen Punkt P mit dem unzugänglichen Schnittpunkt S zweier gegebener Geraden zu verbinden. Durch P werden die beliebigen Geraden EF und GH gelegt. EH und GF werden in J zum Schnitt gebracht und durch J die beliebige Gerade JKL gelegt. FL und GK werden in M zum Schnitt gebracht. Dann ist PM die gesuchte Verbindungslinie.

Der erste Teil der „Elemente", der die Bücher 1–4 umfaßt, gipfelt in dem Lehrsatz des *Pythagoras*. Auch heute ist er ja wohl immer noch der Satz, an den der Laie zunächst denkt, wenn von Geometrie die Rede ist. Um den Namen *Pythagoras* hatte sich schon im Altertum ein Kranz von Legenden gebildet, so daß es schwer ist, Dichtung und Wahrheit zu scheiden. *Pythagoras* wurde um 580 v. Chr. auf Samos geboren, wo der Tyrann *Polykrates* herrschte, von dem Herodot die Sage vom Ring berichtet, die Schiller in seiner Ballade verwendet hat. Aus unbekannten Gründen siedelte *Pythagoras* nach Kroton in Unteritalien über und gründete dort eine „Schule". Es ist darunter aber nicht eine Schule im heutigen Sinne zu verstehen, sondern eher eine Sekte. Sie war durchaus auf dem Führerprinzip aufgebaut. *„Autos epha"* (Er hat's selbst gesagt) war bei wissenschaftlichen Disputen ein Argument, dem nicht widersprochen werden durfte.

Den Grundgedanken ihrer Religion bildete bei den Pythagoreern die Lehre von der Seelenwanderung, und im Mittelpunkt ihrer religiösen Feiern stand die Musik. Da im Tier die Seelen verstorbener Menschen weiterleben, waren die Pythagoreer strenge Vegetarier. Merkwürdigerweise verboten ihnen ihre Diätvorschriften aber auch die Bohnen, weil ihr Genuß dumm machen soll. Durch ihre aristokratisch-konservative politische Einstellung machten sich die Pythagoreer viele Feinde, und um 500 wurden sie (vielleicht mit ihrem Meister zusammen) in ihrem Hause beim Gottesdienst eingeschlossen und verbrannt.

Pythagoras war der erste, der sich einen Philosophen (Freund der Weisheit) nannte. Seitdem werden alle griechischen Gelehrten als Philosophen bezeichnet, auch die, die mehr Naturforscher als Philosophen im heutigen Sinne waren wie *Thales von Milet*, der lehrte, daß alles aus dem Wasser entstanden sei, oder *Anaximenes*, nach dem alles aus der Luft, oder *Heraklit*, nach dem alles aus dem Feuer entstanden ist. Im Gegensatz zu diesen „Monisten" nahm *Empedokles von Agrigent* 4 Elemente an: Feuer, Wasser, Luft und Erde. Die Pythagoreer dagegen betrachteten als Urgrund aller Dinge kein materielles Element, sondern – die Mathematik, die Zahl und die Form.

Entscheidend für ihre Weltanschauung war eine Beziehung zwischen Mathematik und Musik, deren Aufdeckung wohl ihre größte Leistung darstellt. Werden zwei verschieden lange Saiten gleichzeitig zum Tönen gebracht, so empfinden wir den Zusammenklang der beiden Töne als harmonisch, wenn sich das Verhältnis der beiden Saitenlängen durch kleine ganze Zahlen ausdrücken läßt (1 : 2 Oktave, 2 : 3 Quinte, 3 : 4 Quarte usw.). Ist das jedoch nicht möglich, so wird der Zusammenklang als Dissonanz empfunden. Daß sich so die rein gefühlsmäßige Empfindung auf Maß und Zahl zurückführen läßt, machte auf die Pythagoreer einen gewaltigen Eindruck, und sie glaubten nun überall in der Welt derartige Harmonien zu finden. Erde, Sonne, Mond, die 5 Planten und die Sphäre der Fixsterne kreisen um ein im Mittelpunkt der Welt stehendes Zentralfeuer und tönen dabei in ewigen Harmonien. An diese brausenden Akkorde hat sich nur unser Ohr so sehr gewöhnt, daß wir sie nicht mehr wahrnehmen können.

„Die Sonne tönt, nach alter Weise,
In Brudersphären Wettgesang,
Und ihre vorgeschriebne Reise
Vollendet sie mit Donnergang"

sagt der Erzengel Raphael im „Faust" (Prolog im Himmel).

Am eindrucksvollsten ist im *pythagoreischen* Weltbild die Vorstellung, daß sich die Erde, wie alle Gestirne, bewegen soll – ein gewaltiges Vorausahnen der *kopernikanischen* Lehre. Gleich daneben finden sich aber mystische Zahlenspielereien. So galt die Zahl 10 als besonders heilig als Summe der vier ersten Zahlen (1 + 2 + 3 + 4 = 10). Da Erde, Sonne, Mond, die 5 Planeten und die Sphäre der Fixsterne aber nur die Zahl 9 ergeben, wurde, um auf 10 zu kommen, eine Gegenerde hinzugedichtet, die zwischen der Erde und dem Zentralfeuer um dieses kreist. Da der bewohnte Teil der Erde dem Zentralfeuer abgewandt ist, sehen wir weder dieses noch die Gegenerde. Nur in dem Reflex an den Gestirnen nehmen wir das Zentralfeuer wahr. Die Lehre der *Pythagoreer* ist von großer Bedeutung für das griechische Geistesleben gewesen. *Plato* und *Aristoteles* wurden durch sie stark beeinflußt.

Was die mathematischen Leistungen anbetrifft, so sagt ein dem *Eudemus* zugeschriebenes altgriechisches „Mathematikerverzeichnis": „Nach diesem verwandelte *Pythagoras* die Beschäftigung mit diesem Wissenszweig in eine wirkliche Wissenschaft, indem er die Grundlagen derselben von höherem Gesichtspunkte aus betrachtete und ihre Theorien immaterieller und intellektueller erforschte." Der nach *Pythagoras* benannte Lehrsatz besagt bekanntlich, daß in jedem rechtwinkligen Dreieck das Quadrat über der Hypotenuse gleich ist der Summe der Quadrate über den Katheten. Wahrscheinlich hat *Pythagoras* nur den Beweis für den Satz geliefert, während der Satz selbst älter ist. Der Sonderfall, bei dem die Hypotenuse die Länge 5 und die Katheten die Länge 3 und 4 besitzen, ist wohl am längsten bekannt. Den Chinesen soll er schon um 1100 v. Chr bekannt gewesen sein; man ist heute freilich gegen derartige Angaben chinesischer Quellen etwas mißtrauisch. In chinesischen und indischen Werken findet sich jedenfalls die Abb. 5,7.

Nach *M. Cantor*, der eine vierbändige Geschichte der Mathematik geschrieben hat, kannten die Ägypter den besagten Sonderfall bereits zur Zeit des Königs Amenemhat I. um das Jahr 2300 v. Chr. Angeblich haben die ägyptischen Geometer, die sogenannten Seilspanner (Harpedonapten), rechte Winkel nach Abb. 5,8 auf folgende Weise abgesteckt: Eine Schnur wurde durch Knoten in 12 gleiche Teile geteilt. Der 3. Knoten von dem einen und der 5. Knoten von dem anderen Ende wurden besonders gekennzeichnet und dann die Schnur zu einem rechtwinkligen Dreieck gespannt.

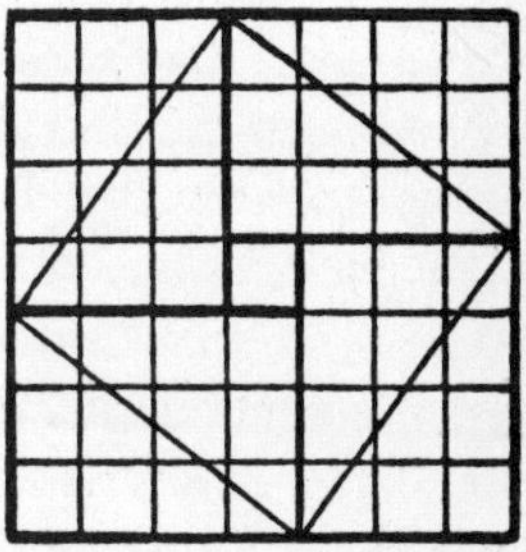

Abb. 5,7 Figur zum „Pythagoras" aus chinesischen und indischen Quellen

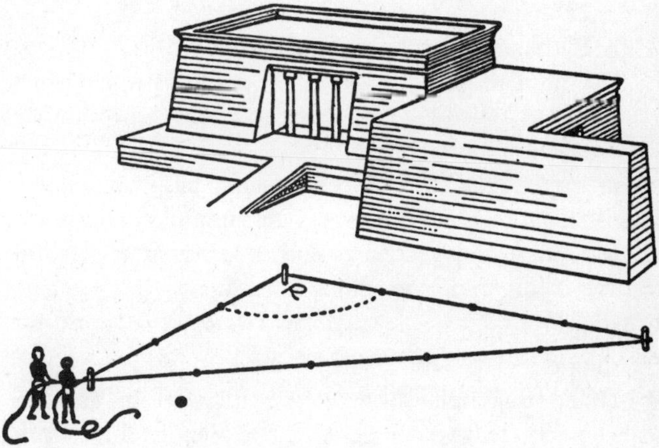

Abb. 5,8 Die Harpedonapten stecken mit der pythagoreischen Meßschnur einen rechten Winkel ab

Diogenes Laertius, der um 275 n. Chr. eine Philosophengeschichte schrieb, und *Plutarch* (46–120 n. Chr.), der die Lebensbeschreibungen von 46 bedeutenden Römern und Griechen verfaßte, erzählen beide, daß *Pythagoras* aus Freude über die Entdeckung seines Lehrsatzes den Göttern 100 Ochsen geopfert habe. Seitdem zittern alle Ochsen, wenn sie von der Entdeckung einer neuen Wahrheit hören, wie *Chamisso* in einem Sonett so launig ausführt:

„Die Wahrheit, sie besteht in Ewigkeit,
Wenn erst die blöde Welt ihr Licht erkannt:
Der Lehrsatz, nach Pythagoras benannt,
Gilt heute, wie er galt zu seiner Zeit.

Ein Opfer hat Pythagoras geweiht
Den Göttern, die den Lichtstrahl ihm gesandt;
Es taten kund, geschlachtet und verbrannt,
Ein Hundert Ochsen seine Dankbarkeit.

Die Ochsen seit dem Tage, wenn sie wittern,
Daß eine neue Wahrheit sich enthülle,
Erheben ein unmenschliches Gebrülle;
Pythagoras erfüllt sie mit Entsetzen;
Und machtlos, sich dem Licht zu widersetzen,
Verschließen sie die Augen und erzittern."

Von der *Euklidischen* Geometrie im allgemeinen und dem *Pythagoreischen* Lehrsatz im besonderen schreibt *Schopenhauer* im § 15 des 1. Buches seines Werkes „Die Welt als Wille und Vorstellung":

„Wenn wir nun mit unserer Überzeugung, daß die Anschauung die erste Quelle aller Evidenz, und die unmittelbare oder vermittelte Beziehung auf sie allein absolute Wahrheit ist, daß ferner der nächste Weg zu dieser stets der sicherste ist, da jede Vermittlung durch Begriffe vielen Täuschungen aussetzt; – wenn wir, sage ich, mit dieser

Überzeugung uns zur Mathematik wenden, wie sie von *Eukleides* als Wissenschaft aufgestellt und bis auf den heutigen Tag im Ganzen geblieben ist; so können wir nicht umhin, den Weg, den sie geht, seltsam, ja verkehrt zu finden. Wir verlangen die Zurückführung jeder logischen Begründung auf eine anschauliche; sie hingegen ist mit großer Mühe bestrebt, die ihr eigenthümliche, überall nahe, anschauliche Evidenz muthwillig zu verwerfen, um ihr eine logische zu substituiren. Wir müssen finden, daß dies ist, wie wenn Jemand sich die Beine abschnitte, um mit Krücken zu gehen, oder wie wenn der Prinz im ‚Triumph der Empfindsamkeit' aus der wirklichen schönen Natur flieht, um sich an einer Theaterdecoration, die sie nachahmt, zu erfreuen ... Daß, was *Eukleides* demonstrirt, alles so sei, muß man, durch den Satz vom Widerspruch[1] gezwungen, zugeben: w a r u m es aber so ist, erfährt man nicht. Man hat daher fast die unbehagliche Empfindung wie nach einem Taschenspielerstreich, und in der That sind einem solchen die meisten *Eukleidischen* Beweise auffallend ähnlich. Fast immer kommt die Wahrheit durch die Hinterthür herein, indem sie sich per accidens aus irgendeinem Nebenumstand ergiebt. Oft schließt ein apagogischer[2] Beweis alle Thüren, eine nach der anderen, zu, und läßt nur die offen, in die man nun bloß deswegen hinein muß. Oft werden, wie im *Pythagorischen* Lehrsatz, Linien gezogen, ohne daß man weiß warum: hinterher zeigt sich, daß es Schlingen waren, die sich unerwartet zuziehn und den Assensus des Lernenden gefangen nehmen, der nun verwundert zugeben muß, was ihm seinem innern Zusammenhang nach völlig unbegreiflich bleibt ... Indessen verdient übrigens die Art, wie vom *Eukleides* dieses

[1]) Der Satz vom Widerspruch besagt, daß einander entgegengesetzte Urteile nicht beide zugleich wahr sein können, sondern das eine muß wahr, das andere falsch sein.

[2]) D. h. ein indirekter Beweis, bei dem ein Satz dadurch bewiesen wird, daß sein Gegenteil ad absurdum geführt wird.

durchgesetzt ist, alle Bewunderung, die ihm so viele Jahrhunderte hindurch geworden und so weit gegangen ist, daß man seine Behandlungsart der Mathematik für das Muster aller wissenschaftlichen Darstellung erklärte, nach der man sogar alle andern Wissenschaften zu modeln sich bemühte, später jedoch hievon zurückkam, ohne sehr zu wissen warum. In unsern Augen kann jene Methode des *Eukleides* in der Mathematik dennoch nur als eine sehr glänzende Verkehrtheit erscheinen ... Sind wir doch in der Physik nur dann befriedigt, wann die Erkenntnis, daß etwas so sei, vereint ist mit der, w a r u m es so ist: daß das Quecksilber in der Torricellianischen Röhre 28 Zoll hoch steht, ist ein schlechtes Wissen, wenn nicht auch hinzukommt, daß es vom Gegengewicht der Luft gehalten wird. Aber in der Mathematik soll uns die qualitas occulta des Cirkels, daß die Abschnitte jeder zwei in ihm sich schneidenden Sehnen stets gleiche Rektangel bilden, genügen[1]? Daß es so sei, beweist freilich *Eukleides* im 35ten Satze des dritten Buches: das Warum steht noch dahin. Ebenso lehrt der *Pythagorische* Lehrsatz uns eine qualitas occulta des rechtwinklichten Dreiecks kennen: des *Eukleides* stelzbeiniger, ja, hinterlistiger Beweis verläßt uns beim Warum, und beistehende, schon bekannte, einfache Figur giebt auf einen Blick weit mehr, als jener Beweis, Einsicht

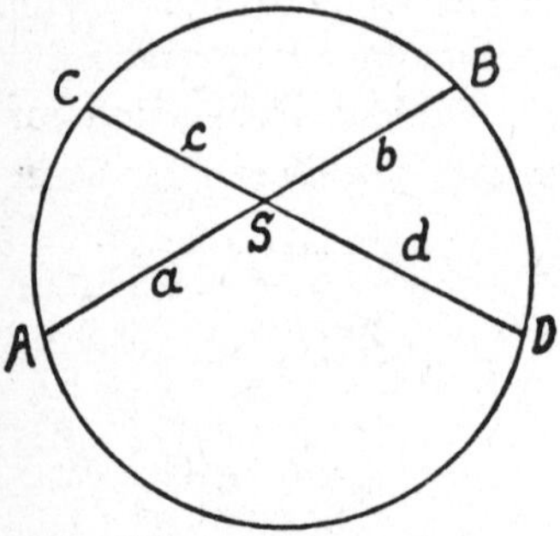

Abb. 5,9 Sehnensatz: Es ist $a \cdot b = c \cdot d$

[1]) Gemeint ist der Satz, daß nach Abb. 5,9 ein aus den beiden Strecken AS und BS gebildetes Rechteck den gleichen Flächeninhalt hat wie ein aus den Strecken CS und DS gebildetes ($a \cdot b = c \cdot d$). *Schopenhauer* sagt in altmodischer Weise Cirkel statt Kreis und Rektangel statt Rechteck.

in die Sache und innere feste Überzeugung von jener Nothwendigkeit und von der Abhängigkeit jener Eigenschaft vom rechten Winkel. Auch bei ungleichen Katheten muß es sich zu einer solchen anschaulichen Überzeugung bringen lassen, wie überhaupt bei jeder möglichen geometrischen Wahrheit, schon deshalb, weil ihre Auffindung allemal von einer solchen angeschauten Nothwendigkeit ausging und der Beweis erst hinterher hinzu ersonnen ward ... In der That ist es auch immer diese, gemäß dem Satz vom Grunde des Seyns anschaulich erkannte Nothwendigkeit, welche der Geometrie ihre große Evidenz ertheilt und auf der im Bewußtseyn eines Jeden die Gewißheit ihrer Sätze beruht: keineswegs ist es der auf Stelzen einherschreitende Beweis, welcher, der Sache immer fremd, meistens bald vergessen wird, ohne Nachteil der Überzeugung, und ganz wegfallen könnte, ohne daß die Evidenz der Geometrie dadurch vermindert würde, da sie ganz unabhängig von ihm ist und er immer nur Das beweist, wovon man schon vorher, durch eine andere Erkenntnisart, völlige Überzeugung hat: insofern gleicht er einem feigen Soldaten, der dem von andern erschlagenen Feinde noch eine Wunde versetzt, und sich dann rühmt, ihn erledigt zu haben."

Abb. 5,10 Figur zum „Pythagoras" in Schopenhauers „Welt als Wille und Vorstellung"

Unzweifelhaft hat *Schopenhauer* recht, wenn er sagt, daß der Entdecker eines mathematischen Lehrsatzes von vornherein von der Richtigkeit seines Satzes überzeugt ist und den Beweis hinterher für die anderen zurechtmacht. Wie die Sprache dazu da ist, daß wir unsere Gedanken anderen mitteilen, so sind die Beweise dazu da, daß wir die von uns gefundenen Sätze anderen glaubhaft machen. Es gibt in der Geschichte der Mathematik aber auch eine Reihe von Beispielen, wo es dem betreffenden Forscher nicht gelingen wollte, den Beweis zu finden, und wo es sich dann hinterher herausstellte, daß der fragliche Satz auch gar nicht richtig war.

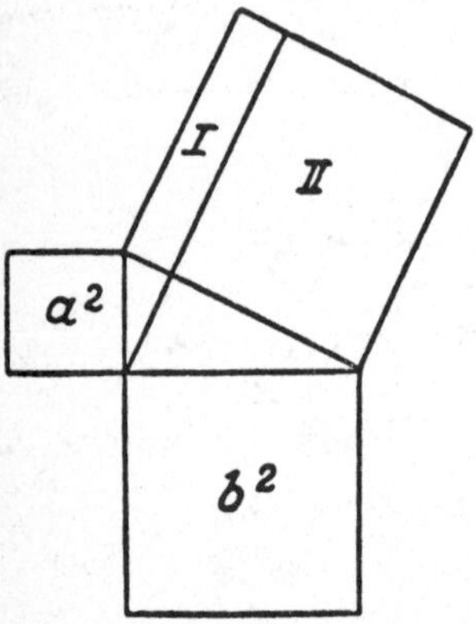

Abb. 5,11 Figur zum Euklidischen Beweis des „Pythagoras"

Was nun die Frage nach dem „Warum?" betrifft, so weiß jeder, der *Euklid* verstanden hat, genau soviel und genau sowenig, w a r u m in Abb. 5,11 die beiden kleinen Quadrate zusammen gleich dem großen sind, wie er das für die Abb. 5,10 weiß. Der einzige Unterschied ist, daß der in Abb. 5,10 dargestellte Sonderfall sich leichter übersehen läßt, während der in Abb. 5,11 dargestellte allgemeine Fall schwieriger und daher von *Schopenhauer* nicht verstanden worden ist. Sonderfälle sind in der Mathematik eben immer leichter. Übrigens gibt es einen ähnlichen Beweis, wie ihn der einfache Anblick der Abb. 5,10 darstellt, auch für den allgemeinen Fall. Es seien a und b die beiden Katheten und c die Hypotenuse. Nach Abb. 5,12a kann man dann um das Quadrat über die Hypotenuse c vier Dreiecke herumlegen, so daß ein großes Quadrat entsteht mit der Seite a + b. Dieses große Quadrat kann man nun nach Abb. 5,12b aufteilen in die beiden Quadrate über a und b und ebenfalls vier Dreiecke. Folglich ist das Quadrat über der Hypotenuse gleich der Summe der beiden Quadrate über den Katheten. Der *euklidische* Beweis wird dadurch aber nicht entwertet, denn er beweist mehr. *Euklid* zeigt, daß das kleine Quadrat a^2 in Abb. 5,11 gleich dem kleinen Rechteck I und das große Quadrat b^2 gleich

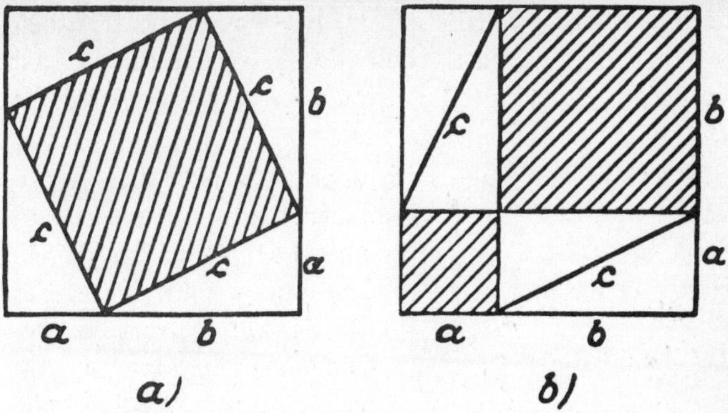

Abb. 5,12 Einfacher Beweis des „Pythagoras": Das große Quadrat ist nach Fig. a gleich $c^2 + 4$ Dreiecken und nach Fig. b gleich $a^2 + b^2 + 4$ Dreiecken. Folglich ist $c^2 = a^2 + b^2$

dem großen Rechteck II ist. Das ist mehr als der Beweis, daß beide Quadrate zusammen gleich sind beiden Rechtecken zusammen (d. h. gleich dem Quadrat über der Hypotenuse). Wenn *Euklid* aber mehr beweist, darf man ihm auch nicht zum Vorwurf machen, daß sein Beweis schwieriger ist.

6. Kapitel

Archimedes und die Zahl π

In jedem Menschen und in jeder Kultur gibt es einen Gegensatz, den *Nietzsche* mit den Worten „apollinisch" und „dionysisch" kennzeichnet. Phöbus Apollo war der Gott des Todes und der Weisheit. Er wurde von den griechischen Künstlern immer als schöner Jüngling dargestellt. Man spricht daher von einer „apollinischen Schönheit". Dionysos hingegen war der Gott der Fruchtbarkeit und des Weines. Die ältere griechische Kunst stellt ihn immer bärtig dar. Er bildet unter den griechischen Göttern eine fremdartige Erscheinung, und man nimmt an, daß der Dionysoskult aus Thrakien nach Griechenland eingedrungen ist. *Nietzsche* bezeichnet als apollinisch den nach Maß, Ordnung, Ruhe und Harmonie strebenden Trieb, und als dionysisch den leidenschaftlichen, heroischen, tragischen Trieb des Lebens- und Machtwillens. *Oswald Spengler* nennt diesen Trieb „faustisch". Die Bezeichnung dionysisch ist in der Tat nicht sehr glücklich, denn vielen ist ja Dionysos nur als Gott des Weines bekannt.

In der griechischen Mathematik gehört *Archimedes* (287 bis 212 v. Chr.) dem faustischen Typus an, und deshalb steht er uns von allen antiken Mathematikern am nächsten. Er unterscheidet sich von den anderen griechischen Mathematikern dadurch, daß er nicht bloß Mathematiker, sondern auch Ingenieur war – eine faustische Eigenschaft, denn auch *Goethes* Faust findet ja am Ende seines Lebens nur in der technischen Arbeit Befriedigung. Im Gegensatz dazu war z. B. *Plato* streng darauf bedacht, „daß nicht die Würde der Geometrie verletzt wird, indem man sie (durch Anwendungen) vom Unkörperlichen und Intellektuellen zum Körperlichen herabsinken läßt".

Die alten Griechen kannten ja unseren Begriff der geistigen Arbeit nicht. Die Beschäftigung mit den Wissenschaften war für sie keine Arbeit, sondern das Vergnügen des freien Mannes. So läßt *Schiller* auch *Archimedes* eine gewisse Reue empfinden, daß er die Mathematik für praktische Zwecke verwendet hat. Als die Römer nämlich im 2. Punischen Kriege unter Marcellus Syrakus belagerten, erfand *Archimedes* unter anderem technische Abwehrmittel gegen die Belagerungsmaschine (Sambuca) der Römer. Das betreffende *Schillersche* Gedicht lautet:

Archimedes und der Schüler

Zu Archimedes kam ein wißbegieriger Jüngling.
„Weihe mich", sprach er zu ihm, „ein in die göttliche Kunst,
Die so herrliche Frucht dem Vaterlande getragen
Und die Mauern der Stadt vor der Sambuca beschützt!" –
„Göttlich nennst du die Kunst? Sie ist's", versetzte der Weise,
„Aber das war sie, mein Sohn, eh' sie dem Staat noch gedient.
Willst du nur Früchte von ihr, die kann auch die Sterbliche zeugen;
Wer um die Göttin freit, suche in ihr nicht das Weib."

Plutarch berichtet über die kriegstechnischen Leistungen des *Archimedes* in der Lebensbeschreibung des Marcellus folgende Einzelheiten: „Als die Römer von beiden Seiten, d. h. zu Wasser und zu Lande, angriffen, gerieten die Syrakusaner in Bestürzung und hielten sich aus Furcht ganz still, weil sie es mit einer so großen Macht nicht aufnehmen zu können glaubten. Aber jetzt ließ *Archimedes* seine Maschine spielen, welche alle Arten von Geschossen und schwere Steinmassen mit großem Geräusch und einer so unglaublichen Schnelligkeit auf die Landtruppen herabschleuderten, daß nichts ihrer Kraft widerstehen konnte, sondern ganze Glieder niedergeschmettert wurden und die Legionen in Unordnung gerieten. Zu gleicher Zeit senkten sich an der Meeresseite plötzlich von der Mauer Balken herab, welche die Schiffe teils durch ihre von oben her drückende Last in den Grund bohrten, teils mit eisernen Händen oder Haken, in Form der Kranichschnäbel, beim Vorderteil gerade in die Höhe zogen und mit dem Hinterteil ins Wasser tauchten; noch andere drehten durch inwendig angebrachte Gegenzüge die Schiffe im Kreise herum und schmetterten sie zuletzt gegen die unter der Mauer hervorragenden Felsen und Klippen, wobei die Mannschaft auf eine jämmerliche Art umkam. Oft hatte man den gräßlichen Anblick, daß ein aus dem Meere emporgezogenes Schiff schwebend hin und her geschwenkt wurde, bis es endlich, wenn die Leute herausgeschleudert waren, leer an die Mauer stieß oder wieder ins Meer herabstürzte."

Nach anderen Überlieferungen verfertigte er noch große Brennspiegel, mit denen die römischen Schiffe in Brand gesteckt wurden. Das klingt allerdings alles etwas legendenhaft, wie sich überhaupt um *Archimedes* ein ganzer Kranz von Legenden gebildet hat. Über seinen Tod bei der Erstürmung von Syrakus (212 v. Chr.) berichtet der römische Geschichtsschreiber *Titus Livius* folgendes:

„Die Stadt wurde den Soldaten zur Plünderung überlassen ... Trotz des großen Lärmes, den das Angstgeschrei in der eroberten Stadt beim Umherstreifen der plündernden Soldaten hervorrief, berichtet die Überlieferung, daß *Archimedes* nur auf seine Figuren achtete, die er vor sich im Sande gezeichnet hatte. Dabei wurde er von einem Soldaten, der ihn nicht kannte, getötet. Es wird berichtet, daß Marcellus – der römische Feldherr – das sehr bedauert und für eine ehrenvolle Bestattung gesorgt habe. Die Familie des Getöteten stellte er unter seinen Schutz."

Es ist eigentlich etwas unwahrscheinlich, daß ein Mann, der als Ingenieur, sozusagen als Pionieroffizier, an der Verteidigung seiner Heimatstadt mitwirkte, beim entscheidenden Sturm zu Hause gesessen und Figuren in den Sand gezeichnet haben soll.

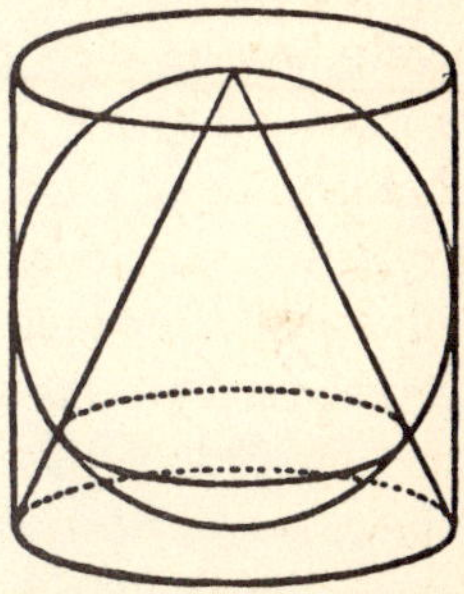

Abb. 6,1 Satz des Archimedes. Es verhalten sich Kegel, Kugel und Zylinder wie 1 : 2 : 3

Mit der Hinwendung zu praktischen Anwendungen hängt es auch zusammen, daß sich, wie schon im vorigen Kapitel erwähnt, bei *Archimedes* im Gegensatz zu *Euklid* Berechnungen von Körperinhalten finden. So berechnete *Archimedes* die Kugel, den Kegel und den Zylinder und zeigte, daß sich der Kegel zur Kugel und diese zum Zylinder verhält wie 1 : 2 : 3, wenn, wie in Abb. 6,1, die Grundkreisradien von Kegel und Zylinder gleich dem Kugelradius sind und ihre Höhen gleich dem Kugeldurchmesser. Natürlich war diesen Rechnungen die Kreisberechnung voraufgegangen. Doch davon sprechen wir weiter unten. Die Berechnung der Kugel galt im Altertum als die bedeutendste Leistung des *Archimedes*. Daher war auf seinem Grabmal eine der Abb. 6,1 ähnliche Figur angebracht, wie uns *Cicero* berichtet, der das lange verschollene Grabmal wiederentdeckte.

Die enge Verbindung zwischen Geometrie und Rechnung, die wir bei *Archimedes* finden war, wie gesagt, der griechischen Mathematik sonst fremd. Das ist auffällig, hatte doch gerade der berühmteste Satz der griechischen

Mathematik, der „Pythagoras", eine solche Verbindung hergestellt, schon 250 Jahre vor *Archimedes*. Es hatte sich dabei aber eine große Schwierigkeit ergeben: Man konnte nur verhältnismäßig wenige Zahlen finden, die der Gleichung

$$x^2 + y^2 = z^2$$

genügten, wie z. B. die im vorigen Kapitel erwähnten Zahlen 3, 4 und 5. Wir haben im 4. Kapitel von derartigen Zahlen schon einmal gesprochen. In den meisten Fällen dagegen, und gerade in den einfachsten, versagte die obige Gleichung. Haben z. B. die beiden Katheten die Länge 1, so lautet die Gleichung für die Hypotenuse z:

$$z^2 = 2,$$

und die Gleichung war unlösbar, denn es gibt keine Zahl, deren Quadrat 2 ist. Hat andererseits die Hypotenuse die Länge 1 und sind die Katheten wieder wie oben einander gleich, so lautet die Gleichung für die Länge x jeder Kathete:

$$2 \cdot x^2 = 1 \text{ oder } x^2 = \tfrac{1}{2}$$

und es gibt natürlich auch keine Zahl, deren Quadrat $\frac{1}{2}$ wäre. Man kann diese Tatsache auch in folgende Worte kleiden: Das Verhältnis der Seite eines Quadrates zur Diagonale läßt sich zahlenmäßig nicht ausdrücken (Abb. 6,2). Man nennt solche Strecken inkommensurabel. Sie widersprachen der Auffassung der Griechen, insbesondere der Pythagoreer, daß sich alles in der Welt durch Zahlen ausdrücken lasse, und sie wünschten die Inkommensurabilität daher zum Teufel. *Proklus*, ein Kom-

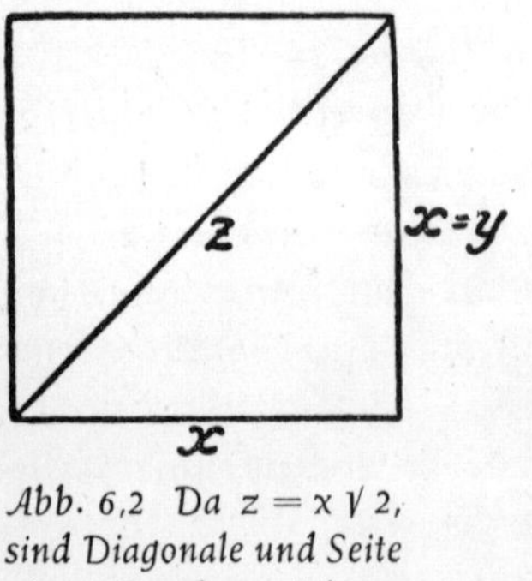

Abb. 6,2 Da $z = x\sqrt{2}$, sind Diagonale und Seite eines Quadrats inkommensurabel

mentator *Euklids* aus dem 5. nachchristlichen Jahrhundert, berichtet folgendes: „Man sagt, daß der Mann, der zuerst die Betrachtung des Inkommensurablen aus dem Verborgenen in die Öffentlichkeit brachte, durch einen Schiffbruch umgekommen sei. Und zwar deshalb, weil das Unaussprechliche und Bildlose immer verborgen hätte bleiben sollen. Deshalb auch wurde der Untäter, der von ungefähr dieses Bild des Lebendigen berührte und aufdeckte, an den Ort der Entstehung versetzt und wird dort von den ewigen Fluten umspült."

Wir schreiben heute bekanntlich die Lösung der Gleichung $z^2 = 2$ in der Form $\sqrt{2}$ und nennen $\sqrt{2}$ eine irrationale Zahl. Es ist viel darüber gestritten worden, ob $\sqrt{2}$ eine Zahl sei oder nicht. Es hängt das aber nur davon ab, was man unter einer „Zahl" verstehen will. Verwendet man das Wort im alten engeren Sinne, so ist $\sqrt{2}$ natürlich keine Zahl und der Satz besteht zu Recht: Es gibt keine Zahl, deren Quadrat 2 wäre. Aber die Tätigkeit des Mathematikers ist nicht immer bloß eine suchende, sie ist manchmal auch eine schöpferische, der Tätigkeit des Künstlers verwandt. So werden von ihm neue Gebilde $\sqrt{2}$, $\sqrt{3}$ usw. geschaffen, die er dann allerdings auch Zahlen nennt, weil die Sprache eben nicht reich genug ist, um für jedes logische Gebilde ein besonderes Wort zu prägen. Der Satz: „Die Lösung der Gleichung $z^2 = 2$ ist die Zahl $z = \sqrt{2}$" steht also nur scheinbar mit dem Satz: „Es gibt keine Zahl, die der Gleichung $z^2 = 2$ genügt" im Widerspruch. Es wird das Wort Zahl bloß hier im alten, engeren Sinne und dort im neuen, weiteren Sinne verwendet. Die schöpferische Tätigkeit des Mathematikers erzeugt die neuen Zahlen, erstens indem die Regeln aufgestellt werden, nach denen mit diesen Zahlen zu rechnen ist, wie z. B. $\sqrt{2} \cdot \sqrt{3} = \sqrt{6}$ oder $(\sqrt{2})^2 = 2$ usw., und zweitens, indem Regeln angegeben werden, nach denen man für den praktischen Gebrauch die Irrationalzahlen durch Dezimalbrüche mit jeder gewünschten Genauigkeit annähern kann. So genügt z. B. in vielen Fällen der Wert: $\sqrt{2} = 1{,}41$, denn $1{,}41 \cdot 1{,}41$ ist zwar nicht 2, aber 1,9881. Wem das nicht genügt, der nimmt $\sqrt{2} = 1{,}414$, denn $1{,}414 \cdot 1{,}414$ ist 1,999 396, was der 2 schon näher kommt. Der nächste Näherungswert ist $\sqrt{2} = 1{,}4142$, denn $1{,}4142 \cdot 1{,}4142$ ist 1,999 961 64, was wieder etwas genauer ist usw. Wer wird dabei nicht an *Heraklit* erinnert? Alles fließt! – Wie groß ist $\sqrt{2}$? Das kommt ganz darauf an, welche Ansprüche an Genauigkeit man stellt:

1,41 oder 1,414 oder 1,4142 oder 1,414 213 562 373 0 95,

und wer auch damit noch nicht zufrieden ist, der mag es noch genauer ausrechnen.

Eines der Hauptverdienste des *Archimedes* besteht in einer ähnlichen schrittweisen Berechnung einer anderen Zahl, die wir heute π nennen. Es handelt sich um die Aufgabe, den Flächeninhalt eines Kreises zu berechnen, wenn der Radius gegeben ist, oder – was dasselbe ist – einen gegebenen Kreis in ein Quadrat zu verwandeln (Quadratur des Zirkels). Diese Aufgabe war vielleicht das Hauptproblem der griechischen Mathematik. *Hippokrates von Chios*, der etwa um 400 v. Chr. lebte, fand einen Satz, von dem man hoffte, daß er eine wichtige Etappe auf dem Wege zur Quadratur sein würde: Die beiden halbmondförmigen Flächen in Abb. 6,3 haben zusammen den gleichen Flächeninhalt wie das Dreieck. Der Lehrsatz des *Pythagoras* gilt nämlich nicht nur für Quadrate, sondern auch für Halbkreise. Der Halbkreis über der Hypotenuse ist gleich der Summe der beiden Halbkreise über den Katheten. Es ist also

$$(\mathrm{I} + \mathrm{II}) + (\mathrm{IV} + \mathrm{V}) = \mathrm{II} + \mathrm{III} + \mathrm{IV}$$

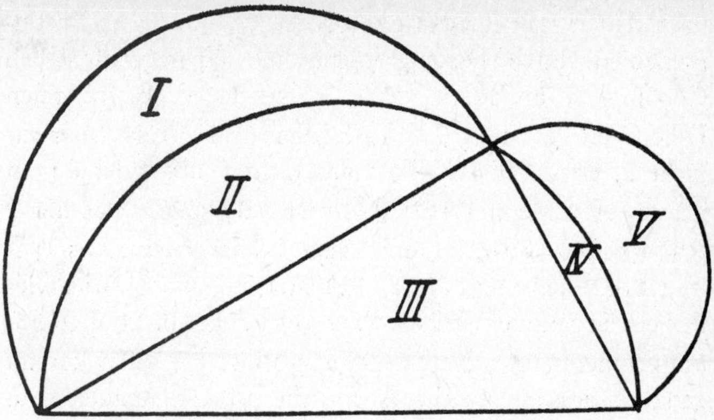

Abb. 6,3 Satz des Hippokrates: Das Dreieck III ist gleich der Summe der beiden Halbmonde (lunulae) I und V

oder:

$$I + V = III.$$

Hier war zum ersten Male die Berechnung einer durch Kreisbögen begrenzten Fläche gelungen. Bei der Berechnung des Kreisinhaltes half der Satz des *Hippokrates* jedoch nichts.

Wir schreiben heute den Flächeninhalt des Kreises in der Form πr^2. Die Aufgabe der Quadratur des Zirkels ist also gleichbedeutend mit der Bestimmung der Zahl π. *Archimedes* benutzte zu ihrer Berechnung die dem Kreise ein- und umbeschriebenen regelmäßigen Vielecke. Ersetzen wir z. B. nach Abb. 6,4 den Kreis durch das eingeschriebene Sechseck, so erhalten wir einen Flächeninhalt, der zu klein ist, ersetzen wir ihn durch das umbeschriebene Sechseck, so erhalten wir einen Flächeninhalt, der zu groß ist. Auf diese Weise erhalten wir zwei Grenzen, zwischen denen der gesuchte Flächeninhalt liegen muß. Gehen wir vom Sechseck zum Zwölfeck über, so wird das eingeschriebene Vieleck, das die untere Grenze liefert, größer (es kommen die 6 schraffierten Dreiecke hinzu), und das

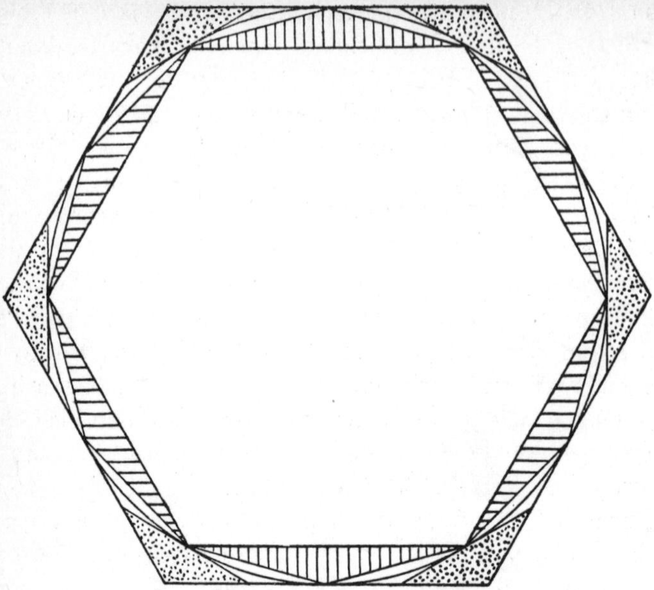

Abb. 6,4 Berechnung des Kreisinhaltes durch eingeschriebene und umbeschriebene regelmäßige Vielecke

umbeschriebene Vieleck, das die obere Grenze liefert, wird kleiner (es werden die 6 punktierten Dreiecke weggeschnitten). Die beiden Zwölfecke schließen also den Kreis in engere Grenzen ein als die beiden Sechsecke. So kann man fortfahrend zu zwei Vierundzwanzigecken übergehen usw. *Archimedes* fand mittels des Sechsundneunzigecks, daß π zwischen $3\frac{10}{71}$ und $3\frac{10}{70}$ liegt. In dezimaler Schreibweise sind diese Grenzen 3,1408 und 3,1428.

Einen besseren Wert lieferten erst die Inder mit ihrem ausgezeichneten Zahlensystem. *Aryabhatta* (geb. 476 n. Chr.) benutzte das 384-Eck, nach dem π zwischen 3,141 56 und 3,141 66 liegt. Weitere Fortschritte wurden dann erst wieder am Ausgang der Renaissance erzielt, als in Europa ein sehr rechenlustiges Zeitalter einsetzte. Es sind drei Namen zu nennen: *Adrianus Metius* (1571 bis 1635) gab den leicht zu merkenden Näherungswert 355/113 = 3,141 592 9 ... an, der erst in der 7. Dezimale unrichtig ist. *Adriaen van Roomen* (1561–1615), der sich *Adrianus Romanus* nannte, drang bis zum 2^{30} = 1 073 741 824-Eck vor und sicherte so 15 Dezimalen, und *Ludolf van Ceulen* (1540–1610) brachte es schließlich auf 35 Dezimalen. Diese Annäherung übertraf alle früheren Berechnungen so weit, daß π eine Zeitlang die Ludolfsche Zahl genannt wurde. *Ludolf van Ceulen* hatte in Leiden die vom Prinzen Moritz von Oranien gegründete Professur der Kriegsbaukunst inne. Er wurde in der Peterskirche in Leiden beigesetzt; auf seinem Grabstein waren die von ihm berechneten 35 Stellen von π angegeben. Alle drei waren nur Rechner ohne neue Ideen. Anders der große französische Mathematiker *Viëta* (1540–1606), der zuerst die Zahl π von der Geometrie löste und ein unendliches Produkt für sie angab.

Wir kommen damit in eine ganz neue Epoche der Mathematik, die mit der Erfindung der Differentialrechnung durch den Engländer *Isaak Newton* (1642–1727) und den Deutschen *Gottfried Wilhelm Leibniz* (1646 bis 1716) anhob. Die ernsthaften Mathematiker beschäftigten sich jetzt nicht mehr mit der Aufgabe, mit Zirkel und Lineal eine Strecke zu zeichnen, die gleich dem Kreisumfang, und ein Quadrat, das gleich dem Kreisinhalt ist (Rektifikation und Quadratur des Zirkels), und auch nicht damit, möglichst viel Stellen der Zahl π zu berechnen, sondern man spürte jetzt der Zahlennatur von π nach. *J. H. Lambert*, der 1728 zu Mülhausen im Elsaß geboren wurde und 1777 in Berlin starb, veröffentlichte 1766 eine Abhandlung: „Vorläufige Kenntnisse für die, so die Rectifikation des Zircels suchen", in der er zeigte, daß π irrational ist. D. h. π läßt sich nicht durch einen endlichen Dezimalbruch ausdrücken. Das hatte man ja allerdings durch die

Rechnungen zweier Jahrtausende schon gemerkt, aber durch den strengen Nachweis der Irrationalität wurde der Anstoß gegeben, den Charakter von π näher zu erforschen. Diese Forschungen wurden mit dem Ziel betrieben, die Unmöglichkeit der Quadratur nachzuweisen. Die Irrationalität von π war ein solcher Beweis noch nicht, da z. B. die Diagonale eines Quadrates von der Seite a ja $a\sqrt{2}$, also ebenfalls irrational ist und trotzdem konstruiert werden kann. Es gelang schließlich nachzuweisen, daß sich π auch durch Wurzeln nicht darstellen läßt. Man nennt derartige Zahlen transzendent. Nachdem *Liouville* 1840 gezeigt hatte, daß es solche Zahlen gibt, und *Hermite* 1873 bewiesen hatte, daß die Zahl e (die Grundzahl der natürlichen Logarithmen, vgl. das 2. Kap.) transzendent ist, bewies schließlich *F. Lindemann* 1882, daß π transzendent ist, und brachte damit das uralte Problem zum endgültigen Abschluß, genau so, wie die beiden Aufgaben der Trisektion des Winkels und der Verdopplung des Würfels durch den Nachweis ihrer Unlösbarkeit „erledigt" worden sind, wovon wir im 8. Kapitel noch sprechen werden. Wenn es auch von keinerlei praktischer Bedeutung ist, ob man das dem Kreis flächengleiche Quadrat zeichnen kann oder nicht (mit jedem gewünschten Grad der Genauigkeit kann man es ja ohne weiteres zeichnen), so ist es doch überaus reizvoll, das Bemühen um diese Aufgabe durch die Jahrtausende zu verfolgen. Während es auf vielen anderen Gebieten der Kultur zweifelhaft erscheinen kann, ob sich die Menschheit auf dem Wege des Fortschritts befindet, ist hier die stetig fortschreitende Annäherung an die Wahrheit nicht zu leugnen.

Neben den Arbeiten zur Erforschung der Zahlennatur von π liefen allerdings immer noch Arbeiten her, die einem „Stellenrekord" nachjagten. *De Lagny* gab in einem der Pariser Akademie der Wissenschaften am 23. Juni 1717 vorgelegten Aufsatz π auf 127 Dezimalstellen an, und *W.*

Shanks „On the extension of the numerical value of π" (Proceedings of the royal society of London, Vol. XXI, 1873) brachte es schließlich auf 707 Stellen. Alle diese Rechnungen haben natürlich nur „sportliches" Interesse und sind ohne praktische und theoretische Bedeutung.

Damit wir uns die ersten Stellen der Zahl π leichter merken können, hat man die Muse bemüht und Verse geschmiedet, in denen die Worte durch ihre Buchstabenzahl die Ziffernfolge angeben. Ein französisches Gedicht lautet folgendermaßen:

Que j'aime à faire apprendre un nombre utile aux sages!
3 1 4 1 5 9 2 6 5 3 5

Immortel Archimède, artiste ingénieur,
8 9 7 9

Qui de ton jugement peut priser la valeur?
3 2 3 8 4 6 2 6

Pour moi, ton problème eut de pareils avantages.
4 3 3 8 3 2 7 9

Ein deutscher, von Weinmeister (1878) verfaßter Vers heißt:

„Wie, o dies π
3 1 4 1

Macht ernstlich so vielen viele Müh'!
5 9 2 6 5 3

Lernt immerhin, Jünglinge, leichte Verselein,
5 8 9 7 9

Wie so zum Beispiel dies dürfte zu merken sein!"
3 2 3 8 4 6 2 6 4

Ganz nett ist auch ein kleines, 1921 in der Zeitschrift für mathematischen und naturwissenschaftlichen Unterricht abgedrucktes Gedicht:

„Ein braver Schüler saß zu Haus vor seiner Rechenkladde
Und überdacht' die Hausarbeit, die er zu machen hatte.

Dann fing er auch zu zeichnen an, und alles stimmt' genau,
Bis er an eine Stelle kam, da wurd' die Sache mau.
Er dachte lange drüber nach, wo denn der Fehler wär',
Und schließlich fand er ihn dann auch, und voller Wut
rief er:
‚Es ist wohl π die Größe, die mir den Kram verdreht;
Ist's doch, o jerum, schwierig, zu wissen, wofür sie steht!'"

3 1 4 1 5 9 2 6 5 3 5

$\pi = 3{,}14159'26535'89793'23846'26433'83279'50288'41971$

In seiner Schrift über die „Sandrechnung" behandelt *Archimedes* ein anderes Problem, das sonst nirgends in der griechischen Mathematik behandelt wird, nämlich die Schreibweise sehr großer Zahlen. Der Anfang der Schrift lautet:

„Manche Leute glauben, Prinz Gelon[1], die Zahl der Sandkörner sei unbegrenzt. Andere meinen, die Zahl sei zwar nicht unbegrenzt, aber es sei noch nie eine Zahl genannt worden, die die des Sandes übertrifft. Ich aber will Dir zu zeigen versuchen, daß unter den von mir benannten Zahlen nicht nur einige die Zahl eines Sandhaufens von Erdgröße übersteigen, sondern auch die Zahl eines Haufens, der das Weltall füllt"

Als „Welt" betrachtet er dabei, unter Berufung auf *Aristarch von Samos*, die Kugel, auf der die Fixsterne „angeheftet" sind und deren Durchmesser kleiner als 10 000 Erddurchmesser sein soll. Das Ergebnis hat natürlich bei diesen primitiven astronomischen Voraussetzungen für uns keinerlei Bedeutung, interessant ist die „Sandrechnung" vielmehr aus einem anderen Grunde. Heute, wo wir das dezimale Zahlensystem besitzen, macht es ja keinerlei Schwierigkeiten, beliebig große Zahlen hinzu-

[1]) Gemeint ist der Sohn des Königs *Hiero* II. von Syrakus, der für seinen hochbetagten Vater die Regierungsgeschäfte führte und 216, ein Jahr vor seinem Vater, starb.

schreiben. Man braucht ja bloß entsprechend viel Nullen hinter die Zahlen zu setzen. Für *Archimedes* dagegen war die Bildung von sehr großen Zahlen noch ein wissenschaftliches Problem.

Die größte Zahl, welche die Griechen bis dahin kannten, war 10 000, die sie eine Myriade nannten. Die größten Zahlen, die *Archimedes* in der Sandrechnung bildet, sind „die Myriaden Myriaden der myriad-myriadsten Stufe der myriad-myriadsten Periode". *Sartorius von Waltershausen*, der Biograph des größten deutschen Mathematikers (vgl. das 14. Kap.), schreibt:

„*Gauß* hat sich öfter gegen uns geäußert, daß *Archimedes* der Mann des Alterthums gewesen sei, den er am höchsten schätze, er denke sich ihn als einen durchaus edel aussehenden würdigen Greis, nur könne er ihm nicht verzeihen, daß er bei seiner Sandrechnung das decadische Zahlensystem nicht gefunden habe. ‚Wie konnte er das übersehen', sagte er bewegt, ‚und auf welcher Höhe würde sich jetzt die Wissenschaft befinden, wenn *Archimedes* jene Entdeckung gemacht hätte!'"

Im dezimalen Zahlensystem macht das Schreiben beliebig großer Zahlen keine Schwierigkeiten, die Zahlen werden freilich unbequem lang und unübersichtlich. Es gibt jedoch Mittel, diese unbequemen Längen zu vermeiden: die Potenzschreibweise. Unter Potenzen versteht man Produkte mit gleichen Faktoren. Für $2 \cdot 2 \cdot 2$ wird zur Abkürzung 2^3 geschrieben, wobei 2 die Grundzahl und 3 die Hochzahl heißt. 3^2 ist entsprechend eine abgekürzte Schreibweise für $3 \cdot 3$. Während in einem Produkt die beiden Faktoren vertauscht werden dürfen, da z. B. $2 \cdot 3 = 3 \cdot 2 = 6$ ist, dürfen in der Potenz die beiden Zahlen nicht vertauscht werden, denn 2^3 ist 8, 3^2 dagegen 9. Entsprechend ist z. B. $2^5 = 32$ und $5^2 = 25$.

Um nun sehr große Zahlen bequem schreiben zu können, bildet man die Potenzen von 10. Es ist $10^3 = 1000$,

$10^6 = 1\,000\,000$, also eine Million, 10^9 eine Milliarde und 10^{12} eine Billion. Größere Zahlen sind in Deutschland ungebräuchlich, da die Inflation, unseligen Angedenkens, nicht weitergekommen ist als bis zu den Billionen. Man kann natürlich 10^{18} Trillionen nennen, 10^{24} Quadrillionen usw. Diese Namen kommen aber immer mehr außer Gebrauch, da die bequemeren Bezeichnungen 10^{18}, 10^{24} usw. ja vollkommen genügen.

Die Myriade der Griechen ist also 10^4, und die Myriad-Myriade des *Archimedes* 10^8. Die Zahlen von 1 bis 10^8 nennt *Archimedes* die Zahlen der 1. Stufe, die von 10^8 bis 10^{16} nennt er die Zahlen der 2. Stufe, die von 10^{16} bis 10^{24} die Zahlen der 3. Stufe usw. So geht es fort bis zu den Zahlen myriad-myriadster Stufe, also den Zahlen der 100 000 000. Stufe, d. h. bis $10^{800\,000\,000}$. Das ist eine Zahl mit 800 Millionen Nullen. Die Zahlen von 1 bis zu dieser Riesenzahl nennt *Archimedes* die 1. Periode. Entsprechend bildet er dann eine 2. Periode, 3. Periode usw. und schließlich die myriad-myriadste Periode.

Die Bezeichnung der Potenzschreibweise wird noch konzentrierter, wenn man als Hochzahl wieder eine Potenz schreibt. Es ist also:

$$2^{2^2} = 2^4 = 16,$$

$3^{3^3} = 3^{27}$ ist aber bereits 7 625 597 484 987. Die größte Zahl die man mit 3 Ziffern schreiben kann, ist also:

$$9^{9^9} = 9^{387\,420\,489}.$$

Ein menschliches Leben würde nicht ausreichen, um diese Zahl auszurechnen. Wollte man sie hinschreiben und würde man zwei Ziffern auf ein Zentimeter schreiben, so hätte man eine Länge von 1848 km nötig.

7. Kapitel

Die Symmetrie[1]

Der Körper des Menschen besitzt wie der aller höheren Tiere eine Symmetrieebene, seine rechte Hälfte ist symmetrisch zur linken Hälfte. Allerdings ist diese Symmetrie keine vollkommene. Das Herz schlägt bekanntlich auf unserer linken Seite, und unsere rechte Lunge besteht aus 3 Lappen, die linke jedoch nur aus 2, und ähnlich wird es wohl bei den Tieren auch sein, also auch bei *Buridans* Esel. Der Scholastiker *Buridan* hatte nämlich behauptet, daß ein Esel, der zwischen zwei Heuhaufen steht, die genau gleich sind, eigentlich verhungern müßte, weil kein zureichender Grund dafür vorhanden ist, daß er von dem einen frißt und nicht von dem anderen. Wenn dem Esel also auch das Herz auf der linken Seite schlägt, ist das ja ein zureichender Grund, daß er etwa den linken Heuhaufen bevorzugen wird.

Abb. 7,1 Gotisches Fenstermaßwerk

Mit dem symmetrischen Bau des Menschen hängt es vielleicht zusammen, daß wir die Symmetrie als Harmonie

[1]) *E. Schneider*: „Angewandte Geometrie", Berlin 1949.

Abb. 7,2 Gotisches Bauwerk, bei dem die Symmetrie nicht zur Vollendung kam

empfinden. Am eindruckvollsten tritt sie uns in den Bauwerken der Gotik entgegen (Abb. 1). Fehlt die Symmetrie, wie z. B. beim Straßburger Münster, von dessen im Bauplan vorgesehenen zwei Türmen der eine unvollendet geblieben ist, so empfinden wir das zunächst als störend (Abb. 2). Eine eigenartige im Tierreich vorkommende Unsymmetrie zeigt die Abb. 3. Bei gewissen Krebsen ist eine Schere sehr viel größer als die andere. Man nennt die große Schere Knackschere und die kleine Zwickschere. Interessant ist dabei folgendes: Schneidet man dem Krebs die Zwickschere ab, so wächst sie einfach nach. Schneidet man aber die die Knackschere ab, so wächst an ihrer Stelle nur eine kleine Zwickschere nach. Dafür beginnt dann aber die andere, von der Operation nicht betroffene alte Zwickschere zu wachsen und wandelt sich im Laufe der Häutungen zu einer Knackschere um. Aus dem „Rechtser" ist dann also ein „Linkser" geworden.

Abb. 7,3 Eine Unsymmetrie im Tierreich

Besitzt eine ebene Figur eine Spiegelebene, so muß diese natürlich auf der Ebene, in der die Figur liegt (unsere Zeichenebene), senkrecht stehen. Die Spiegelebene schneidet die Zeichenebene in einer Geraden. Sie heißt die Spur der Spiegelebene. Sehen wir uns z. B. die Buchstaben der großen lateinischen Schrift auf ihre Symmetrie hin an, so erkennen wir nach Abbildung 4, daß die Buchstaben A, M, T, U, V, W, Y eine

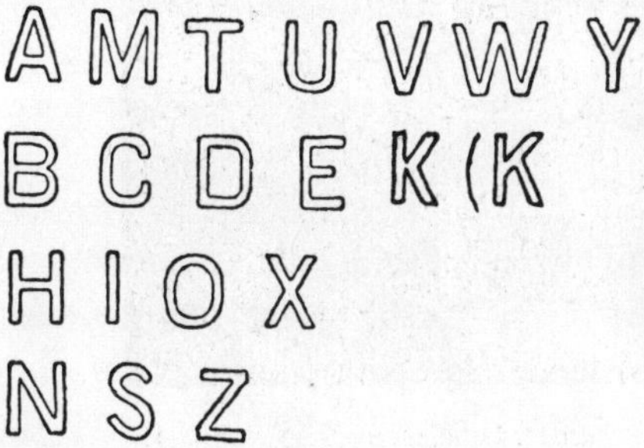

Abb. 7,4 Zur Symmetrie der Buchstaben

senkrechte und die Buchstaben B, C, D, E, K eine waagerechte Spiegelebene besitzen. Die Buchstaben H, I, O, X schließlich besitzen sowohl eine vertikale als auch eine waagerechte Spiegelebene.

Aus den Buchstaben mit senkrechter Spiegelebene kann man ganze Wörter bilden, die ebenfalls eine vertikale Spiegelebene besitzen wie OTTO und UHU, während das Wort EHE zwar auch von vorwärts nach rückwärts gelesen werden kann, aber keine senkrechte Spiegelebene besitzt, weil der Buchstabe E keine hat. Man nennt ein Wort, das von links nach rechts und von rechts nach links gelesen werden kann, ein Palindrom. Beispiele sind außer den genannten noch: Retter, Anna, Madam und Reittier. *Schopenhauer* ist es gelungen, sogar ein viersilbiges Wort dieser Art zu finden, nämlich Reliefpfeiler und ein, allerdings nicht sehr geistreicher ganzer Satz dieser Art ist: „Ein Neger mit Gazelle zagt im Regen nie".

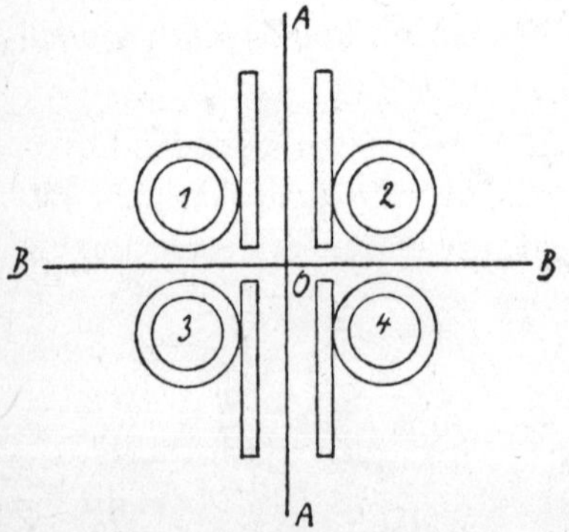

Abb. 7,5 Zur Symmetrie C_{2v}

Betrachten wir nun den Fall näher, daß eine Figur sowohl eine senkrechte wie eine waagerechte Spiegelebene besitzt wie die Buchstaben H, I, O, X. In Abb. 5 sollen die beiden sich rechtwinklig schneidenden Geraden AA′ und BB′ die Spuren zweier solcher Spiegelebenen sein. Die aus Kreisring und Rechteck bestehende Figur 1 geht dann durch Spiegelung an AA′ in die Figur 2 über, durch Spiegelung an BB′ in die Figur 3 und durch zweimalige Spiegelung, erst an AA′ und dann an BB′ (oder umgekehrt) in Figur 4.

(Die Figuren stellen dann die 4 Buchstaben d, b, q, p dar.) Die Figur 1 kann aber statt durch zweimalige Spiegelung auch noch auf eine andere Art in die Figur 4 übergeführt werden. Die beiden Spiegelebenen schneiden sich in einer Geraden, die im Punkte O auf der Zeichenebene senkrecht steht. (In diesem Punkte schneiden sich die beiden Spuren der Spiegelebenen.) Drehe ich diese Gerade um 180°, so kommt die Figur 1 dorthin, wo vorher die Figur 4 war, Figur 2 dorthin, wo vorher Figur 3 war usw. Man nennt eine derartige Gerade eine zweizählige Achse. Wenn eine Figur also zwei aufeinander senkrecht stehende Spiegelebenen besitzt, so besitzt sie auch stets eine zweizählige Achse. Von den 3 Symmetrieelementen der Abb. 5 bedingen immer zwei das dritte, d. h. wenn eine Figur eine zweizählige Achse und eine Spiegelebene besitzt, so muß sie stets noch eine zweite Spiegelebene haben. Man sagt, die beiden Spiegelungen und die Drehung um 180° bilden zusammen eine Gruppe. Von solchen Gruppen sprachen wir ja schon im 3. Kapitel und werden wir am Schluß dieses Kapitels noch einmal sprechen.

In den Abb. 6, 7, 8 und 9 sehen wir gotische Ornamente mit 2-, 3-, 4- bzw. 6zähliger Symmetrieachse. Man bezeichnet in der Kristallographie und Gruppentheorie

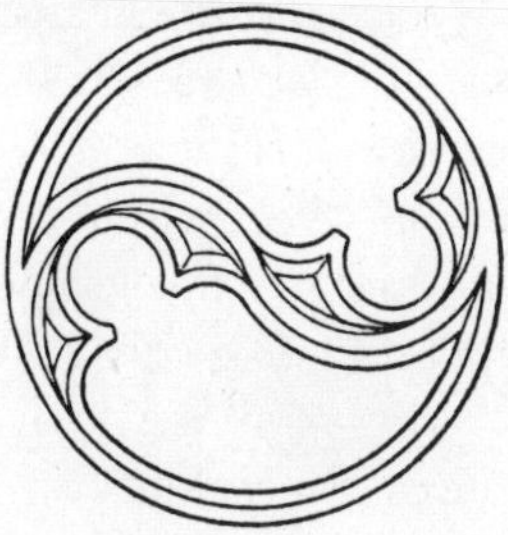

Abb. 7,6 Gotische Zweischweifung, sogen. Fischblase C_2

Abb. 7,7 Gotische Dreischweifung C_3

Abb. 7,8 Gotisches Maßwerk zur Füllung einer quadratischen Fensteröffnung

Abb. 7,9 Gotische Sechsschweifung C_6

diese Symmetrie mit C_2, C_3, C_4 und C_6 und nennt sie zyklische Gruppen.

Kommen zu den Symmetrieachsen $C_2, C_3, C_4, C_5, C_6 \ldots$ noch Symmetrieebenen hinzu, die durch die Symmetrieachsen hindurchgehen, so nennt man die Symmetrie C_{2v}, C_{3v}, C_{4v}, C_{5v}, $C_{6v} \ldots$ In der Kristallographie denkt man sich nämlich die Symmetrieachsen stets vertikal, und darum sind auch die Symmetrieebenen vertikal, und daran soll der Buchstabe v im Index erinnern. In den Abb. 10 bis 13 sehen wir vier gotische Motive dieser Symmetrie, und die Abb. 14 besitzt ebenfalls die Symmetrie C_{5v}. Sie stellt ein regelmäßiges Fünfeck mit seinen Diagonalen dar. Diese bilden in der Mitte wieder ein

Abb. 7,10 Gotischer Dreibogen C_{3v}

Abb. 7,11 Gotischer Vierbogen C_{4v}

Abb. 7,12 Gotischer Fünfbogen C_{5v}

Abb. 7,13 Gotischer Sechsbogen C_{6v}

Fünfeck, in das ebenfalls die Diagonalen eingezeichnet sind, und so könnte man fortfahren. Den aus den 5 Diagonalen gebildeten Stern (der auch heute wieder eine Rolle spielt), das sogenannte Pentagramm, benutzten, wie uns *Lukian* und andere alten Schriftsteller berichten, die Pythagoreer als geheimes Erkennungszeichen. Es kommt bereits auf alten Münzen Kleinasiens und Galliens vor. Den Kelten war nämlich das Pentagramm ebenfalls heilig, und nach den Druiden, den keltischen Priestern in Gallien und Britannien, heißt es auch der Drudenfuß. Er blieb

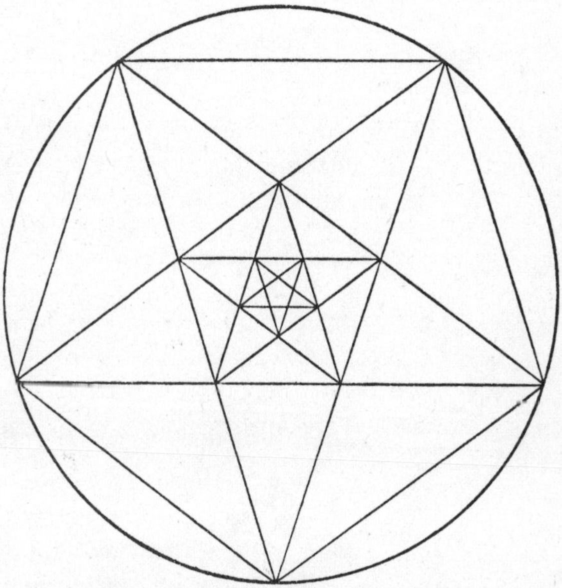

Abb. 7,14 Fünfeck und Pentagramm (Drudenfuß) C_{5v}

auch im Mittelalter das Zeichen aller geheimen Gesellschaften und kam in den Ruf, daß man mit ihm den Teufel bannen könne. Bekannt ist die Szene in Faust's Studierzimmer:

Mephistopheles: Gesteh' ich's nur! daß ich hineinspaziere,
Verbietet mir ein kleines Hindernis,
Der Drudenfuß auf Eurer Schwelle –

Faust: Das Pentagramma macht Dir Pein?
Ei sage mir, Du Sohn der Hölle,
Wenn das Dich bannt, wie kamst Du denn herein?

Die Symmetrie machte auf die alten Griechen einen großen Eindruck. Da Kreis und Kugel die höchste Symmetrie besitzen, war für die Griechen der Kreis die „vollkommenste" Figur und die Kugel der „vollkommenste" Körper. „Folglich", so schlossen sie in kühnem Optimismus, haben alle Himmelskörper Kugelgestalt und bewegen sich in kreisförmigen Bahnen, und sie hatten damit in erster Annäherung sogar recht. Ganz verkehrt war jedoch ihre Annahme, daß die kreisförmige Bewegung die „natürliche" Bewegung sei und zu ihrer Aufrechterhaltung also keine Kraft erforderlich sei. Es hat 2000 Jahre gedauert, bis sich die Menschheit von diesem Irrtum wieder frei machte.

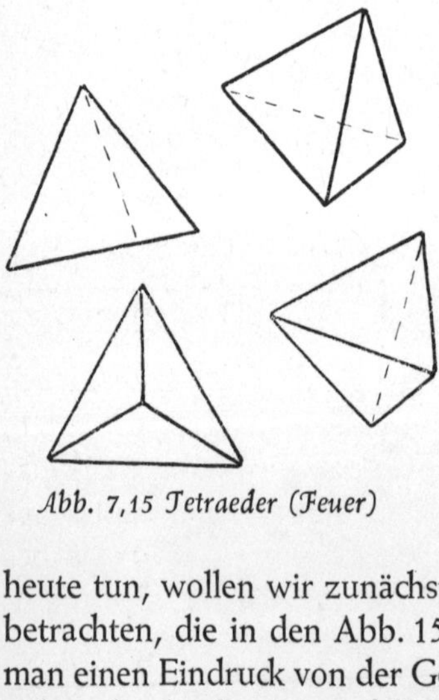

Abb. 7,15 Tetraeder (Feuer)

Um den großen Unterschied zu zeigen zwischen der Art, wie die alten Griechen die Geometrie auf die Wirklichkeit anwendeten, und wie wir das heute tun, wollen wir zunächst die 5 regelmäßigen Körper betrachten, die in den Abb. 15–19 dargestellt sind. Damit man einen Eindruck von der Gestalt des Körpers erhält und sich nicht durch seine zufällige Lage beeinflussen läßt, ist jeder in vier verschiedene Stellungen gezeichnet. Die Körper werden nach der Anzahl ihrer Flächen bezeichnet. Der in Abb. 15 dargestellte heißt Tetraeder, was im Griechischen soviel wie Vierflächner heißt. Der in Abb. 16 dargestellte Würfel müßte also entsprechend Hexaeder (Sechsflächner) genannt werden. In Abb. 17 ist das Oktaeder (Achtflächner), in Abb. 18 das Dodekaeder (Zwölfflächner) und in Abb. 19 das Ikosaeder (Zwanzigflächner) dargestellt.

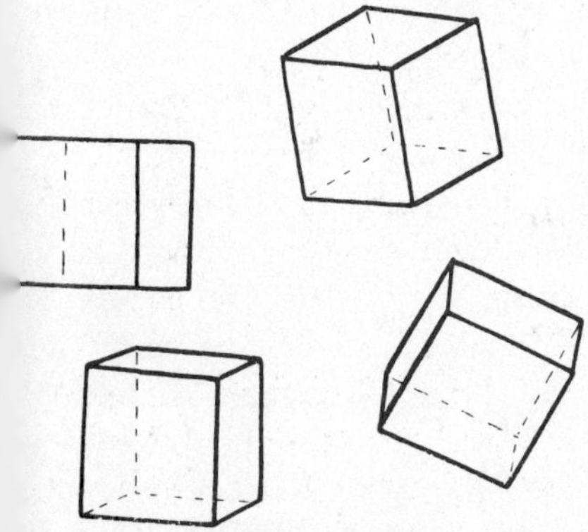

Abb. 7,16 Würfel, Hexaeder (Erde)

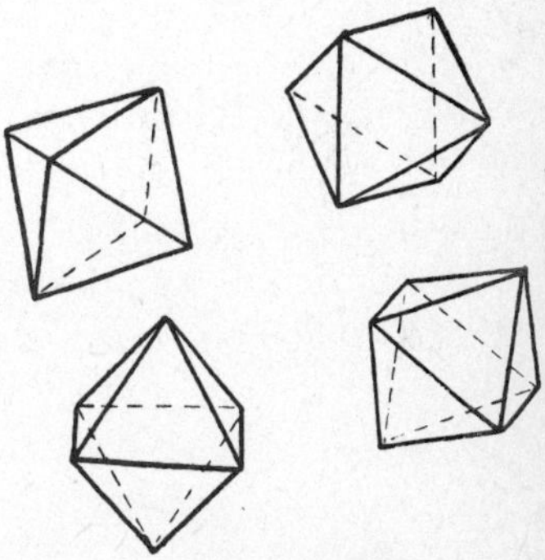

Abb. 7,17 Oktaeder (Luft)

Die 5 regelmäßigen Körper waren schon *Platon* bekannt und werden daher als *Platon*ische Körper bezeichnet. In seinem Dialog *Timaios* setzt *Platon* zunächst umständlich auseinander, wie das gleichseitige Dreieck aus 6 rechtwinkligen Dreiecken zusammengesetzt ist (denen, in die es durch seine Höhen zerlegt wird) und das Quadrat aus 4 rechtwinkligen Dreiecken (denen, in die es durch seine Diagonalen zerfällt). Warum er darauf besonderen Wert legt, wird nicht recht klar und, warum er das regelmäßige Fünfeck nicht auch aus Dreiecken zusammensetzt, darüber schweigt er sich aus. Das Dodekaeder, das von diesen Fünfecken begrenzt wird, ist ihm

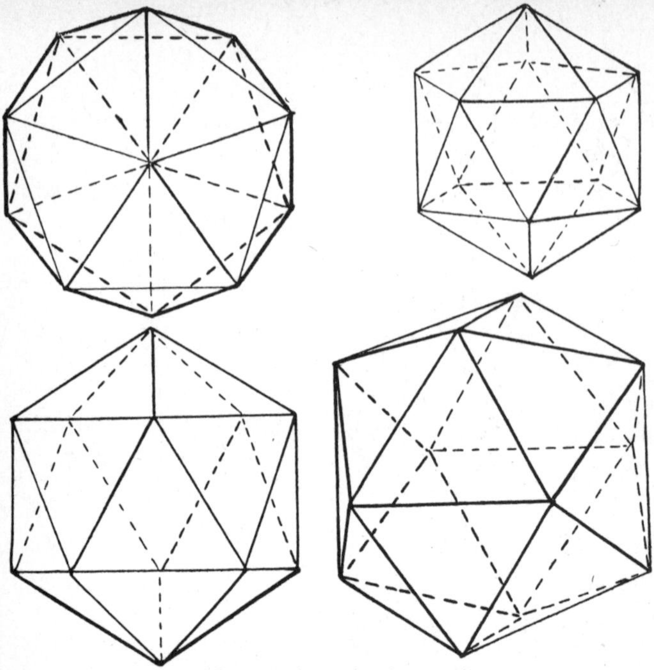

Abb. 7,18 Ikosaeder (Wasser)

überhaupt im Wege. Er tut es mit den Worten ab: „Es gibt aber noch eine fünfte Art der Zusammensetzung, und diese verwendete Gott für das Weltganze, als er es ausmalte." Dann fährt er fort: „Unsere Meinung geht dahin, daß aller Wahrscheinlichkeit nach nur e i n e Welt entstanden ist; andere mögen nach anderen Gesichtspunkten anders darüber urteilen. Doch lassen wir das auf sich beruhen und verteilen wir nunmehr die vier entstandenen Gestalten unter die Elemente Feuer, Erde, Wasser und Luft." Weil *Platon* für die 4 Elemente des *Empedokles* also einen regelmäßigen Körper zuviel hatte, deswegen konnte er das Dodekaeder nicht gebrauchen und schob es dem lieben Gott in die Schuhe. Er fährt dann fort: „Der Erde wollen wir die Gestalt des Würfels zuweisen, denn

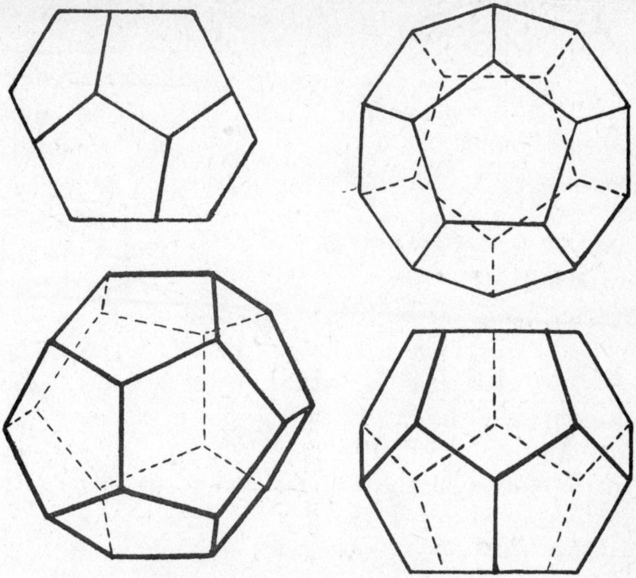

Abb. 7,19 Dodekaeder (Weltganzes)

sie ist das unbeweglichste und bildsamste Element; dazu muß aber notwendig der Körper werden, der die festesten Grundflächen hat; nun ist aber von den beiden anfangs zugrunde gelegten Dreiecken das, welches zwei gleiche Seiten hat, fester als das ungleichseitige[1]), und die aus beiden zusammengesetzte gleichseitige viereckige Fläche in ihren Teilen wie im ganzen notwendig fester als die gleichseitige dreieckige. Wenn wir daher der Erde diese Gestalt zuweisen, so halten wir uns an das, was wahrscheinlich ist; dem Wasser dagegen geben wir von den übrigen Gestalten die am schwersten bewegliche, dem Feuer die am leichtesten bewegliche und der Luft die mittlere; den kleinsten jener Elementarkörper teilen wir dem Feuer zu, den größten dem Wasser, den mittleren wieder der Luft; den spitzigsten endlich dem Feuer, den zweiten

[1]) *Platon* meint das Dreieck mit den Winkeln 30° und 60°.

Ranges der Luft und den dritten Ranges dem Wasser.... Alle diese Körper muß man sich aber in ihrer Eigenschaft als Urbestandteile so klein denken, daß jeder einzelne von jeder Gattung seiner Kleinheit wegen von uns nicht gesehen werden kann, sondern, daß wir nur die Massen derselben, wenn sie zusammengehäuft werden, erblicken."

So sah also die erste Atomtheorie aus! Für uns sind Schönheit und Symmetrie kein physikalisches Argument mehr wie für die Griechen, sondern wir betrachten im Gegenteil heute die Unordnung als den natürlichen Zustand, der weiter keiner Erklärung bedarf. Wenn wir in der Natur aber einer Symmetrie begegnen wie bei den Kristallen, dann fragen wir, womit das zusammenhängt. Einen Fingerzeig gibt uns die Tatsache, daß bei den Kristallen die fünfzählige Symmetrie fehlt. Unter den Kristallformen kommen Dodekaeder und Ikosaeder nicht vor. Das hängt mit dem inneren Bau zusammen. Die Atome sind in den Kristallen gitterförmig angeordnet. Was das heißt, wollen wir uns klarmachen, indem wir statt Raumgitter ebene Gitter betrachten, wie sie in den Abb. 20–23 dargestellt sind. Die kleinen Kreise wollen wir die Gitterpunkte nennen. Wir können uns dort Atome denken, wollen sie zunächst aber nur als mathematische Punkte behandeln. Die Begrenzung der Gitter ist unwesentlich, wir denken sie uns am besten unbegrenzt.

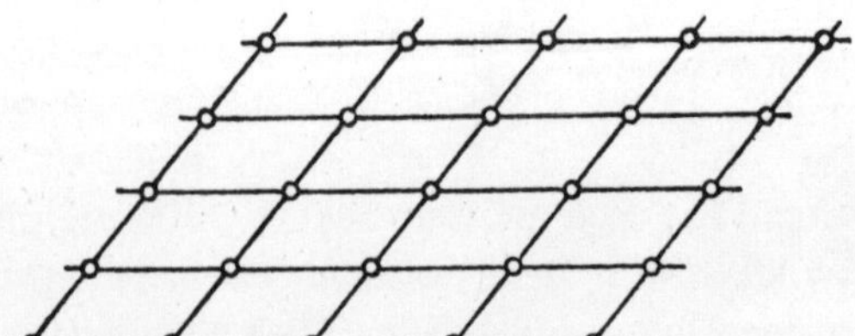

Abb. 7,20 Ebenes Gitter der Symmetrie C_2
Ein Parallelogramm möge ABCD heißen, und zwar soll A links unten stehen, B rechts unten und C links oben

Es kommt nun wie bei allen Symmetriebetrachtungen darauf an, welche Operationen das Gitter in sich überführen, also das unbegrenzt gedachte Gitter unverändert lassen. Das Gitter der Abb. 20 kommt z. B. mit sich selbst zur Deckung, wenn wir es um die Strecke AB nach rechts schieben. Wir können es aber natürlich auch um 2 · AB, 3 · AB ... nach rechts schieben. Ebenso können wir es in Richtung AC um 1 · AC, 2 · AC, 3 · AC ... verschieben oder auch in Richtung AD. Es genügt jedoch, die Schiebungen AB und AC zu betrachten, denn AD kann man nach dem Satz vom Parallelogramm der Kräfte aus AB und AC zusammensetzen.

Außer diesen Schiebungen (Translationen) gibt es noch eine andere Operation, die das Gitter in sich überführt. Wir können das Gitter um eine Achse, die auf der Gitterebene in einem Gitterpunkte senkrecht steht, um 180° drehen. Das Gitter 20 hat also die Symmetrie C_2, und

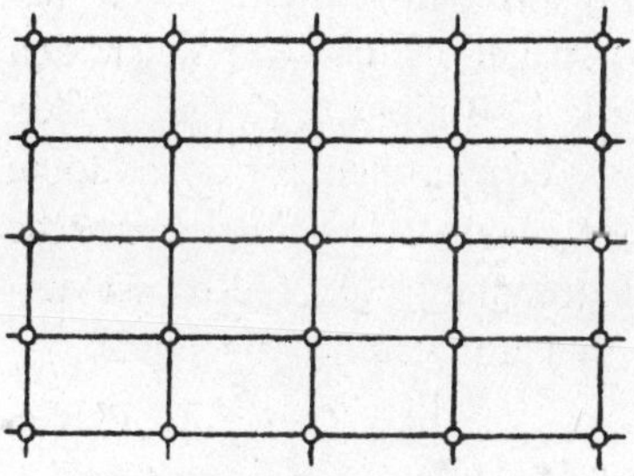

Abb. 7,21 Ebenes Gitter der Symmetrie C_{2v}

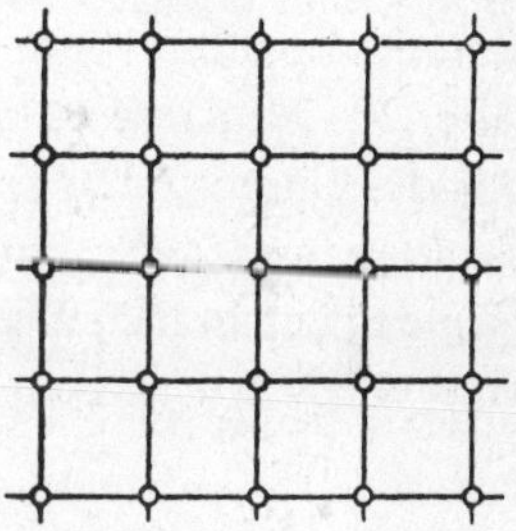

Abb. 7,22 Ebenes Gitter der Symmetrie C_{4v}

entsprechend haben die Gitter 21, 22, 23 die Symmetrien C_{2v}, C_{4v}, C_{6v}. Ob diese Symmetrien erhalten bleiben, wenn in den Gitterpunkten Atome sitzen, hängt von der Symmetrie dieser Atome ab. Jedenfalls sind die Gitter als solche mit den Symmetrien verträglich. Es gibt aber kein Gitter, das mit der Symmetrie C_5 verträglich ist. Um das

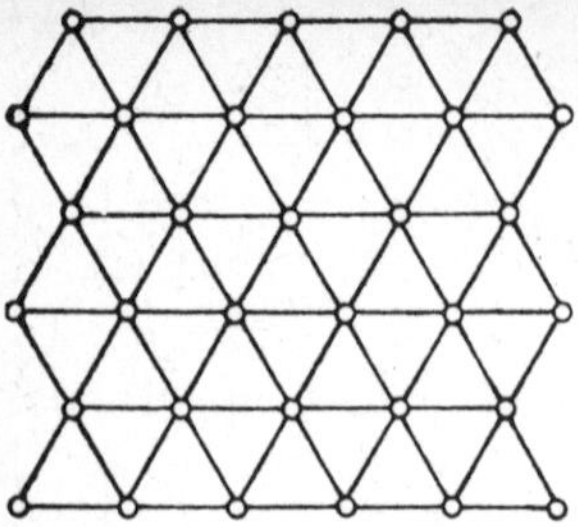

Abb. 7,23 Ebenes Gitter der Symmetrie C_{6v}

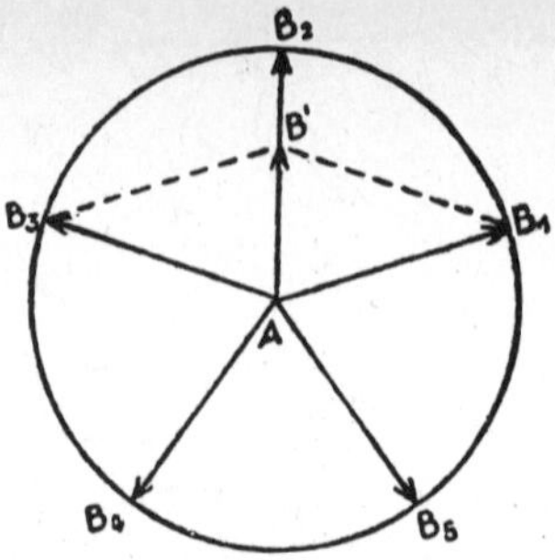

Abb. 7,24 Zum Beweis, daß kein Gitter mit der Symmetrie C_5 *verträglich ist*

zu beweisen, nehmen wir an, in Abb. 24 sei A ein Gitterpunkt mit einer fünfzähligen Symmetrieachse, und B_1 der Gitterpunkt, der A am nächsten liegt. Dann geht das Gitter also nicht bloß durch die Verschiebung AB_1 in sich über, sondern weil in A eine fünfzählige Achse liegen soll, auch durch die Schiebungen AB_2, AB_3, AB_4 und AB_5. Die Schiebungen AB_1 und AB_3 kann man aber nach dem Satz vom Parallelogramm der Kräfte zur Schiebung AB′ zusammensetzen. Es müßte also auch B′ ein Gitterpunkt sein, und das steht im Widerspruch zu der Annahme, daß B_1 der Gitterpunkt ist, der A am nächsten liegt. Es sind also keine Gitter und demnach auch keine Kristalle mit fünfzähliger Symmetrie möglich.

Makroskopisch hatte man bei den Kristallen 32 Symmetriearten (Kristallklassen) beobachtet, wobei die völlige Unsymmetrie immer mitgezählt wird. Es war keine leichte Aufgabe, nun zu untersuchen, wieviel innere (submikroskopische) Symmetrien diesen 32 Klassen entsprechen. Der deutsche Mathematiker *A. Schönfließ* und der Russe *E. von Fedorow* fanden um 1890, daß es 230 derartige Symmetrien mit periodischer Wiederholung in drei verschiedenen Richtungen (Raumgruppen) gibt. Als daher *M. von Laue* 1912 zeigte, wie man mit Hilfe der Röntgenstrahlen den inneren Bau der Kristalle untersuchen kann

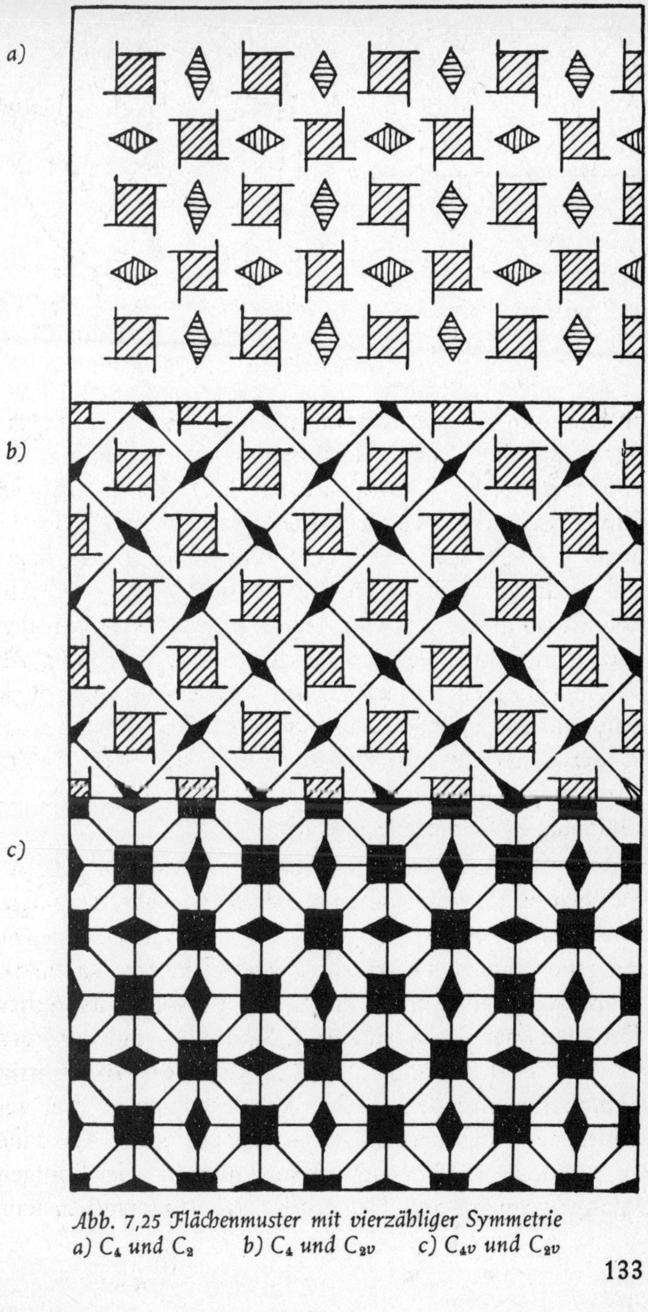

Abb. 7,25 Flächenmuster mit vierzähliger Symmetrie
a) C_4 und C_2 *b)* C_4 und C_{2v} *c)* C_{4v} und C_{2v}

(Kristallstrukturanalyse), lag das mathematische Rüstzeug dazu schon bereit.

Wir wollen auf die Raumgruppen jedoch hier nicht eingehen, sondern zum Schluß noch einmal zu den ebenen Gruppen zurückkehren und einige Beispiele (sozusagen Tapetenmuster) betrachten. In Abb. 25a sind nur 4- und 2zählige Symmetrieachsen vorhanden, in Abb. 25b sind die 2zähligen Achsen durch Symmetrieebenen verbunden und in Abb. 25c sind auch noch die 4zähligen Achsen

Abb. 7,26 Flächenmuster mit den Symmetrien C_{6v}, C_{3v} und C_{2v}

durch Symmetrieebenen verbunden. In Abb. 26 haben wir 6-, 3- und 2zählige Symmetrieachsen, die durch Symmetrieebenen miteinander verbunden sind. Die kristallographischen Symbole für diese Achsen bilden dabei eine Art Blumenmuster. Die Abb. 27, 28 und 29 zeigen schließlich Parkettmuster, die aus regelmäßigen 3-, 4- und 6-Ecken zusammengesetzt sind. In Abb. 27 haben die Mitten der Quadratzwillinge die Symmetrie C_2 und ebenso die Mitten der Dreiecksvierlinge. In Abb. 28 haben die Mitten der punktierten Quadrate die Symmetrie C_4 und die Mittelpunkte der schraffierten Quadratzwillinge die Sym-

Abb. 7,27 Parkett mit der Symmetrie C_2

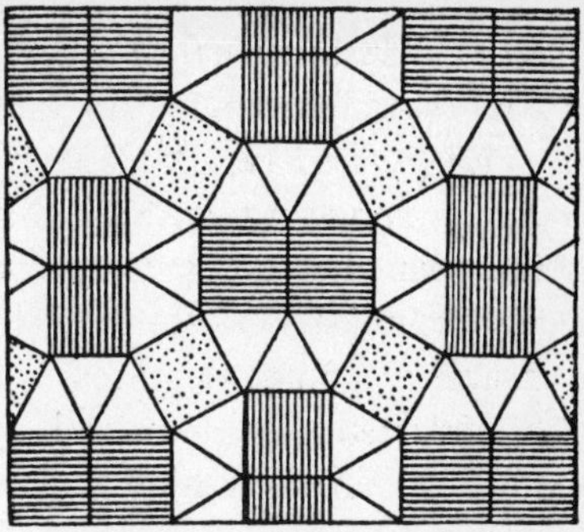

Abb. 7,28 Parkett mit den Symmetrien C_4 und C_{2v}

metrie C_{2v}. In Abbildung 29 haben die Mittelpunkte der punktierten Sechsecke die Symmetrie C_{6v}, die der schraffierten Sechsecke jedoch nur die Symmetrie C_{3v} und die Mittelpunkte der Quadratdrillinge die Symmetrie C_{2v}.

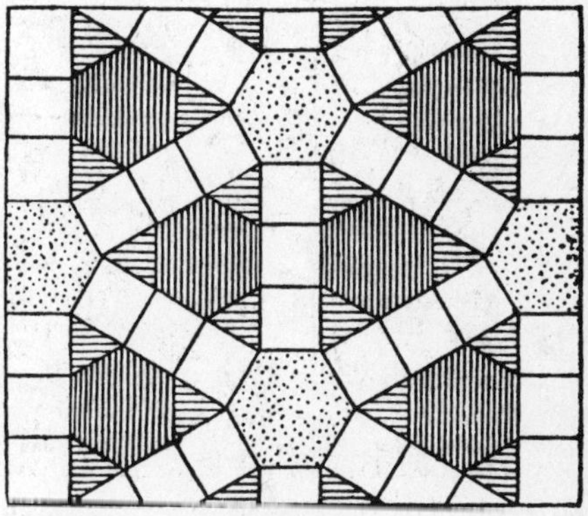

Abb. 7,29 Parkett mit den Symmetrien C_{6v}, C_{3v} und C_{2v}

Wir sagten am Schluß des 3. Kapitels, daß wir die Gruppentheorie an Hand von geometrischen Betrachtungen fortsetzen wollten. Ihre eigentliche Bedeutung tritt erst bei den Gleichungen 4. Grades hervor, die 4 Lösungen besitzen. Es handelt sich dann also um die Permutation von 4 Elementen. Um diese ebenso anschaulich zu deuten, wie wir das im 3. Kapitel bei drei Elementen an Hand des gleichseitigen Dreiecks getan haben, müssen wir von der Ebene in den Raum übergehen, nämlich vom Dreieck zum Tetraeder. Um die Anschaulichkeit zu unterstützen, ist in Abb. 30 das Tetraeder in einen Würfel eingezeichnet. Denke ich mir den Mittelpunkt G_1 der Kante CD mit dem Mittelpunkt G_2 der Kante AB verbunden, so ist diese Verbindungslinie G_1G_2 parallel zu den senkrechten Würfelkanten. Dreht man das Tetraeder um G_1G_2 um 180°, so kommt es mit sich selbst zur Deckung. Die Achse G_1 G_2,

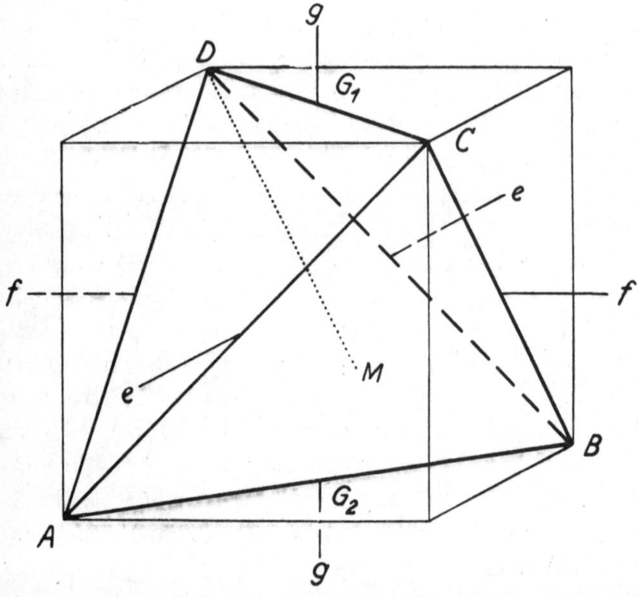

Abb. 7,30

die in Abb. 30 durch zwei kurze Striche oben und unten angedeutet ist, stellt also eine zweizählige Symmetrieachse dar. Das Tetraeder besitzt drei derartige Achsen, wir wollen sie e, f und g nennen. Diese Drehungen um 180° bilden zusammen mit der Identität eine Gruppe, die Vierergruppe. Dreht man nämlich das Tetraeder erst um eine Achse, etwa e, und dann um eine andere, etwa f, so kommt es in die Lage, in die er direkt durch die Drehung um die Achse g gekommen wäre. Wird ferner der Mittelpunkt M des Dreiecks ABC mit der Ecke D verbunden, so ist MD eine dreizählige Symmetrieachse. Das Tetraeder kommt mit sich selbst zur Deckung, wenn man es um MD um 120° oder 240° dreht. Das Tetraeder besitzt 4 derartige Achsen, wir wollen sie a, b, c, d nennen und die zugehörigen Operationen a_1, a_2, b_1, b_2, c_1, c_2 d_1, d_2. Diese 8 Operationen bilden zusammen mit den 4 Operationen 1, e, f, g der Vierergruppe wieder eine Gruppe. Sie besteht also aus 12 Operationen, den möglichen Drehungen des Tetraeders, die in der Ausdrucksweise der Permutationsgruppe die geraden Operationen darstellen. Das Tetraeder besitzt aber noch 12 ungerade Symmetrieoperationen. 6 davon sind einfacher Natur, nämlich Symmetrieebenen, wie z. B. die Ebenen ABG_1 und CDG_2. Auf die restlichen 6 (Drehspiegelungen) wollen wir, da sie etwas weniger anschaulich sind, nicht eingehen. Die 24 Operationen bilden eine Gruppe, die identisch ist mit der Permutationsgruppe der 4 Wurzeln einer Gleichung 4. Grades, und merkwürdigerweise hängt die Tatsache, daß man eine Gleichung 4. Grades auflösen kann, indem man sie auf eine Gleichung 3. Grades zurückführt (in altfränkischer Ausdrucksweise nennt man sie die kubische Resolvente der biquadratischen Gleichung), damit zusammen, daß die Tetraedergruppe eine Untergruppe von nur 12 und diese eine Untergruppe von nur 4 Operationen besitzt. So niedrige Untergruppen sind in der zur Gleichung 5. Grades gehörigen Gruppe nicht enthalten, und damit hängt es zusammen, daß die Gleichungen 5. Grades nicht mehr auflösbar sind. (Die Permutationsgruppe von 5 Elementen ist vom 120. Grade, d. h. die 5 Lösungen einer Gleichung 5. Grades können auf 120 verschiedene Weisen angeordnet werden.)

8. Kapitel

Descartes, die analytische Geometrie und die 4. Dimension

René Descartes (oder *Des Cartes*, latinisiert: *Renatus Cartesius*) wurde 1596 in der Touraine geboren, in einer Jesuitenschule erzogen und dann von seinem Vater für den Kriegsdienst bestimmt. Dieser war damals noch ein Geschäft wie jedes andere. Man ging zu der Partei, welche die günstigsten Angebote machte. So nahm *Descartes* in holländischen, bayerischen und österreichischen Diensten an mancherlei Feldzügen des 30jährigen Krieges teil. Er lebte dann lange Zeit in Holland und starb 1650 in Stockholm, wohin ihn die Königin Christine von Schweden berufen hatte, erst 54 Jahre alt.

Descartes wurde durch sein 1637 erschienenes, „Geometrie" betiteltes Buch der Schöpfer der Analytischen Geometrie. Ihr Grundgedanke ist folgender: Um geometrische Figuren mit arithmetischen Rechnungen in Beziehung zu setzen, legt man nach Abb. 8,1 bis 8,3 eine waagerechte und eine senkrechte Achse zugrunde und setzt auf beiden eine Strecke als Einheit fest. Zu jedem Punkte gehören dann zwei Zahlen: erstens der Abstand des Punktes von der senkrechten Achse, den man allgemein mit dem Buchstaben x bezeichnet, und zweitens der Abstand von der waagerechten Achse, den man y nennt. Diese beiden Zahlen nennt man die Koordinaten. Die Punkte auf der waagerechten Achse haben die Koordinaten $x = 1$, $y = 0$; $x = 2$, $y = 0$; usw. Dazwischen lie-

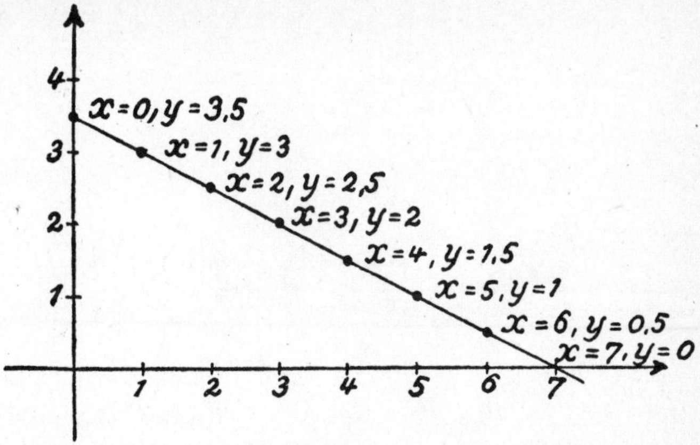

Abb. 8,1

gen natürlich die in Abb. 8,1 nicht eingezeichneten Punkte $x = 1/2$, $y = 0$; $x = 1/3$, $y = 0$; usw. Man sagt: die waagerechte Achse hat die Gleichung $y = 0$. Entsprechend hat die senkrechte Achse die Gleichung $x = 0$. Allgemein gehört zu jeder geraden Linie eine Gleichung ersten Grades. Die in Abb. 8,1 gezeichnete Gerade hat z. B. die Gleichung:

$$x + 2y = 7.$$

In Abb. 8,1 sind 8 Punkte eingezeichnet, deren Koordinaten diese Gleichung erfüllen. Darunter ist der Punkt $x = 0$; $y = 3{,}5$. $x = 0$ war, wie wir oben sahen, die Gleichung der senkrechten Achse. Der Punkt (0; 3,5) erfüllt also die Gleichungen zweier Geraden gleichzeitig. Das heißt aber, der Punkt ist der Schnittpunkt der beiden Geraden. Entsprechend ist der Punkt mit den Koordinaten $x = 7$; $y = 0$ der Schnittpunkt der Geraden ($x + 2y = 7$) mit der waagerechten Achse ($y = 0$). Allgemein entspricht der Aufsuchung des Schnittpunktes zweier Geraden die Berechnung von x und y aus zwei Gleichungen ersten Grades.

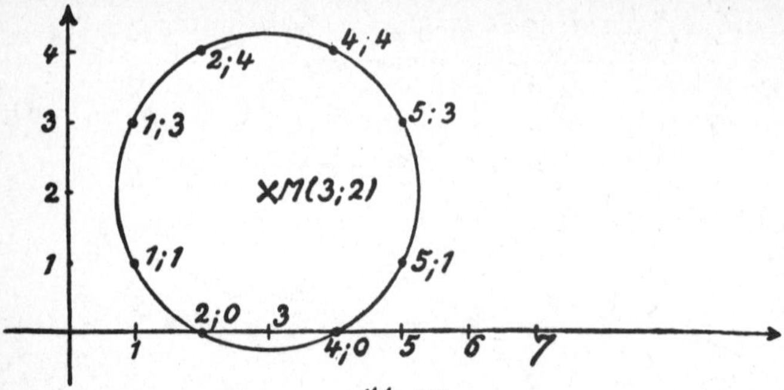

Abb. 8,2

Auf dem in Abb. 8,2 dargestellten Kreise liegen alle Punkte, deren Koordinaten die Gleichung

$$(x - 3)^2 + (y - 2)^2 = 5$$

befriedigen. Die mit ganzzahligen Koordinaten sind in Abb. 8,2 eingezeichnet. Setzen wir z. B. in die linke Seite der obigen Gleichung x = 2 und y = 4 ein, so erhalten wir:

$$(2 - 3)^2 + (4 - 2)^2 = (-1)^2 + 2^2 = 1 + 4,$$

was tatsächlich = 5 ist. Die beiden Punkte (2; 0) und (4; 0) erfüllen außer der Gleichung des Kreises auch noch die Gleichung y = 0. Sie sind also die Schnittpunkte des Kreises mit der waagerechten Achse. In Abb. 8,3 schließ-

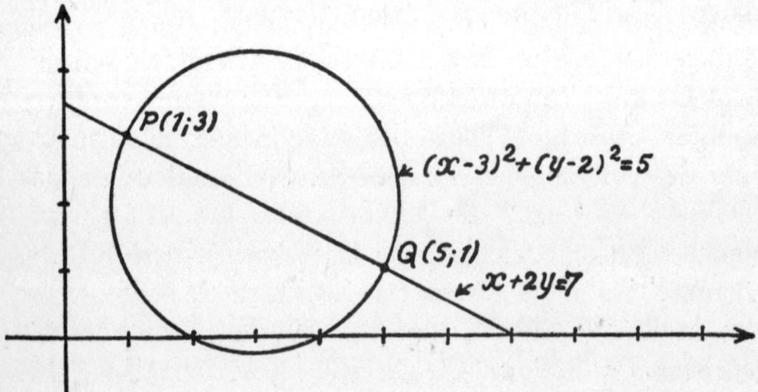

Abb. 8,3

lich sind die Gerade der Abb. 8,1 und der Kreis der Abb. 8,2 zusammengezeichnet. Ihre Schnittpunkte P (1; 3) und Q (5; 1) erfüllen die Gleichungen

$$x + 2y = 7$$

$$(x - 3)^2 + (y - 2)^2 = 5$$

gleichzeitig. Es ist nämlich einerseits:

$$1 + 2 \cdot 3 = 1 + 6$$

$$(1 - 3)^2 + (3 - 2)^2 = (-2)^2 + 1^2 = 4 + 1$$

und andererseits:

$$5 + 2 \cdot 1 = 5 + 2$$

$$(5 - 3)^2 + (1 - 2)^2 = 2^2 + (-1)^2 = 4 + 1.$$

Da die Geometrie der Griechen nur Lineal und Zirkel benutzte, konnte sie also nur gerade Linien und Kreise zeichnen und daher nur Probleme lösen, die analytisch auf Gleichungen 1. und 2. Grades zurückführbar sind; d. h. mit Zirkel und Lineal lassen sich nur Quadratwurzeln finden, keine höheren Wurzeln und keine transzendenten Zahlen. Daher ist also die „Quadratur des Zirkels" im Sinne der griechischen Geometrie unausführbar.

Eine andere unlösbare Aufgabe ist die Verdoppelung des Würfels. Wie die Sage berichtet, wandten sich die Delier, von zahlreichen Unglücksfällen betroffen, an das Orakel von Delphi. Dieses befahl ihnen, einen würfelförmigen Altar, der auf der Insel Delos stand, zu verdoppeln. Da sie nicht wußten, wie sie das anstellen sollten, wandten sie sich an Plato, der seine Schüler mit der Lösung der Aufgabe beauftragte. Seitdem beschäftigte das „Delische Problem" die Mathematiker zweier Jahrtausende, bis man schließlich die Unlösbarkeit der Aufgabe erkannte. Ist x die Kante des gesuchten Würfels, so ist also der Rauminhalt des gesuchten Würfels x^3 und der des gegebenen Würfels a^3. Da der Würfel verdoppelt werden soll, muß also sein:

$$x^3 = 2 \cdot a^3$$

oder:

$$x = a\sqrt[3]{2}$$

Die Aufgabe führt also auf eine dritte Wurzel, ist also mit Zirkel und Lineal unlösbar.

Das dritte Problem, mit dem die Mathematiker seit dem Altertum gerungen haben, bis schließlich die Unlösbarkeit erkannt wurde, ist die Dreiteilung (Trisektion) des Winkels. Auch sie führt auf eine Gleichung 3. Grades, die nur in Sonderfällen (z. B. für den Winkel 90°) durch Quadratwurzeln lösbar ist. Die Aufgabe hängt zusammen mit der Konstruktion regelmäßiger Vielecke, von der wir schon im 4. Kapitel gesprochen haben und auf die wir im 14. Kapitel zurückkommen werden. Es macht den griechischen Geometern alle Ehre, daß die drei Aufgaben, deren Lösung ihnen nicht glücken wollte, tatsächlich unlösbar sind.

Die wissenschaftlichen Werke waren zur Zeit *Descartes* in einer ähnlichen Weise abgefaßt wie heute die Werbeschriften der Industrie. Man will seine Verfahren und seine Erzeugnisse nach Möglichkeit anpreisen und will doch andererseits möglichst wenig von seinen Fabrikationsgeheimnissen preisgeben. *Descartes* sagt dazu folgendes: „Ich habe nichts ausgelassen. Höchstens geschah dies absichtlich. Ich hatte nämlich vorausgesehen, daß gewisse Leute, die sich rühmen, alles zu wissen, unfehlbar erklären würden, es wäre von mir nichts geschrieben worden, was sie nicht vorher gewußt hätten. Das wäre sicher geschehen, hätte ich mich ihnen verständlich genug gemacht."

Über die Verknüpfung von Geometrie und Arithmetik sagt *Descartes* in seinem Buche folgendes: „Alle Probleme der Geometrie können leicht auf einen solchen Ausdruck gebracht werden, daß es nachher nur der Kenntnis gewisser gerader Linien bedarf, um diese Probleme zu konstruieren." Unter Linien versteht er dabei das, was wir heute Strecken nennen. „Und gleich wie sich die gesamte Arithmetik nur aus 4 oder 5 Operationen zusammensetzt, nämlich aus den Operationen der Addition, der Subtraktion, der Multiplikation, der Division und des Ausziehens von Wurzeln, das ja auch als eine Art von Division angesehen werden kann: so hat man auch in der Geometrie, um die gesuchten Linien umzuformen, daß sie auf Bekanntes führen, nichts anderes zu tun, als andere Linien ihnen hinzuzufügen oder von ihnen abzuziehen; oder aber, wenn eine solche gegeben ist, die ich, um sie mit den Zahlen in nähere Beziehung zu bringen, die Einheit nennen werde, und die gewöhnlich ganz nach Belieben angenommen werden kann, und man noch zwei andere hat, eine vierte Linie zu finden, die sich zu einer dieser beiden verhält wie die andere zur Einheit, was dasselbe ist wie die Multiplikation." Zur Erläuterung wollen wir die „zwei anderen" mit a und b bezeichnen und die „vierte Linie" mit x, dann ist nach obigem: $x : b = a : 1$ oder: $x = a \cdot b$. Es ist also die „vierte Linie" tatsächlich das Produkt der „zwei anderen".

Damit war der grundlegende Gedanke der analytischen Geometrie entwickelt, daß man nämlich das Produkt $a \cdot b$ zweier Strecken nicht nur als den Flächeninhalt des aus a und b gebildeten Rechteckes auffassen kann, wie es *Euklid* getan hatte, sondern daß man es unter Zuhilfenahme einer festen Strecke als Einheitsstrecke wieder als Strecke deuten kann. Ebenso bedeutet a^2 in der analytischen Geometrie nicht den Flächeninhalt des Quadrates mit der Seite a, sondern a^2 ist wieder die Länge einer Strecke. *Descartes* schreibt, indem er immer wieder Linie statt Strecke sagt: „Hierbei ist zu bemerken, daß ich unter a^2 oder dergleichen gewöhnlich nur einfache Linien verstehe, und daß ich nur, um mich der in der Algebra gebrauchten Bezeichnungen zu bedienen, dieselben als Quadrate usw. benenne."

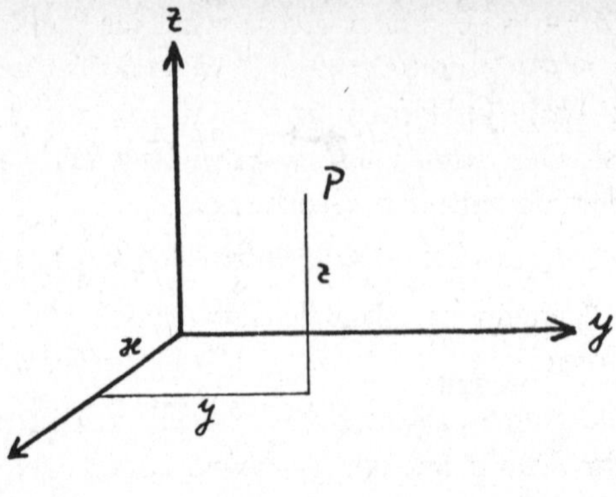

Abb. 8,4

Im Raume haben wir nach Abb. 4 drei Koordinaten x, y, z. Die in Abb. 5 eingezeichnete Ebene hat die Gleichung

(1) $$15\,x + 12\,y + 10\,z = 60$$

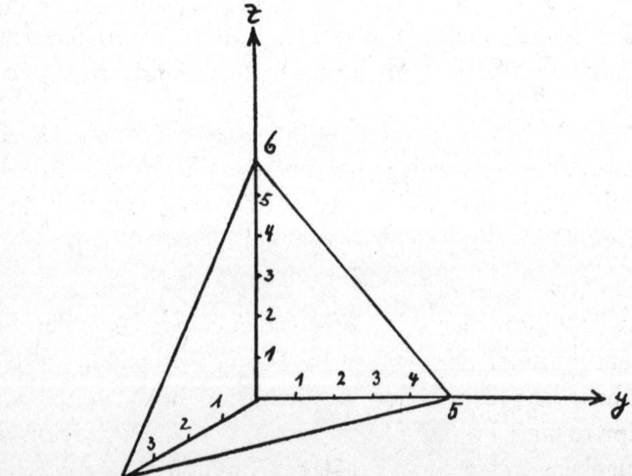

Abb. 8,5

Sie schneidet die x-Achse im Punkte x = 4, y = 0, z = 0, denn wenn man diese Werte in (1) einsetzt, erhält man

$15 \cdot 4 = 60$. Die y-Achse wird im Punkte $x = 0$, $y = 5$, $z = 0$ geschnitten, weil $12 \cdot 5 = 60$ ist, und schließlich die z-Achse im Punkte $x = 0$, $y = 0$, $z = 6$, da $10 \cdot 6 = 60$ ist. Der Schnitt der xy-Ebene mit der Ebene (1) ist eine Gerade mit der Gleichung

$$15\,x + 12\,y = 60 \text{ oder } 5\,x + 4\,y = 20$$

Allgemein hat die Gleichung einer Ebene im Raume die Form

$$a\,x + b\,y + c\,z = d.$$

Ihr Schnitt mit der xy-Ebene ist die Gerade

$$a\,x + b\,y = d$$

ihr Schnitt mit der yz-Ebene die Gerade

$$b\,y + c\,z = d$$

und schließlich ihr Schnitt mit der xz-Ebene die Gerade

$$a\,x + c\,z = d.$$

Eine Kugel, deren Mittelpunkt der Koordinatenanfangspunkt und deren Radius r ist, hat die Gleichung

$$x^2 + y^2 + z^2 = r^2. \tag{2}$$

Jede Ebene schneidet, wenn sie überhaupt die Kugel trifft, dieselbe in einem Kreise, die xy-Ebene z. B. in dem Kreise

$$x^2 + y^2 = r^2.$$

Es liegt nun nichts im Wege, den Schritt von der Ebene zum Raume, den wir eben ausgeführt haben, also den Schritt von der 2. zur 3. Dimension noch einmal auszuführen und f o r m a l von der 3. zur 4. Dimension überzugehen, indem man zu den 3 Raumkoordinaten x, y, z noch eine 4. Koordinate, die wir t nennen wollen, hinzufügen. Von der Gleichung der Geraden

$$a\,x + b\,y = c$$

kommen wir dann über die Gleichung der Ebene

$$a x + b y + c z = d$$

zu der Gleichung eines Gebildes, das im 4-dimensionalen Raume der Ebene entspricht,

$$a x + b y + c z + d t = e \tag{3}$$

und entsprechend von der Gleichung des Kreises

$$x^2 + y^2 = r^2$$

über die Gleichung der Kugel

$$x^2 + y^2 + z^2 = r^2$$

zu der Gleichung eines der Kugel entsprechenden 4-dimensionalen Gebildes

$$x^2 + y^2 + z^2 + t^2 = r^2. \tag{4}$$

Oben sprachen wir vom Schnitt der Kugel mit einer Ebene. Hier können wir vom Schnitt des Gebildes (4) mit einem R a u m e sprechen. Der xyz-Raum hat z. B. die Gleichung $t = 0$, und folglich ist sein Schnitt mit (4) die Kugel

$$x^2 + y^2 + z^2 = r^2.$$

während z. B. der yzt-Raum die „vierdimensionale Kugel" (4) in der dreidimensionalen Kugel

$$y^2 + z^2 + t^2 = r^2$$

schneidet.

Die vierdimensionale Geometrie wurde in weiteren Kreisen bekannt, als *Minkowski* die Relativitätstheorie in 4 Dimensionen darstellte, und zwar war dabei die neue Dimension, die zu den 3 alten hinzutrat, die Zeit. Deshalb haben wir oben zu x, y und z als 4. Buchstaben t hinzugefügt (lat. tempus-Zeit). (*Minkowski* war *Einsteins* Lehrer in Zürich gewesen und, als er nun die Relativitätstheorie aufgriff und weiterführte, wurde aus dem Lehrer sozusagen der erste „Schüler", wenn man unter einem Schüler den versteht, der die Lehren des „Meisters" weiterführt.)

Unser Vorstellungsvermögen ist nur dreidimensional. Man kann sich Verhältnisse in einem vierdimensionalen Raume nur dadurch klarmachen, daß man, wie wir das oben getan haben, den Übergang von der 3. zur 4. Dimension mit dem von der 2. zur 3. Dimension vergleicht. Wir denken uns Schattenwesen, die in einer Ebene leben. In Abb. 6 soll diese Ebene auf der Zeichenebene senkrecht stehen, so daß sie als Gerade erscheint. Dann nehmen wir eine Kugel an, die in Abb. 6

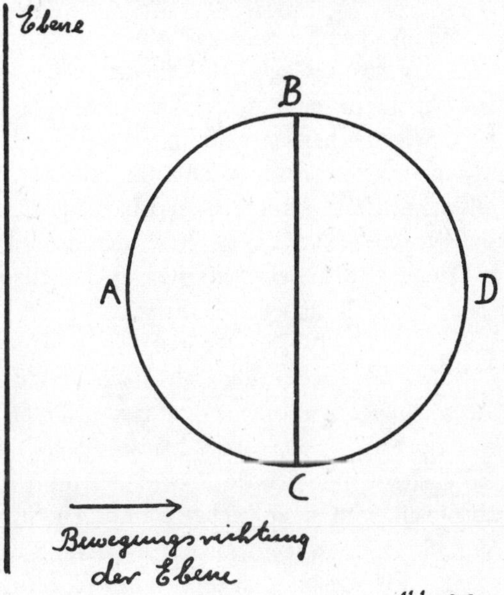

Abb. 8,6

als Kreis erscheint. Die Kugel liegt außerhalb der Ebene, und unsere Schattenwesen wissen daher nichts von dieser Kugel, da sie nicht zu ihrer „Welt" gehört. Jetzt denken wir uns aber, die Ebene bewege sich nach rechts und schneide die Kugel, die damit in die Welt der Schattenwesen eintritt. Zuerst tritt im Schattenreiche der Punkt A auf. Aus ihm entsteht ein Kreis, dessen Durchmesser allmählich größer wird bis zu einem maximalen Betrage BC. Dann wird er wieder kleiner, schrumpft schließlich zu einem Punkte D zusammen, der dann wieder verschwindet, und damit ist die Erscheinung für unsere Schattenwesen zu Ende. Was wir dreidimensionalen Wesen als Nebeneinander im Raum mit einem Blick übersehen, das müssen die Schattenwesen als ein Nacheinander in der Zeit erleben. Entsprechend würde alles, was wir Menschen im Laufe der Zeit in drei Dimensionen erleben, ein vierdimensionaler Geist augenblicklich übersehen.

Es hat nun Menschen gegeben (sie sollen sogar noch nicht ganz ausgestorben sein), die in der vierten Dimension mehr sehen als eine mathematische Angelegenheit. Sogar Naturwissenschaftler sind unter ihnen zu finden, wie der Leipziger Physiker und Astronom *Zöllner* (1834 bis 1882), der in der Physik nicht ohne Verdienste ist. Um die Mitte der 70er Jahre hielt der amerikanische Spiritist Slade, ein äußerst geschickter Taschenspieler, seine berühmten „Sitzungen" ab. Er gab sich als Medium aus, das in direktem Verkehr mit Geistern stünde, und seine Vorführungen bestanden darin, Gegenstände verschwinden und wieder auftauchen zu lassen. *Zöllner* stellte zur Erklärung eine Theorie auf: Das wirkliche physikalische Geschehen soll sich in einem vierdimensionalen Raum abspielen, von dem wir gewöhnlichen Sterblichen jedoch nur einen dreidimensionalen Ausschnitt wahrnehmen können. Ein besonders veranlagtes Wesen jedoch, wie der besagte Slade, kann beliebige Gegenstände aus dem dreidimensionalen Ausschnitt entfernen. Sie werden für uns, die wir keine Medien sind, dann unsichtbar. Bringt das Medium die Gegenstände aber aus der vierten Dimension in die dritte zurück, so erscheinen sie uns plötzlich wieder. Viel einfacher als durch diese gelehrte Theorie erklären sich aber die Erfolge dadurch, daß es eben ein – Schwindler war.

Der Mathematiker *Felix Klein*, der damals ebenfalls in Leipzig lehrte, hatte eine interessante Eigentümlichkeit der vierten Dimension gefunden. Die Eigenschaft, daß sich ein Knoten, der sich in einer geschlossenen Schnur befindet, allein durch Verzerrung der Schnur nicht auflösen läßt, beschränkt sich auf den Raum von drei Dimensionen. Im vierdimensionalen Raum gilt diese Eigenschaft nicht. Nehmen wir also eine Schnur, knüpfen in sie einen Knoten, bringen die Enden der Schnur zusammen und versehen sie mit einem Siegel, so ist es unmöglich, den Knoten zu lösen, ohne das Siegel zu verletzten oder die Schnur an einer Stelle zu durchschneiden. Könnten wir sie aber aus unserem dreidimensionalen Raum in einen vierdimensionalen heben, so ließe sich dort der Knoten durch bloße Verzerrung lösen, und was vom Lösen der Knoten gilt, das gilt gleicherweise auch vom Schürzen. Dieses Ergebnis erzählte *Klein* unglücklicherweise *Zöllner*, der nun das Mittel gefunden zu haben glaubte, die vierte Dimension der Spiritisten experimentell zu beweisen. Er trug Slade sein Anliegen vor, und dieser antwortete mit seinem stereotypen „we shall try it" (Wir werden es versuchen). Tatsächlich führte er dann das Experiment zu Zöllners Zufriedenheit durch, und damit war für diesen die Geisterwelt eine wissenschaftlich bewiesene Tatsache. In seinen „Wissenschaftlichen Abhandlungen" berichtet *Zöllner* darüber wörtlich:

„Dieser Versuch ist mir nun mit Hilfe des amerikanischen Mediums Mr. Henry Slade zu Leipzig am 17. Dezember 1877, Vormittags 11 Uhr, innerhalb einer Zeit von wenigen Minuten gelungen. Die nach der Natur gezeichnete Abbildung des mehr als 1 Millimeter starken und festen Bindfadens mit den 4 Knoten sowie die Haltung meiner Hände, mit denen die linke Hand des Herrn Slade und noch eines anderen Herrn vereint auf dem Tisch lagen, ist auf Tafel IV dargestellt. Während das Siegel stets vor unser aller Augen offen auf dem Tisch lag und der dort befindliche Teil des Fadens, wie die Figur zeigt, von den Daumen meiner beiden Hände fest gegen die Oberfläche der Tischplatte gedrückt wurde, hing der übrige Teil des Bindfadens auf meinen Schoß herab. Während ich die Schürzung nur eines Knotens gewünscht hatte, waren nach wenigen Minuten die auf Tafel IV naturgetreu abgebildeten vier Knoten in dem Bindfaden."

Zöllner wollte aber noch unwiderleglichere Beweise für Slades Verkehr mit der vierten Dimension haben. Er schreibt darüber in den genannten Abhandlungen: „Um die auf menschlichem Zeugnis beruhenden Tatsachen uns unerklärlicher Erscheinungen womöglich gänzlich auszuschließen, war ich darauf bedacht, solche Experimente zu ersinnen, bei denen die als Endresultat hervortretende bleibende Wirkung, nach unserer bisherigen Auffassung der Naturgesetze, vollkommen unerklärlich ist. Zu diesem Zweck hatte ich folgende Versuche vorbereitet.

Zwei Holzringe, der eine von Eichen-, der andere von Erlenholz, waren jeder aus einem Stück gedrechselt. Der äußere Durchmesser der Ringe betrug zirka 105 Millimeter, der innere zirka 74 Millimeter. Wenn diese beiden Ringe, ohne daß ihr Zusammenhang gelöst wird, ineinandergekettet werden könnten, so würde man sich nachträglich durch genaue mikroskopische Untersuchung von dem unverletzten Zusammenhang der Holzfasern überzeugen können. Da außerdem zwei verschiedene Holzarten gewählt wurden, so ist die Möglichkeit, beide Ringe aus ein und demselben Stück Holz zu schneiden, gleichfalls ausgeschlossen. Zwei solche ineinandergekettete Ringe würden demnach für sich ein Wunder darstellen, d. h. eine Erscheinung, die wir auf Grund unserer bisherigen Vorstellungen vom Zustandekommen physikalischer oder organischer Prozesse absolut unfähig wären, zu erklären....

Am 9. Mai d. J., 7 Uhr abends, befand ich mich allein mit Slade in unserem gewöhnlichen Sitzungszimmer. Der Himmel hatte sich im Laufe des Nachmittags unter dem Einfluß eines frischen Windes zu einer seltenen Klarheit aufgehellt, so daß das nach Westen gelegene Zimmer von den Strahlen der untergehenden Sonne hell erleuchtet war. Die beiden Holzringe ... waren an einer zirka 1 Millimeter dicken und 1,05 Meter langen Darmsaite aufgereiht; letztere war mit ihren beiden Enden von mir durch einen Doppelknoten zusammengeknüpft und alsdann in der früheren bei den Bindfäden angegebenen Weise mit Petschaft eigenhändig versiegelt worden. ...

Nachdem ich in der gewöhnlichen Weise mit Herrn Slade an dem Tisch Platz genommen hatte, legte ich beide Hände fest auf den oberen Teil der versiegelten Darmsaite. Nachdem einige Minuten verstrichen waren und Slade wie gewöhnlich während physikalischer Manifestationen Lichter zu sehen behauptete, verbreitete sich ein schwacher Brandgeruch im Zimmer, der unter dem Tisch hervorzudringen schien und etwas an den Geruch von schwefliger Säure erinnerte. Kurz darauf hörte man an dem kleinen runden Tisch mir gegenüber vorübergehend ein Klappern, wie von zwei aneinander stoßenden Hölzern.

Als ich fragte, ob wir die Sitzung schließen sollten und das Werk vollendet sei, wiederholte sich das Klappern dreimal hintereinander. Unmittelbar hierauf erhoben wir uns, um zunächst die Ursache des Klapperns an dem runden Tisch zu erforschen. Zu unserem größten Erstaunen befanden sich die beiden Holzringe, welche ungefähr 6 Minuten vorher noch an der Darmsaite aufgereiht waren, unversehrt um den Fuß des kleinen Tisches. ..."

Die beiden Holzringe wurden also von Slade bzw. seinen „Spirits" um das Bein (*Zöllner* sagt: um den Fuß) eines kleinen Tisches gelegt. Es war ein Ziertischchen, wie sie früher in den „guten Stuben" standen, bestehend aus einem kunstvoll gedrechselten Bein, das oben die runde Tischplatte und unten drei Füße besaß. Man konnte die Ringe nicht um das Bein schlingen, ohne die Tischplatte oder die Füße abzuschrauben. Das Ganze war also immerhin eine erstaunliche Leistung, zumal ja die beiden Holzringe vorher aus der Darmsaite, deren Enden versiegelt waren, gelöst werden mußten, aber es war etwas ganz anderes, als beabsichtigt. Die beiden Holzringe wurden n i c h t ineinandergekettet, und es ist merkwürdig, daß Zöllner in seinem Bericht überhaupt gar nicht darauf Bezug nimmt, daß er mit den beiden Holzringen ja eigentlich etwas ganz anderes machen wollte.

Von anderer Seite wurden natürlich Zweifel an der Ehrlichkeit Slades laut, und der Streit für und wider versetzte *Zöllner* in immer größere Erregung. Das mag zu seinem frühen Ende beigetragen haben.

9. Kapitel

Die nichteuklidische Geometrie

Euklid beginnt das erste Buch seiner „Elemente" mit 23 Erklärungen (Definition), 6 Forderungen (Postulaten) und 9 Grundsätzen (Axiomen). Die ersten 5 Definitionen lauten:

1. Ein Punkt ist etwas, dessen Teil nichts ist.
2. Eine Linie ist Länge ohne Breite.
3. Eine Gerade ist eine Linie, die gleichmäßig zu ihren Punkten liegt.
4. Eine Fläche ist etwas, was nur Länge und Breite hat.
5. Eine Ebene ist eine Fläche, die gleichmäßig zu ihren Geraden liegt.

Wer sich noch nie mit Fragen der Axiomatik beschäftigt hat, dem werden diese Definitionen etwas sonderbar vorkommen – so sonderbar, wie dem Laien auch manche juristischen Definitionen erscheinen. Eine besonders schöne steht in den Entscheidungen des Reichsgerichts, im Band I (1880) auf Seite 252. Sie erklärt uns, was eine Eisenbahn ist:

„Ein Unternehmen, gerichtet auf wiederholte Fortbewegung von Personen oder Sachen über nicht ganz unbedeutende Raumstrecken auf metallener Grundlage, welche durch ihre Konsistenz, Konstruktion und Glätte den Transport großer Gewichtsmassen, bzw. die Erzielung einer verhältnismäßig bedeutenden Schnelligkeit der Transportbewegung zu ermöglichen bestimmt ist, und durch diese Eigenart in Verbindung mit den außerdem zur Erzeugung der Transportbewegung benutzten Naturkräften (Dampf, Elektrizität, tierischer oder menschlicher Muskelthätigkeit, bei geneigter Ebene der Bahn auch schon der eigenen Schwere der Transportgefäße und deren Ladung etc.) bei dem Betriebe des Unternehmens auf derselben eine verhältnismäßig gewaltige (je nach den Umständen nur in bezweckter Weise nützliche, oder auch Menschenleben vernichtende und die menschliche Gesundheit verletzende) Wirkung zu erzeugen fähig ist."

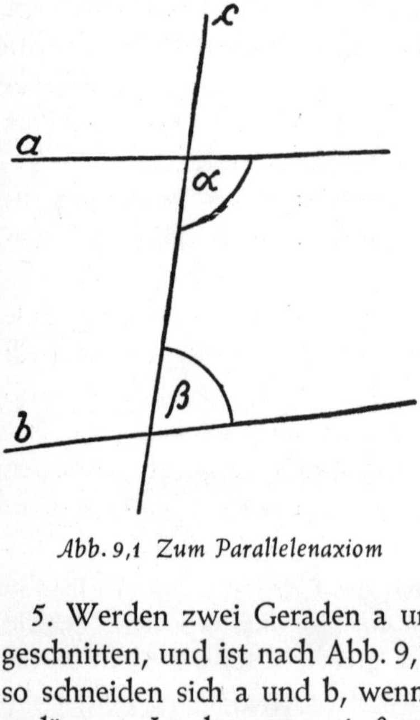

Abb. 9,1 Zum Parallelenaxiom

Die 6 Postulate des *Euklid* lauten:

1. Zwei Punkte lassen sich immer durch eine Gerade verbinden.

2. Jede Strecke kann nach beiden Seiten beliebig verlängert werden.

3. Um jeden Punkt kann man einen Kreis schlagen.

4. Alle rechten Winkel sind gleich groß.

5. Werden zwei Geraden a und b von einer dritten c geschnitten, und ist nach Abb. 9,1 $\alpha + \beta$ kleiner als 180°, so schneiden sich a und b, wenn man sie genügend weit verlängert. Ist dagegen $\alpha + \beta = 180°$, so schneiden sich a und b nicht, d. h. sie sind parallel.

6. Zwei Geraden können keinen endlichen Teil der Ebene begrenzen.

Die 3 ersten Axiome lauten:

1. Ist A = C und B = C, so ist auch: A = B.

2. Ist A = C und B = D, so ist auch:
A + B = C + D.

3. Ist A = C und B = D, so ist auch:
A — B = C — D.

Oder ohne die mathematische Symbolik ausgedrückt:

1. Sind zwei Größen einer dritten gleich, so sind sie untereinander gleich.
2. Gleiches zu Gleichem addiert gibt Gleiches.
3. Gleiches von Gleichem subtrahiert gibt Gleiches.

In manchen Euklidausgaben ist die Zählung der Postulate und Axiome eine andere, indem manche Postulate unter die Axiome gezählt werden, so daß das 5. Postulat als 11. Axiom erscheint. Tatsächlich besteht zwischen Postulaten und Axiomen auch kein grundsätzlicher Unterschied. Man bezeichnet sie daher heute einheitlich als Axiome und nennt z. B. das 5. Postulat das „Parallelenaxiom".

Mit diesen Definitionen und Axiomen hat es folgende Bewandtnis. Bei den alten Ägyptern war die Mathematik eine praktische Wissenschaft. Nach den Nilüberschwemmungen mußten ihre Ländereien immer wieder neu vermessen werden. In ihrer Geometrie waren die Erfahrungen niedergelegt, die sie bei der Vermessungsarbeit mit ihren Meßbändern gemacht hatten. Bei den Griechen löste sich jedoch die Geometrie immer mehr von ihrer ursprünglichen Aufgabe und Bedeutung (griech.: ge = Erde, metrein = messen) und wurde eine theoretische Wissenschaft, die Liebhaberei des freien Mannes. Daher suchte *Euklid* die Geometrie von ihrer materiellen Grundlage zu trennen, das Wort „materiell" hier in weiterem Sinne genommen, der auch die Lichtstrahlen mit umfaßt. Die Erfahrungen, die man in der Praxis mit Meßbändern und Lichtstrahlen gemacht hatte, sollten durch die Axiome ersetzt werden. Beim Aufbau der Mathematik berief er sich dann nicht mehr auf die Eigenschaften der materiellen Geraden, sondern auf seine Definitionen und Axiome.

Bei den Definitionen konnte dieses Verfahren nicht zum Erfolg führen. Wer keine Erfahrungen mit materiellen Geraden gemacht hat, wird nicht wissen, was eine Gerade ist, auch wenn ihm von *Euklid* gesagt wird, daß eine Gerade eine Linie ist, die gleichmäßig zu ihren Punkten liegt. Sonst ist *Euklid* die Trennung der Geraden und Ebenen von ihren materiellen Grundlagen aber so vollständig gelungen, daß seine „Elemente" bis auf den heutigen Tag das Muster eines wissenschaftlichen Systems geblieben sind. Erst dem deutschen Mathematiker *David Hilbert* gelang es, die Axiomatik noch etwas zu verfeinern. Er stellte 20 Axiome auf, die nun wirklich alles enthalten, was zum Ausbau der Geometrie notwendig ist. Die Geraden der reinen Geometrie haben jetzt überhaupt nichts mehr mit den materiellen Geraden, mit denen man Länder vermißt, zu tun, sondern haben weiter keine Eigenschaften als die, den Axiomen zu gehorchen. Sie ähneln in dieser Beziehung den Zahlen der Arithmetik. *Nesselmann* schreibt in seiner „Kritischen Geschichte der Algebra" (Berlin 1842): „Der Begriff der Zahl ist ein einfacher und dem Geiste ursprünglich gegebener; deshalb sind alle Versuche, denselben wissenschaftlich zu definieren, ebensowohl gescheitert, wie die Bemühungen, die *Euklid*ischen Grundsätze zu beweisen." Beim Rechnen kommt es nicht darauf an, was Zahlen s i n d , sondern es kommt nur darauf an, nach welchen Regeln mit den Zahlen g e r e c h n e t wird. Die Rechen m a s c h i n e n , von denen wir im 2. Kapitel sprachen, wissen sicher nicht, was eine Zahl i s t , aber sie sind so gebaut, daß bei ihrem Gebrauch die Rechen r e g e l n Beachtung finden. So kommt es in der reinen Geometrie auch nicht darauf an, was Punkte, Geraden und Ebenen s i n d , sondern nach welchen Regeln sie miteinander verbunden werden.

Die 20 Axiome *Hilberts* sind „hinreichend", d. h. es ist bewiesen, daß man aus ihnen die gesamte Geometrie aufbauen kann. Es ist aber nicht bewiesen, daß sie auch „notwendig" sind, d. h. vielleicht kommt man durch geschickte Wahl anderer Axiome mit einer geringeren Zahl als 20 aus. So hat man auch seit dem Altertum versucht, mit einer geringeren Zahl *Euklid*ischer Axiome auszukommen. Die mathematische Wissenschaft entwickelt sich in zwei entgegengesetzten Richtungen. Einmal schreitet man zu immer komplizierteren mathematischen Gebilden vorwärts, und in der anderen Richtung versucht man, die einfachsten Grundlagen, auf denen die Mathematik aufgebaut ist, noch etwas weiter zu vereinfachen, wobei das Wort „einfach" aber in logischem Sinne zu verstehen ist, nicht in dem Sinne von „leicht verständlich". Beim logischen Aufbau einer Wissenschaft sind vielmehr die einfachsten Sätze am schwersten zu verstehen.

Von den Postulaten *Euklids* erschien vor allem das 5. nicht so selbstverständlich wie die anderen, so daß man sich fragt, ob sich aus ihm nicht ein Lehrsatz machen läßt, d. h. ob sich das, was im 5. Postulat ausgesprochen wird, nicht beweisen läßt. Man hat rund 2000 Jahre vergeblich nach diesem Beweis gesucht. *Schopenhauer* schreibt dazu (Welt als Wille und Vorstellung, 2. Band, 13. Kapitel):

„Die *Eukleid*ische Demonstrirmethode hat aus ihrem eigenen Schooß ihre treffendeste Parodie und Karikatur geboren, an der berühmten Streitigkeit über die Theorie der Parallelen und den sich jedes Jahr wiederholenden Versuchen, das elfte Axiom zu beweisen. Dieses nämlich besagt, und zwar durch das mittelbare Merkmal einer schneidenden dritten Linie, daß zwei sich gegeneinander neigende (denn dies eben heißt, kleiner als zwei rechte seyn'), wenn genugsam verlängert, zusammentreffen müssen; welche Wahrheit nun zu komplicirt seyn soll, um für selbstevident zu gelten, daher sie eines Beweises bedarf, der nun aber nicht aufzubringen ist; eben weil es nichts

Unmittelbareres gibt. Mich erinnert dieser Gewissensskrupel an die Schillersche Rechtsfrage:

‚Jahre lang schon bedien' ich mich meiner Nase zum Riechen:
Hab' ich denn wirklich an sie auch ein erweisliches Recht?'

ja, mir scheint, daß die logische Methode sich hiedurch bis zur Niaiserie steigere. Aber gerade durch die Streitigkeiten darüber, nebst den vergeblichen Versuchen, das unmittelbar Gewisse als bloß mittelbar gewiß darzustellen, tritt die Selbstständigkeit und Klarheit der intuitiven Evidenz mit der Nutzlosigkeit und Schwierigkeit der logischen Überführung in einen Kontrast, der nicht weniger belehrend, als belustigend ist."

Die Mathematiker hat aber jedenfalls die Frage nach der Beweisbarkeit des Parallelenaxioms nicht ruhen lassen. Auch *Gauß*, von dem wir im 14. Kapitel noch ausführlich reden werden, hat sich eingehend mit dem Problem beschäftigt, ebenso wie sein Studienfreund, der Ungar *Wolfgang Bolyai*. An ihn schrieb *Gauß* am 16. Dezember 1799:

„Es thut mir sehr leid, daß ich unsere ehemalige größere Nähe nicht benutzt habe, um mehr von Deinen Arbeiten über die ersten Gründe der Geometrie zu erfahren; ich würde mir gewiß dadurch manche vergebliche Mühe erspart haben und ruhiger geworden sein, als jemand wie ich es sein kann solange bei einem solchen Gegenstande noch so viel zu desideriren ist. Ich selbst bin in meinen Arbeiten darüber weit vorgerückt; allein der Weg, den ich eingeschlagen habe, führt nicht so wohl zu dem Ziele das man wünscht und welches Du erreicht zu haben versicherst, als vielmehr dahin, die Wahrheit der Geometrie zweifelhaft zu machen.... Mach doch ja Deine Arbeit bald bekannt; gewiß wirst Du dafür den Dank nicht zwar des großen Publikums (worunter auch mancher gehört der für einen geschickten Math. gehalten wird) einerndten, denn ich überzeuge mich immer mehr, daß die Zahl wahrer Geometer äußerst gering ist und die meisten die Schwierigkeiten bei solchen Arbeiten weder beurtheilen noch selbst einmal sie verstehen können – aber gewiß den Dank aller derer, deren Urtheil Dir allein wirklich schätzbar sein kann."

Aber der Beweis des Parallelenaxioms, den *W. Bolyai* gefunden zu haben glaubte, war falsch. Wenn sich ein Satz nicht direkt beweisen läßt, sucht man nach einem indirekten Beweis. Indirekt wird z. B. bewiesen, daß es unendlich viele Primzahlen gibt (vgl. das 4. Kapitel). Man nahm also an, das Parallelenaxiom gelte nicht, und versuchte dann, zu einem Widerspruch zu gelangen. Es zeigte sich aber, daß die Ausschaltung des Parallelenaxioms n i c h t zu einem Widerspruch führt, daß man demnach eine Geometrie auch ohne das Parallelenaxiom aufbauen kann. D. h. man kann Geometrie auch ohne die Spielregel Nr. 5 spielen, oder mit anderen Worten: das 5. Postulat läßt sich nicht beweisen. Wie also die drei berühmten Aufgaben, welche die Griechen nicht lösen konnten, tatsächlich unlösbar sind (vgl. das 8. Kapitel), so ist auch der Satz, den die Griechen nicht beweisen konnten, tatsächlich unbeweisbar. Man erkennt daraus, was für tüchtige Geometer die Griechen waren.

Etwa von 1816 an wird es *Gauß* klar, daß eine widerspruchsfreie Geometrie, in der das Parallelenaxion nicht gilt, möglich ist. Wir bezeichnen eine solche Geometrie heute als nichteuklidische Geometrie. Am 25. August 1818 schreibt *Gauß* an *Gerling*:

„Ich freue mich, daß Sie den Mut haben, Sich so auszudrücken, als wenn Sie die Möglichkeit, daß unsere Parallelentheorie, mithin unsere ganze Geometrie, falsch wäre, anerkennten. Aber die Wespen, deren Nest Sie aufstören, werden Ihnen um den Kopf fliegen."

Und am 27. Januar 1829 an *Bessel*:

„Meine Überzeugung, daß wir die Geometrie nicht vollständig a priori begründen können, ist womöglich noch fester geworden. Inzwischen werde ich wohl noch lange nicht dazu kommen, meine sehr ausgedehnten Untersuchungen darüber zur öffentlichen Bekanntmachung auszuarbeiten, und vielleicht wird dieß auch bei meinen Lebzeiten nie geschehen, da ich das Geschrei der Böoter scheue, wenn ich meine Ansicht ganz aussprechen wollte."[1])

Gauß hat tatsächlich wie so vieles andere auch seine Arbeiten zum Parallelenaxiom nicht veröffentlicht – eine Eigentümlichkeit, von der wir im 14. Kapitel noch sprechen werden. Es ist nun eine merkwürdige Erscheinung, daß auch in der Mathematik manchmal etwas „in der Luft liegt". So wurden die Ergebnisse, die *Gauß* in seinem Schreibtisch verschlossen hielt, gleichzeitig von zwei anderen Männern gefunden, die nichts voneinander wußten, dem russischen Staatsrat *Lobatscheffsky* in Kasan, der seine Untersuchungen 1829 veröffentlichte, und dem ungarischen Offizier *Johann Bolyai*, dem Sohne von *Gauß'* Studienfreund. In einem Brief an den Vater spendete *Gauß* der Arbeit höchstes Lob und schrieb, daß er „überrascht war, gethan zu sehen, was er begonnen habe, um es unter seinen Papieren zu hinterlassen". Leider glaubte der junge *Bolyai* den wohlwollenden Worten des großen Meisters nicht. Es kränkte ihn, daß *Gauß* vor ihm und unabhängig von ihm die entscheidenden Gedanken besessen haben wollte. Ja, selbst die Arbeiten *Lobatscheffskys* hielt er für eine Finte, die ihm die Priorität streitig machen sollte. Einen ähnlichen unerfreulichen Streit werden wir im 12. Kapitel kennenlernen.

---

[1]) Die Bewohner der Landschaft Böotien galten bei den Athenern als bäurisch und rückständig, ähnlich wie früher die Hinterpommern bei manchen Berlinern.

Was unter einer nichteuklidischen Geometrie zu verstehen ist, kann man Laien am besten durch ein Gleichnis klarmachen, das auf den italienischen Mathematiker *Beltrami* zurückgeht. Wir stellen uns Schattenwesen vor, d. h. Wesen, die eine Dimension zu wenig haben, und denken uns, diese Wesen lebten auf einer Kugelfläche, aus der sie nicht heraus können. Sie sollen Augen besitzen, aber die Lichtstrahlen, die in diese Augen gelangen, sollen nicht geradlinig verlaufen, sondern ebenso wie die Schatten selbst immer auf der Kugelfläche bleiben und nicht aus ihr heraustreten können. Diese Annahme ist gar nicht so absurd, wie es auf den ersten Blick erscheint. Wir wissen ja, daß die langen elektrischen Wellen, mit denen man nach Übersee telegraphiert, sich der Erdkrümmung anschmiegen, also ebenfalls krummlinig verlaufen. Wir brauchen also bloß anzunehmen, die Augen unserer Schattenwesen wären nicht für die gleichen Wellenlängen empfindlich wie unsere Augen, sondern für die Wellen, die wir als lange elektrische Wellen bezeichnen. Was für uns die Geraden sind, sind für die *Beltrami*schen Schattenwesen die größten Kreise der Kugel, auf der sie leben. Nehmen wir an, es wäre ihnen nur ein kleiner Teil der Kugel zugänglich, sie lebten etwa auf einer Insel und sähen einen hellen Punkt im Norden (wenn wir der Anschaulichkeit wegen hier einmal diese Bezeichnungen von unserer Erde übernehmen), einen zweiten hellen Punkt aber im Süden, so wären sie nicht sicher, ob sie wirklich zwei Punkte sehen oder nicht vielmehr einen Punkt zweimal, indem dieser Punkt sein Licht einmal über den Nordpol und einmal über den Südpol zur Insel der Schatten sendet.

Neben dem Lichtstrahl ist das bekannteste Beispiel für eine gerade Linie wohl eine gespannte Schnur. Wenn unsere Schatten auf ihrer Kugel eine Schnur spannen, so erhalten sie auch wieder einen größten Kugelkreis. Die größten Kugelkreise ersetzen unseren Schattenwesen also in jeder Beziehung die geraden Linien. Für die größten Kugelkreise gilt das Parallelenaxiom aber nicht. Zwei Meridiane werden vom Äquator z. B. so geschnitten, daß die beiden Winkel (α und β der Abb. 9,1) je 90°, zusammen also 180° betragen, und trotzdem schneiden sich die Meridiane in den Polen, sind also nicht parallel.

Auf der Kugel gibt es keine ähnlichen Dreiecke. Wenn man in der Ebene alle Seiten eines Dreiecks verdoppelt, entsteht ein neues Dreieck, das dieselbe Gestalt hat wie das alte, d. h. die gleichen Winkel, und nur doppelt so groß ist. Wenn man aber in einem sphärischen Dreieck alle Seiten verdoppelt, werden auch die Winkel größer. Unsere Erde ist aber bekanntlich keine vollkommene Kugel, sondern abgeplattet. Lebten unsere Schattenwesen nun auf einer solchen abgeplatteten Kugel (Rotationsellipsoid), so gibt es in ihrer Geometrie auch keine kongruenten Dreiecke. Unter kongruenten Dreiecken versteht man Dreiecke, die sich so aufeinanderlegen lassen, daß sie sich decken. In der Ebene kann man nun ebene Dreiecke und auf der Kugelfläche kann man sphärische Dreiecke verschieben, ohne daß sie sich dabei verbiegen, und kann sie also zur Deckung bringen. Auf einer abgeplatteten Kugel ist das aber nicht möglich, da diese Kugelfläche in den verschiedenen geographischen Breiten verschiedene Krümmung hat, also kann man dort nicht von deckungsgleichen (kongruenten) Dreiecken reden.

Es ist nun die Frage, ob für uns nicht etwas Ähnliches gelten kann wie für die besagten Schatten. Vielleicht leben auch wir wie die Schattenwesen in einer gekrümmten Welt, allerdings in einem gekrümmten „Raume" statt in einer gekrümmten „Fläche". Genau so wie auf der kleinen Insel, welche die Schatten bewohnen sollten, die größten Kugelkreise nicht von geraden Linien zu unterscheiden sind, da ihre Krümmung sich erst auf größere

Entfernungen bemerkbar macht[1]), genau so ist das Sonnensystem, in dem wir leben, vielleicht nur zu klein, um die Krümmung des Raumes bemerkbar zu machen. Wenn es sich um Entfernungen bis zu den Spiralnebeln handelt, sind die Lichtstrahlen aber vielleicht nicht mehr geradlinig. Auch wir sind daher nicht ganz sicher, wenn wir in zwei entgegengesetzten Richtungen des Himmels zwei ferne Spiralnebel erblicken, ob wir nicht vielleicht denselben Nebel zweimal sehen .

Man wird dagegen einwenden, daß wir uns einen gekrümmten Raum nicht vorstellen können. Aber einen u n - e n d l i c h e n Raum können wir uns auch nicht vorstellen, wir haben uns nur daran gewöhnt, von ihm zu sprechen, o h n e daß wir eine Vorstellung damit verbinden. Auch *Schiller* muß in dem Gedicht „Die Größe der Welt" zum Schluß bekennen, daß in die Unendlichkeit des Raumes auch ihn der Flügelschlag seiner Phantasie nicht trägt:

Senke nieder,
Adlergedank', dein Gefieder!
Kühne Seglerin, Phantasie,
Wirf ein mutloses Anker hie!

---

[1]) Dreiecke wie das berühmte von *Gauß* vermessene Dreieck mit den 3 Ecken: Hohe Hagen bei Göttingen, Inselsberg, Brocken, können noch ohne weiteres als e b e n e Dreiecke behandelt werden, obgleich sie eigentlich K u g e l dreiecke sind.

10. Kapitel

Der mathematische und der physikalische Raum

Warum sagen wir von den Sternen, daß sie im R a u m schweben, aber von den Fischen, daß sie im W a s s e r schwimmen? Doch wohl deshalb, weil zwischen den Fischen Wasser ist, während zwischen den Sternen nichts ist als eben Zwischen r a u m. Wenn wir vom Raume sprechen, dann meinen wir irgendwelche Lagebeziehungen, die Körper oder mathematische Gebilde zueinander haben. *Leibniz* schrieb: „Der Raum ist die Ordnung des Koexistierenden oder die Ordnung der Existenz für alles, was zugleich ist", und führt als Beispiel für die Relativität des Raumbegriffes die Genealogie an. Im Stammbaum hat jede Person einen bestimmten Platz, aber dieser Platz hat keine absolute Bedeutung, sondern erhält seinen Sinn erst aus den Beziehungen zu den anderen Personen. Der Mathematiker denkt seit *Descartes* bei dem Worte Raum an drei Koordinatenachsen, auf die er die Lage von Körpern oder mathematischen Gebilden bezieht, wie z. B. in Abb. 8,4 die Lage des Punktes P und, wenn er sich alle Körper und geometrischen Gebilde, deren Lage auf das Koordinatensystem bezogen war, wegdenkt, bleibt das „Bezugssystem" zunächst übrig. Aber die Koordinatenachsen sind ja schließlich auch geometrische Gebilde. Denken wir uns auch sie weg, so bleibt gar nichts übrig, d. h. hat man alles, was sich im Raume befindet, weggenommen, so hat man den Raum mit weggenommen, denn wo nichts ist, da hat auch der Raum sein Recht verloren.

Newton war dagegen anderer Ansicht. Er schreibt: „Der absolute Raum bleibt vermöge seiner Natur und ohne Beziehung auf einen äußeren Gegenstand stets gleich und unbeweglich." Das heißt doch: Wenn wir uns alle Körper wegdenken, so bleibt doch etwas übrig, nämlich der Raum, in dem sich die Körper befanden. Diesen Gedanken, so zu tun, als ob etwas da wäre, wo in Wirklichkeit nichts ist, hat in grotesker Weise *Christian Morgenstern* weiter ausgesponnen in seinem Gedicht vom Lattenzaun:

Es war einmal ein Lattenzaun,
mit Zwischenraum, hindurchzuschaun.
Ein Architekt, der dieses sah,
stand eines Abends plötzlich da –
und nahm den Zwischenraum heraus
und baute draus ein großes Haus.
Der Zaun indessen stand ganz dumm,
mit Latten ohne was herum.
Ein Anblick gräßlich und gemein.
Drum zog ihn der Senat auch ein.

Der mathematische Raumbegriff entsteht dadurch, daß man die gegenseitigen Lagebeziehungen von Gegenständen betrachtet und von dem, was sich „mitten" zwischen den Gegenständen befindet, von dem „Medium" (lateinisch = in der Mitte befindlich) absieht. In der Physik dagegen interessiert gerade dieses Medium und daher ist der physikalische Raum von dem mathematischen verschieden. Bei *Newton* fallen beide allerdings zusammen, bei ihm ist auch der physikalische Raum l e e r. Die Gravitation wirkt als F e r n kraft durch den leeren Raum hindurch von der Sonne auf die Planeten und zwingt sie in ihre Bahnen, und die Lichtkorpuskeln fliegen durch den leeren Raum hindurch von der Sonne zur Erde. *Descartes* dagegen dachte sich den Raum mit einem physikalischen Medium erfüllt, dem Äther, der durch die Sonne in Wirbeln versetzt wird, die die Planeten mitreißen. *Voltaire* schilderte, als er von der Beerdigung *Newtons* zurückkam, den Gegensatz folgendermaßen: „Wenn ein Franzose in London ankommt, so findet er einen großen Unterschied. In Paris verließ er die Welt ganz voll von Materie, in London findet er sie völlig leer. In Paris sieht er das Universum von ätherischen Wirbeln erfüllt, während in London unsichtbare Kräfte ihr Spiel treiben." Auch bei *Huygens*, dem Begründer der Wellentheorie des Lichtes, durfte der Raum nicht leer sein, denn es mußte doch etwas da sein, was die Wellen schlägt. Der englische Philosoph *A. N. Whitehead* meint zwar, daß ein Prädikat nicht unbedingt ein Subjekt haben müsse, aber die meisten Physiker meinen wohl, daß zu dem Prädikat Wellenschlagen doch ein Subjekt gehört, und deswegen kann man wohl sagen, daß sich der mathematische und der physikalische Raum dadurch unterscheiden, daß der erstere leer ist, der letztere jedoch nicht. Der Äther, der den physikalischen Raum früher füllte, ist heute allerdings verschwunden. Als Träger des Lichtes wurde er durch das elektromagnetische Feld abgelöst und als Medium, das sozusagen die Kilometersteine für eine Geschwindigkeitsmessung im Weltenraume liefern sollte, wurde er durch die spezielle Relativitätstheorie widerlegt. Es fragt sich nun, ob es außer dem elektromagnetischen Felde noch einen anderen Nachfolger des alten Äthers gibt. Es hängt das mit der Frage zusammen, welche Geometrie im physikalischen Raume gültig ist.

Wir sahen im vorigen Kapitel, daß im mathematischen Raume verschiedene Geometrien möglich sind, zwischen denen durch logische Überlegungen keine Entscheidung getroffen werden kann, weil sie alle in sich widerspruchsfrei sind. Aber im physikalischen Raume müßte sich entscheiden lassen, welche Geometrie dort gilt. Betrachten

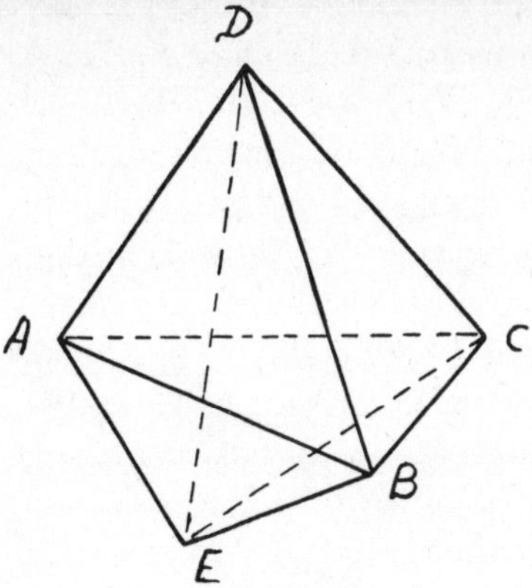

Abb.1 0,1

wir zu diesem Zweck die Abb. 10,1. Auf einem Dreieck ABC steht eine Pyramide (Tetraeder) ABCD, und an demselben Dreieck hängt eine zweite Pyramide ABCE. Durch die 9 Kanten dieser Doppelpyramide ist die Lage der 5 Punkte zueinander festgelegt, und daher ist durch die 9 Kanten auch die durch das Innere des Körpers hindurchgehende Verbindungslinie DE vollkommen bestimmt. Man kann die Länge von DE aus den Längen der 9 Kanten berechnen, und das Ergebnis fällt verschieden aus, je nachdem man die euklidische oder die nichteuklidische Geometrie zugrunde legt. Messen wir also die Längen der 10 Verbindungslinien von 5 Fixsternen, so müßte sich aus den Beziehungen zwischen diesen 10 Längen eigentlich entscheiden lassen, ob im physikalischen Raume die euklidische Geometrie gilt oder nicht. Eine eindeutige Entscheidung wird jedoch durch folgenden Umstand verhindert: Als Verbindungslinien kommen bei Fixsternen nur Lichtstrahlen in Frage, und wir sind nicht ganz sicher, ob Lichtstrahlen wirklich immer gradlinig sind, denn wenn sich die optischen Eigenschaften des Mediums stetig ändern, kann sich das Licht bekanntlich auf krummlinigen Bahnen ausbreiten.

Wenn sich nun also herausstellt, daß der Zusammenhang zwischen den 10 Verbindungslinien der 5 Punkte n i c h t der für die euklidische Geometrie charakteristische ist, sind immer noch zwei Erklärungen möglich:

Entweder nimmt man an, daß im physikalischen Raume die nichteuklidische Geometrie gilt, oder man legt die euklidische Geometrie zugrunde, nimmt dann aber an, daß es neben dem elektromagnetischen Felde noch ein anderes Feld gibt, und daß dieses Feld den Verlauf der Lichtstrahlen so beeinflußt, daß sie nicht mehr überall geradlinig sind.

Die erste Auffassung wird dem Mathematiker näher liegen, die zweite dem Physiker. Der französische Mathematiker *Poincaré* hat die Ansicht vertreten, daß es immer Sache freier Vereinbarung sei, welche Geometrie man verwendet. Man bezeichnet diese Einstellung als Konventionalismus. Wenn sich aber herausstellen würde, daß die 10 Verbindungslinien die Bedingungen der euklidischen Geometrie erfüllen, dann würde man wohl kaum vereinbaren, die nichteuklidische Geometrie zu benutzen, denn dann müßte man zusätzlich ein Feld annehmen, daß die Abweichungen der nichteuklidischen von der euklidischen Geometrie wieder rückgängig macht.

In seiner allgemeinen Relativitätstheorie hat *Einstein* die nichteuklidische Geometrie verwendet, indem er annimmt, daß die Anwesenheit materieller Körper die Geometrie bestimmt, die in der Umgebung dieser Körper zu verwenden ist. Statt dessen kann man aber auch annehmen, daß von den materiellen Körpern ein Feld ausgeht, das genau so Schwerkraft und Trägheitskräfte (wie z. B. die Zentrifugalkraft, die bei den rotierenden Himmelskörpern die Ursache der Abplattung ist) vermittelt wie das elektromagnetische Feld die elektrischen und magnetischen Kräfte.

11. Kapitel

Kant und die Mathematik

Platon hatte über den Eingang zu seiner Schule, der „Akademie" die Worte geschrieben: „Medeis ageometretos eisito" (Kein der Geometrie Unkundiger möge hier eintreten!), und *Kant* schrieb 1763 „Die philosophischen Erkenntnisse haben mehrenteils das Schicksal der Meinungen und sind wie die Meteore, deren Glanz nichts für ihre Dauer verspricht. S i e v e r s c h w i n d e n, a b e r d i e M a t h e m a t i k b l e i b t." Beide bewunderten an der Mathematik die absolute, über jeden Zweifel erhabene Sicherheit ihrer Sätze. Wie gelangt der Mensch zu solchen Erkenntnissen unwiderlegbarer Gewißheit? Auf diese Frage gaben beide innerlich sehr ähnliche, äußerlich dagegen sehr verschiedene Antworten. Die eine ist metaphysisch, poetisch, die andere scholastisch verschnörkelt. *Platon*, der an die Seelenwanderung glaubt, sagt, daß der Mensch vor seiner irdischen Existenz die unwandelbaren Wahrheiten in himmlischem Glanze geschaut hätte und sich nun auf Erden an sie erinnert. Alles Erkennen ist im Grunde nur ein Wiedererkennen. Nach *Kant* sind die Wahrheiten der Mathematik synthetische Urteile a priori. Das aus der mittelalterlichen Philosophie entlehnte Wort a priori bedeutet „vor jeder Erfahrung". Darin stimmen also *Platon* und *Kant* überein, daß sie die Quelle der absolut sicheren Erkenntnisse v o r die Erfahrung legen.

Den Gegensatz a priori – a posteriori brachte *Kant* nun zusammen mit der Unterscheidung analytischer und synthetischer Urteile. Diesen Unterschied erklärt er folgendermaßen: „In allen Urteilen, worin das Verhältnis eines Subjekts zum Prädikat gedacht wird, ist dieses Verhältnis auf zweierlei Art möglich. Entweder das Prädikat B gehört zum Subjekt A als etwas, was in diesem Begriff A (versteckterweise) enthalten ist; oder B liegt ganz außer dem Begriff A, ob es zwar mit demselben in Verknüpfung steht. Im ersten Falle nenne ich das Urteil analytisch, in dem anderen synthetisch.... Die ersteren könnte man auch Erläuterungs-, die anderen Erweiterungsurteile heißen, weil jene durch das Prädikat nichts zum Begriff des Subjekts hinzutun, sondern diesen nur durch Zergliederung in seine Teilbegriffe zerfällen, die in selbigem schon (obgleich verworren) gedacht waren; dahingegen die letzteren zu dem Begriffe des Subjekts ein Prädikat hinzutun, welches in jenem gar nicht gedacht war und durch keine Zergliederung desselben hätte können herausgezogen werden." Die Hauptfrage, um die es sich in *Kants* „Kritik der reinen Vernunft" handelt, ist nun die, ob es neben den analytischen Urteilen a priori und den synthetischen Urteilen a posteriori auch noch synthetische Urteile a priori gibt.

Nach dem, was wir im 9. und 10. Kapitel gesagt haben, muß man zwischen der reinen Mathematik und der physischen Mathematik unterscheiden. In der reinen Mathematik gibt es eine euklidische und mehrere nichteuklidische Geometrien gleichberechtigt nebeneinander. Sie werden aus den Axiomen durch logische Schlußfolgerungen entwickelt, sind also in den Axiomen als Keim enthalten, also sind ihre Sätze analytisch. Von der Erfahrung sind sie unabhängig, und über die physische Welt sagen sie nichts aus.

Zur Beschreibung der physischen Welt wurde bis *Einstein* allein die euklidische Geometrie verwendet, denn die Vermessung des Dreiecks Hohe Hagen–Inselsberg–Brocken durch *Gauß* hatte gezeigt, daß sich in diesen

Dimensionen noch keine Abweichungen bemerkbar machen. Inwieweit die euklidische Geometrie weiter angewendet werden wird, kann aus den Axiomen nicht erschlossen werden, sondern hängt allein von künftigen Erfahrungen ab. Wie wir im vorigen Kapitel gesehen haben, bestimmen allerdings nach dem Konventionalismus *Poincarés* die Erfahrungen die Geometrie nicht eindeutig, aber jedenfalls wird es von künftigen Erfahrungen abhängen, welche Geometrie die Physiker wählen werden, und daher ist die Geometrie, die die Welt beschreibt, d. h. die etwas aussagt, was aus den Axiomen nicht hergeleitet werden kann, die also synthetisch ist, a posteriori. Es gibt keine synthetische Geometrie a priori. (Das Wort synthetisch hier im philosophischen, nicht im mathematischen Sinne genommen.)

Man könnte allerdings einwenden, daß der Raum nach *Kant* eine Anschauungsform ist, daß anschaulich aber allein die euklidische Geometrie sei, und daher auch sie allein zur Beschreibung der Welt verwendet werden dürfte. Aber, wie der Physiker *Helmholtz* zuerst betont hat, nennen wir eine Geometrie dann anschaulich, wenn wir alle die Erfahrungen übersehen können, die wir in einer Welt haben, die mit Hilfe dieser Geometrie beschrieben wird. In der Welt unserer täglichen Umgebung machen sich nun die Unterschiede zwischen der euklidischen und der nichteuklidischen Geometrie noch nicht bemerkbar, also kann auf Grund der Anschaulichkeit zwischen den verschiedenen Geometrien hier nicht entschieden werden. Gehen wir aber über den Raum unserer gewohnten Erfahrung hinaus, so sind alle Geometrien gleich unanschaulich. Auch die unendlich langen Parallelen, die bis ins Unendliche nebeneinander herlaufen, sind im Grunde genommen unanschaulich, wir haben uns bloß an sie gewöhnt, weil wir auf der Schule im Sinne *Euklids* in die Geometrie eingeführt worden sind.

Wenn wir das Ergebnis dieses Kapitels zusammenfassen, können wir sagen, daß die Entdeckung der nichteuklidischen Geometrie und ihre Verwendung in der allgemeinen Relativitätstheorie dem philosophischen Rationalismus eine Stütze genommen und den Empirismus gestärkt haben. Aber leider ist die Wahrheit keine ausreichende Waffe, um den Irrtum zu vernichten. Erst kürzlich erschien in einer angesehenen deutschen Zeitschrift ein Artikel über die neue „Hohlwelttheorie", der zeigt, daß selbst uralte Erkenntnisse heute einigen Leuten wieder verlorengegangen sind. So ist auch in den hundert Jahren, die seit der Entdeckung der nichteuklidischen Geometrie verflossen sind, der Rationalismus nicht ausgestorben. Oft ist der Wunsch der Vater der Gedanken, und ein gefühlsmäßiges Verlangen zwingt oft den Intellekt, das nicht anzuerkennen, was er eigentlich anerkennen müßte.

12. Kapitel

Differential- und Integralrechnung

Um bei verkehrsreichen Strecken einen guten Überblick zu haben, verwendet man im Eisenbahnwesen graphische Fahrpläne. Wie wir in Abb. 1 sehen, steht am linken und rechten Rande die Zeit in Abb. 12,1, die ja nur einen Ausschnitt darstellt, von 8 bis 11 Uhr), am oberen Rand

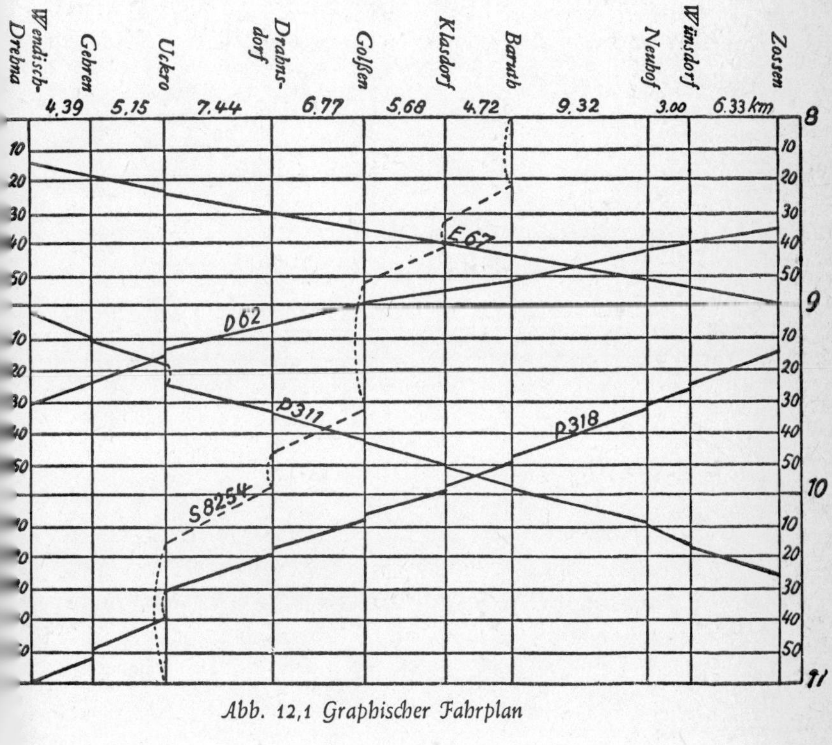

Abb. 12,1 Graphischer Fahrplan

stehen die Stationen, zwischen denen die Entfernungen in Kilometern angegeben sind. Die Linie des Fahrplanes, an der E 67 steht, stellt einen Schnellzug dar. Er verläßt 8^{14} Wendisch-Drehna und ist 8^{23} in Uckro. Dort hat er eine Minute Aufenthalt und fährt dann durch alle Stationen glatt durch bis Zossen, wo er um 9 eintrifft. In der umgekehrten Richtung fährt der Schnellzug D 62, der 8^{35} in Zossen abfährt und 9^{13} in Uckro ist. 9^{15} fährt er von dort weiter und kommt 9^{30} in Wendisch-Drehna an. Vergleichen wir den Schnellzug E 67 mit dem Personenzug P 311, so erkennen wir, daß der zum letzteren gehörige Linienzug steiler verläuft. Je steiler eine Linie im graphischen Fahrplan ist, um so langsamer fährt der betreffende Zug. Das ist ja klar, denn wenn die Linie s e n k r e c h t verläuft, so heißt das ja, der betreffende Zug steht still,

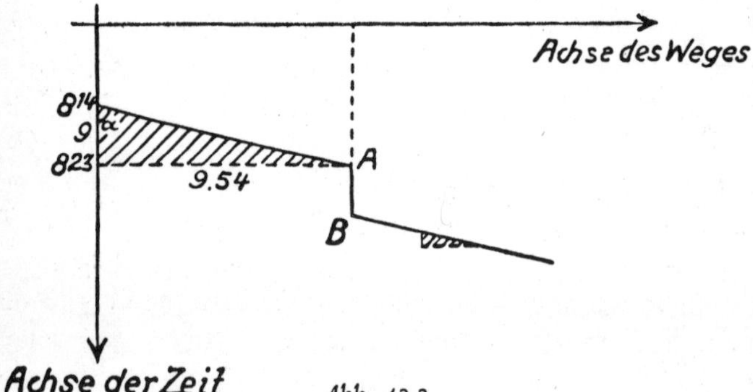

Abb. 12,2

wie wir das besonders bei dem Güterzug S 8254 auf jeder Station sehen. Hier sind allerdings die Linien nicht senkrecht gezeichnet, weil man sie sonst nicht erkennen könnte. Man sieht also z. B., daß der Güterzug S 8254 in Golßen etwa 40 Minuten Aufenthalt hat. Aus einem solchen praphischen Fahrplan kann man mit Leichtigkeit allerhand ablesen, z. B.: Die Schnellzüge E 67 und D 62 treffen sich

8^{46} zwischen Baruth und Neuhof, etwa 4,2 km von Baruth entfernt. Der Personenzug P 311 trifft den Schnellzug D 62 9^{16} kurz vor Uckro und den Personenzug P 318 9^{53} zwischen Klasdorf und Baruth, etwa 2,2 km von Klasdorf entfernt.

Der Schnellzug E 67, der 8^{14} Wendisch-Drehna verläßt und 8^{23} in Uckro ist, hat also die 9,54 km lange Strecke in 9 Minuten zurückgelegt, d. h. er hat eine Geschwindigkeit von 9,54 km in 9 Minuten oder 63,6 km in der Stunde. Der Geschwindigkeit entspricht nach Abb. 12,2 das Verhältnis der Katheten in dem schraffierten rechtwinkligen Dreieck. Die Größe dieses Dreiecks ist unwesentlich. Es kommt nur auf seine Gestalt an. Man kann statt des großen also auch ein ihm ähnliches kleines Dreieck zeichnen, wie das in Abb. 2 geschehen ist, und zwar an der Geraden, welche die Weiterfahrt des Zuges von Uckro nach Drahnsdorf darstellt. *Leibniz* nannte ein solches Dreieck „Triangulum characteristicum", wobei das lateinische Wort triangulum wörtlich übersetzt nicht Drei*eck*, sondern Drei*winkel* bedeutet. Der Winkel α der Abb. 2 ist ein Maß für die Geschwindigkeit des Zuges. Die *geometrische* Aufgabe, den Winkel α zu finden, ist also gleichbedeutend mit der *physikalischen* Aufgabe, die Geschwindigkeit zu bestimmen.

Nun ist doch aber auf der Station Uckro der Zug nicht mit seiner vollen Geschwindigkeit eingelaufen und dann *plötzlich* stehengeblieben, und ebenso ist er auch nicht *plötzlich* mit der vollen Geschwindigkeit weitergefahren. Wollen wir den Verlauf in der Nähe der Station Uckro genauer darstellen, als es auf den graphischen Fahrplänen der Eisenbahn üblich ist, so müssen also die beiden scharfen Ecken bei den Punkten A und B der Abb. 12,2 abgerundet werden, d. h. der Verlauf des Zuges wird in der Nähe einer Station nicht mehr durch gerade Linien, sondern durch eine Kurve dargestellt, und um dann die

Geschwindigkeit zu bestimmen, muß an diese Kurve die Tangente gelegt werden.

Dieses „Tangentenproblem" behandelt die Differentialrechnung. In Abb. 3 soll z. B. an den Kreis die Tangente gelegt werden. Statt der Tangente ist in Abb. 3 zunächst eine Sekante gezeichnet, die den Kreis also nicht berührt, sondern in zwei Punkten P und Q schneidet. Man erkennt, daß diese Sekante schon fast wie eine Tangente aussieht. An PQ als Hypotenuse ist das Dreieck PQR, das schon oben erwähnte triangulum characteristicum gezeichnet. Die Koordinaten eines Punktes bezeichnet man nach Kapitel 8 mit x und y. Die Kathete PR

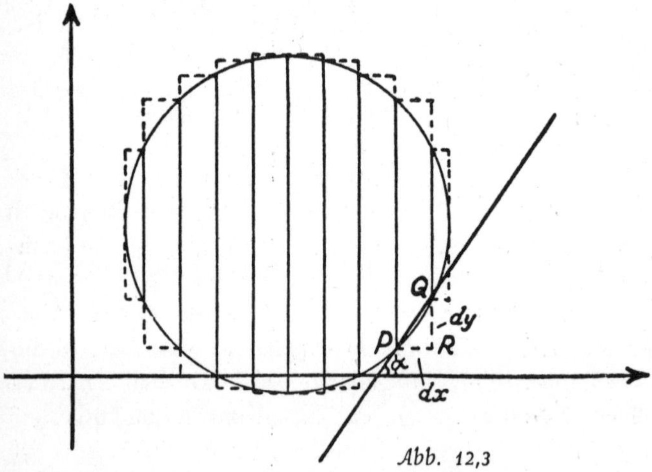

Abb. 12,3

des Dreiecks PQR ist die Differenz der x-Koordinaten von P und Q und wird daher mit dx bezeichnet und die Kathete QR, als Differenz der y-Koordinaten von P und Q, mit dy. Wir nehmen nun an, daß der Punkt Q immer dichter an den Punkt P heranrückt. Dann dreht sich die Sekante etwas um den Punkt P und geht immer mehr in die Tangente des Punktes P über. dx und dy werden dabei immer kleiner. Sie streben, wie man auch sagt, dem Wert Null zu, aber nicht unabhängig voneinander, da der Punkt Q ja immer auf dem Kreise liegen muß. Daher besteht zwischen dx und dy immer eine Beziehung, und der Bruch $\frac{dy}{dx}$ strebt deswegen einem bestimmten Werte zu. *Leibniz* nannte dx und dy Differentiale und den Bruch $\frac{dy}{dx}$ Differentialquotient. Er bestimmt, wenn dx und dy den Übergang zu Null noch nicht vollzogen haben, wie in Abb. 3, wie steil die Sekante ansteigt, und, wenn der Übergang erfolgt ist, wie steil die Tangente ansteigt. $\frac{dy}{dx}$ wird daher auch als „Anstieg" der Sekante bzw. Tangente bezeichnet. Der Anstieg hängt mit dem Winkel α zusammen, den die Sekante bzw. Tangente mit der x-Achse bildet, ähnlich wie in Abb. 2 der Winkel α mit der Geschwindigkeit zusammenhängt.

So, wie zur Addition als Umkehrung die Subtraktion gehört und zur Multiplikation die Division, so gibt es auch zur Differentialrechnung eine entgegengesetzte Rechnungsart, die Integralrechnung. Während die Integralrechnung selbst schwieriger ist als die Differentialrechnung (genau so, wie die Division schwieriger ist als die Multiplikation), ist ihr Grundgedanke eigentlich leichter zu verstehen. Nehmen wir an, der Flächeninhalt des in Abb. 3 gezeichneten Kreises soll berechnet werden. Wir sahen im 6. Kapitel, wie *Archimedes* diese Aufgabe löste. Die Integralrechnung behandelt sie folgendermaßen: Die Fläche wird nach Abb. 3 in Streifen von gleicher Breite zerlegt und dann jeder Streifen durch ein Rechteck ersetzt. In Abb. 3 sind diese Rechtecke so gezeichnet, daß sie sämtlich größer sind als die aus den Kreisflächen herausgeschnittenen Streifen. Man kann sie natürlich auch so annehmen, daß sie sämtlich kleiner sind. Es ergeben sich auf diese Weise wieder zwei Grenzen, zwischen denen der gesuchte Flächeninhalt liegen muß, genau wie in Abb. 6,4. Dort kam man dem wahren Wert um so näher, je mehr Ecken die ein- bzw. umgeschriebenen regelmäßigen Vielecke hatten, hier kommt man ihm um so näher, je schmaler die Streifen sind. Die Breite der Streifen ist das *Leibniz*sche Differential dx, und die Summe aller Streifen (bzw. aller Rechtecke) bezeichnete *Leibniz* mit einem merkwürdig langgezogenen S, aus dem das Integralzeichen entstanden ist. Nennen wir die Höhe jedes Rechteckes y (y hat natürlich für jedes Rechteck einen anderen Wert, es ist, wie der Mathematiker sagt, eine Funktion von x), so wird die gesuchte Fläche also ausgedrückt durch:

$$F = \int y \cdot dx .$$

Um den Ruhm, diese Verfahren, die ich hier ganz kurz anzudeuten versuchte, in die mathematische und physikalische Forschung eingeführt zu haben, stritten sich *Leibniz* und *Newton.*

Gottfried Wilhelm Leibniz wurde am 21. Juni 1646 in Leipzig geboren. Sein Vater, Notar und Professor der Moral, schrieb sich Leibnütz. Ostern 1661 wurde der 15jährige Leibniz an der Leipziger Universität als Student eingetragen. Im Frühjahr 1663 erwarb er das Baccalaureat, einen akademischen Titel, der sich in England und Amerika bis auf den heutigen Tag erhalten hat, mit einer Abhandlung aus der Logik. Dann ging er für ein Semester an die Universität Jena und hörte bei Professor *Weigel* Mathematik, was wir schon im 1. Kapitel erwähnten. Nach Leipzig zurückgekehrt, erwarb *Leibniz* die philosophische Magisterwürde und erlangte 1666 mit der Schrift „Dissertatio de arte combinatoria" die Lehrbefugnis. Es handelt sich in dieser Dissertation um ein großes Problem, mit dem *Leibniz* sich auch später noch viel beschäftigt hat. Er wollte eine Schrift erfinden, die nicht wie unsere Schrift die Sprachlaute zum Ausdruck bringt, sondern die B e g r i f f e. Die Mathematik besitzt ja eine solche Schrift. Das Zeichen = bedeutet z. B.: Das, was links von dem Zeichen steht, ist dem, was rechts steht, gleich. Das Zeichen ~ bedeutet: Das, was links steht, ist dem, was rechts steht, ähnlich. $<$ bedeutet: Das, was links steht, ist kleiner als das, was rechts steht, also z. B. $3 < 5$, und entsprechend bedeutet $5 > 3$, daß 5 größer als 3 ist usw. Ähnliche Symbole sollten für alle logischen Begriffe eingeführt und so eine Begriffsschrift geschaffen werden, die allen Völkern verständlich sein würde.

Als *Leibniz 1666* sogleich noch den juristischen Doktorgrad zu erlangen versuchte, stieß er auf Schwierigkeiten und ging deshalb an die kleine, 1622 gegründete Universität Altdorf, die zur reichsfreien Stadt Nürnberg gehörte; er wurde dort Doktor beider Rechte. In Nürnberg machte er die Bekanntschaft des *Barons von Boineburg*, der Minister des Kurfürsten von Mainz gewesen, aber durch die Jesuiten gestürzt war. Durch ihn kam *Leibniz* in den Dienst des Kurfürsten und wurde so Diplomat. Nebenher beschäftigte er sich weiter mit naturwissenschaftlichen Dingen. Daß er aber zu dieser Zeit noch nicht sehr tief in die Lehren der Mechanik eingedrungen war, beweist sein „Perpetuum mobile", das er damals erfunden zu haben glaubte.

Im Frühjahr 1672 ging *Leibniz* mit einem wichtigen diplomatischen Auftrage des Kurfürsten von Mainz nach Paris an den Hof *Ludwig* XIV. Er sollte nichts weniger als den König überreden, eine Expedition zur Eroberung Ägyptens auszurüsten. Auf diese Weise wollte man die französische Eroberungssucht von Deutschland ablenken. Leider hatte dieser Schritt keinen Erfolg. Trotzdem durfte *Leibniz* in Paris bleiben, das er erst 1676 verließ, als ihn der Kurfürst von Hannover zum Kustos seiner Bibliothek ernannt hatte. Der Hof *Ludwig* XIV. war der glanzvolle

Sammelpunkt aller Größen der Wissenschaft und Kunst des damaligen Europa. Von 1666–1681 wirkte dort der Holländer *Huygens*, dessen bekannteste Leistung die Erfindung der Pendeluhr war. Ihn lernte *Leibniz* sehr bald kennen, und unter seiner Leitung drang er erst richtig in die Mathematik ein.

Die wissenschaftlichen Arbeiten erfuhren eine 7wöchige Unterbrechung durch eine Reise nach London, die *Leibniz* im Januar 1673 als Begleiter des kurmainzischen Gesandten, *Baron von Schöneborn*, antrat. London war damals der zweite Brennpunkt des europäischen Geisteslebens. Die 1645 gegründete „Königliche Gesellschaft der Wissenschaften" (Royal Society) in London und die 1666 gegründete Akademie der Wissenschaften in Paris waren damals die einzigen großzügigen Pflegestätten wissenschaftlicher Forschung, bis langsam auch in anderen Ländern ähnliche Akademien entstanden: Berlin 1700, Petersburg 1725, Stockholm 1739. Der Sekretär der „Royal Society" war ein Deutscher namens *Oldenburg*, der als Konsul der Hansestadt Bremen nach London gekommen war und wegen seiner guten Kenntnisse fremder Sprachen den wichtigen Posten erhalten hatte. Durch ihn ließ *Leibniz* der gelehrten Gesellschaft ein Modell seiner Rechenmaschine vorführen, von der wir schon im 2. Kapitel gesprochen haben. Darauf wurde er am 9. April 1673 einstimmig zum Mitglied gewählt.

Nach Paris zurückgekehrt, vertiefte sich *Leibniz* wieder in seine mathematischen Studien, und nun entstanden die Grundzüge der Differentialrechnung. 1676 fuhr *Leibniz*, bevor er nach Hannover ging, noch einmal nach London, wohl um festzustellen, wie weit *Newton* inzwischen mit seinem Verfahren, das er Fluxionsrechnung nannte, gekommen war. Die Veröffentlichungen über die neue Rechnungsart erfolgten nur zögernd, da *Newton* sowohl wie *Leibniz* wohl das

Gefühl hatten, daß manches noch angreifbar und verbesserungsbedürftig sei. Außerdem war *Newton* mit rein physikalischen Arbeiten beschäftigt, und *Leibniz* wurde durch seine Tätigkeit als Bibliothekar, Hofhistoriograph und Berater des Kurfürsten in Hannover stark in Anspruch genommen. Außerdem stand ihm in Deutschland zunächst keine Zeitschrift für wissenschaftliche Veröffentlichungen zur Verfügung. Erst 1682 wurden die „Acta Eruditorum" gegründet, die in Leipzig erschienen und das Organ der deutschen Wissenschaft bildeten, bis allmählich jede Einzelwissenschaft ihre eigene Zeitschrift erhielt und 1776 schließlich die „Acta" eingingen. Im Mai 1684 erschien die *Leibniz*sche Abhandlung „Nova methodus pro maximis et minimis", welche die Grundgedanken der Differentialrechnung enthielt. Der Grund, daß *Leibniz* sich nun zur Veröffentlichung entschloß, obwohl manches noch unfertig war, wird wohl der gewesen sein, daß er fürchtete, ein anderer, nämlich *Tschirnhausen*, könnte ihm mit der Veröffentlichung zuvorkommen.

Ehrenfried Walter Graf von Tschirnhausen wurde 1651 in der Nähe von Görlitz geboren. Er war einer von den reichen Privatleuten, die sich im 17. Jahrhundert aus Liebhaberei der Mathematik und den Naturwissenschaften widmeten. Berühmt waren die riesigen Linsen (bis 80 cm Durchmesser), die er herstellte. Eine von ihnen wurde 1695 in Florenz zu dem berühmten Versuche über die Verbrennbarkeit der Diamanten benutzt. In ihrem Brennpunkte verbrannte ein Diamant von 140 Gran Gewicht in einer halben Stunde. Auch *Tschirnhausen* selbst benutzte seine Linsen und Hohlspiegel, um hohe Temperaturen für chemische Versuche zu erzeugen. Vor allem versuchte er, das Verfahren zu finden, nach dem die Chinesen ihr Porzellan herstellten. Er wurde dabei von *Johann Friedrich Böttger* unterstützt, dem nach *Tschirnhausens* Tode die Erfindung des „Meißner Porzellans" glückte. Im

Herbst 1675 kam *Tschirnhausen* nach Paris und arbeitete dort mit *Leibniz* zusammen. Er verließ Paris im Herbst 1676, etwas später als Leibniz, ging zunächst nach Italien und kehrte 1682 nach Deutschland zurück. Da er mit *Leibniz* in regem Briefwechsel stand, erfuhr er manche von dessen mathematischen Entdeckungen und veröffentlichte sie auch sogleich mit seinen eigenen Forschungen, da er in der Bekanntgabe seiner Ergebnisse nicht so zurückhaltend war wie *Leibniz*. Dieser mußte daher fürchten, daß auf diese Weise schließlich seine ganze Differentialrechnung von *Tschirnhausen* veröffentlicht würde, und entschloß sich nun endlich, selbst mit der obengenannten Abhandlung hervorzutreten. Das veranlaßte wiederum *Newton*, von seiner Fluxionsrechnung nun ebenfalls einiges bekanntzugeben, und zwar in seinem großen Werke „Philosophiae naturalis principia mathematica", das 1687 erschien. Unter Philosophia naturalis (natural philosophy) verstehen die Engländer nicht Naturphilosophie in unserem Sinne, sondern Theoretische Physik. Eine ausführliche Behandlung der Fluxionsrechnung erschien erst 1736 nach Newtons Tode unter dem Titel: „Methodus fluxionum et serierum infinitarum" (Verfahren der Fluxionen und unendlichen Reihen).

Es entspann sich nun ein langer Prioritätsstreit zwischen *Leibniz* und *Newton*. Wir sahen im 9. Kapitel, daß die nichteuklidische Geometrie fast gleichzeitig in Ungarn und Rußland veröffentlicht wurde, weil damals die Entwicklung der Mathematik eine Stufe erreicht hatte, auf der die nichteuklidische Geometrie gleichsam in der Luft lag. Ähnlich war es auch hier, aber mit dem Unterschiede, daß *Lobatscheffsky* und *Bolyai* nichts voneinander wußten, während *Newton* und *Leibniz* miteinander in Verkehr gestanden hatten und nun jeder fürchtete, dem anderen zuviel verraten zu haben.

Anfangs sprachen beide noch mit Hochachtung voneinander. *Leibniz* schrieb 1686 in einem Aufsatz in den „Acta eruditorum": „Ein Geometer von tiefstem Geiste, *Isaak Newton*, hat dieselbe Entdeckung nicht nur früher gemacht, sondern hat sie in ganz allgemeiner Weise zu Ende geführt; würde er die Überlegungen, die er, wie ich höre, noch geheimhält, herausgeben, so besteht kein Zweifel, daß er uns den Zugang zu einer großen Vermehrung der Wissenschaft und zu großen Abkürzungen eröffnen würde." Entsprechend schreibt *Newton* in einem Scholion seiner „Prinzipien": „In Briefen, welche ich vor etwa zehn Jahren mit dem sehr gelehrten Mathematiker *Leibniz* wechselte, zeigte ich demselben an, daß ich mich im Besitze einer Methode befände, nach welcher man Maxima und Minima bestimmen, Tangenten ziehen und ähnliche Aufgaben lösen könne, und zwar lasse sich dieselbe ebensogut auf irrationale wie rationale Größen anwenden. Indem ich die Buchstaben der Worte (wenn eine Gleichung mit beliebig vielen Fluenten gegeben ist, die Fluxionen zu finden und umgekehrt), welche meine Meinung aussprachen, versetzte, verbarg ich dieselbe. Der berühmte Mann antwortete mir darauf, er sei auf eine Methode derselben Art verfallen, die er mir mitteilte und welche von der meinigen kaum weiter abwich, als in der Formulierung der Worte und Zeichen." Dann wurde der Ton aber allmählich gereizter.

Newton, der im Grunde eine vornehme und verträgliche Natur war, wurde von anderen, die aus der wissenschaftlichen Angelegenheit eine nationale Prestigefrage machten, zu immer schärferen Angriffen verleitet. So schrieb 1695 ein gewisser Wallis an *Newton*: „Ich höre von Mr. *Caswell*, daß Ihr Euer Buch über das Licht vollendet habt. Wenn es, wie ich erfahre, englisch geschrieben ist, so gebt es doch nur heraus, wie es ist, und laßt diejenigen, die es lesen wollen, Englisch lernen. In Holland wünscht man nach Nachrichten von dort, daß Ihr Eure

Arbeiten über die neue Analysis veröffentlichen möchtet, weil Eure Ideen von den Fluxionen dort mit großem Beifall unter dem Namen des Calculus differentialis von *Leibniz* verbreitet werden. Ich erhielt diese Nachricht erst, als mein Buch schon im Druck war, und konnte deswegen nur eine kurze Notiz über die Fluxionen einfügen. Ihr sorgt für Eure Ehre und die der Nation nicht so, wie Ihr solltet, wenn Ihr wertvolle Entdeckungen so lange zurückhaltet, bis andere den Ruhm für sich in Anspruch nehmen, der Euch gebührt."
Newtons Buch über die Optik erschien erst 1704 unter dem Titel „Optics" und enthielt folgende bittere Bemerkung: „In einem Briefe, welchen ich im Jahre 1676 an *Leibniz* schrieb und der von Dr. *Wallis* veröffentlicht worden ist, erwähnte ich eine Methode, durch welche ich einige allgemeine Lehrsätze über die Quadratur krummer Linien gefunden hätte, indem ich sie mit Kegelschnitten oder anderen passenden Figuren verglich. Einige Jahre vorher lieh ich auch ein Manuskript aus, das dergleichen Sätze enthielt. Da ich nun seitdem einiges angetroffen habe, welches aus jenem Manuskript abgeschrieben war, so habe ich diese Gelegenheit ergriffen, dasselbe zu veröffentlichen, indem ich eine Einleitung vorausschickte und einen Zusatz über die Methode noch anfügte."

Darauf reagierte *Leibniz* 1705 in den „Acta eruditorum" bei einer Besprechung des *Newton*schen Buches folgendermaßen: „Der geniale Verfasser schickt, bevor er zur Schilderung der Quadratur der Kurven kommt, eine kurze Vorrede voraus. Zum besseren Verständnis derselben möge folgendes dienen. Wenn irgendeine Größe kontinuierlich, z. B. wie eine Linie durch Bewegung eines Punktes, wächst, so werden die momentanen Inkremente, welche durch das Wachstum entstehen, Differenzen genannt, nämlich Differenzen zwischen der anfänglichen und der durch Bewegung erzeugten Größe. Daraus entsprang der Calculus differentialis und der reziproke Calculus summatorius, deren Elemente von dem Erfinder *Gottfried Wilhelm Leibniz* in diesen Actis gegeben und deren verschiedentlicher Gebrauch sowohl von ihm selbst, wie auch von den Brüdern *Bernoulli* und dem Marquis *de l'Hospital* gelehrt worden ist. Für diese *Leibniz*schen Differenzen wendet nun *Newton* die Fluxionen an und hat sie auch immer in eleganter Weise angewandt, sowohl in seinen ‚Principiis naturae mathematicis' als auch in anderen späteren Schriften." Das Referat trug keine Namensunterschrift, wir wissen aber, daß *Leibniz* sein Verfasser war. Überhaupt wurde es jetzt auf beiden Seiten Mode, sich bei den immer schärfer werdenden Angriffen hinter der Anonymität oder einem fremden Namen zu verstecken.

Newton fühlte sich durch die obige Darlegung schwer gekränkt. In der Tat enthielt sie ja auch die Behauptung, daß *Newton* seine Fluxionsrechnung aus der *Leibniz*schen Differentialrechnung hergeleitet habe. Ein treuer Anhänger *Newtons*, der Schotte *John Keill*, schrieb darauf 1708 in einer Abhandlung über die Gesetze der Zentrifugalkräfte folgende Sätze, die mit dem Thema der Abhandlung übrigens in keinem zwingenden Zusammenhange stehen: „Dies alles folgt aus der heutigen Tages hochberühmten Fluxionsrechnung, welche ohne allen Zweifel als erster *Newton* erfunden hat, wie jedem ohne weiteres klar sein wird, der die von *Wallis* herausgegebenen Briefe liest. Später wurde jedoch dieselbe Rechnungsart lediglich unter Veränderung des Namens und der Bezeichnungen von *Leibniz* in den Acta eruditorum herausgegeben."

Die Angriffe wurden bis zum Tode *Leibniz*' (1716) fortgesetzt. Man muß sich wundern, daß namhafte Gelehrte diesem unerfreulichen und unfruchtbaren Streite soviel Zeit opferten.

Newton starb am 18. März 1727, im Alter von 85 Jahren, im königlichen Lustschloß Kensington. An seinem Hinscheiden nahm das ganze englische Volk Anteil. Sein Leichnam wurde nach London übergeführt und in der Westminsterabtei beigesetzt. Sein großer Gegner *Leibniz* aber war 1716 einsam und verlassen gestorben. Zwischen ihm und dem Kurfürsten *Georg* von Hannover war es zu einer Entfremdung gekommen, als dieser 1714 den englischen Königsthron bestiegen hatte. *Leibniz* war eine vermittelnde Natur und hatte dabei das Unglück, es meist mit beiden Parteien zu verderben. So versuchte er auch, die christlichen Konfessionen wieder zusammenzubringen, erntete aber für seine Bemühungen von beiden Seiten nur Undank. Sein Grab in der Hofkirche zu Hannover war lange kaum zu finden. Erst in neuerer Zeit wurde über dem Grabe eine Sandsteinplatte angebracht mit der aus eingelassenen Bronzebuchstaben bestehenden Inschrift: „*Ossa Leibnitii*".

13. Kapitel

Mathematik, Mechanik und Philosophie

Schon *Pythagoras* soll gelehrt haben, daß der Kreis sich vor allen anderen Figuren dadurch auszeichnet, daß er bei kleinstem Umfang die größte Fläche hat, d. h. alle Figuren, die denselben Flächeninhalt besitzen wie ein bestimmter Kreis, haben einen größeren Umfang, und alle Figuren, die denselben Umfang besitzen, haben einen kleineren Flächeninhalt.

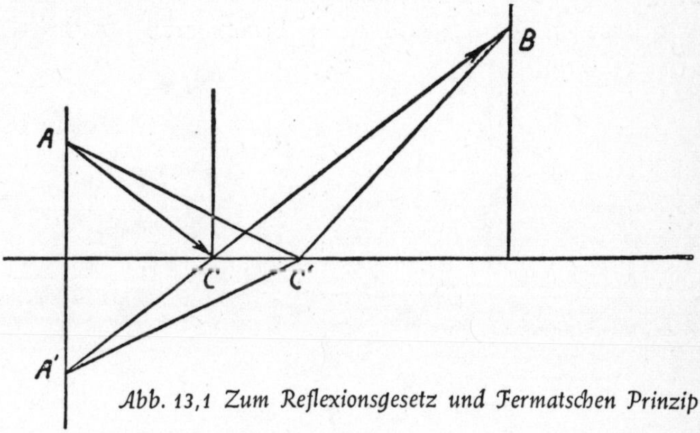

Abb. 13,1 Zum Reflexionsgesetz und Fermatschen Prinzip

Heron von Alexandrien zeigte, daß das von einer Lichtquelle A ausgehende Licht (Abb. 13,1) an einem Spiegel in C so reflektiert wird, daß der Weg von A über C nach B (wo sich das Auge befinden mag) k ü r z e r ist als jeder andere Weg AC'B. Nach den Gesetzen der Optik ist nämlich bei der Reflexion der Winkel zwischen dem einfallenden Lichtstrahl AC und dem auf der spiegelnden

Fläche in C errichteten Lot gleich dem Winkel zwischen diesem Lot und dem reflektierten Strahle CB (Reflexionsgesetz). Daraus folgt nach einfachen geometrischen Gesetzen, daß ACA′ ein gleichschenkliges Dreieck ist, d. h. A′ liegt genau so weit hinter dem Spiegel wie A vor dem Spiegel. Dann ist auch AC′A′ ein gleichschenkliges Dreieck. Der Weg ACB ist also ebenso lang wie der Weg A′CB, und der Weg AC′B ist ebenso lang wie der Weg A′C′B. Da nun der Weg A′C′B länger ist als A′CB, weil der gerade Weg immer der kürzeste ist, so ist also auch AC′B länger als ACB. Das Licht hat sich also gleichsam selbst den kürzesten Weg ausgesucht.

Fermat, von dem wir schon im 4. Kapitel sprachen, stellte ähnliche Betrachtungen für das Brechungsgesetz an. Hier ist nach Abb. 13,2 der Weg ABC nicht der kürzeste,

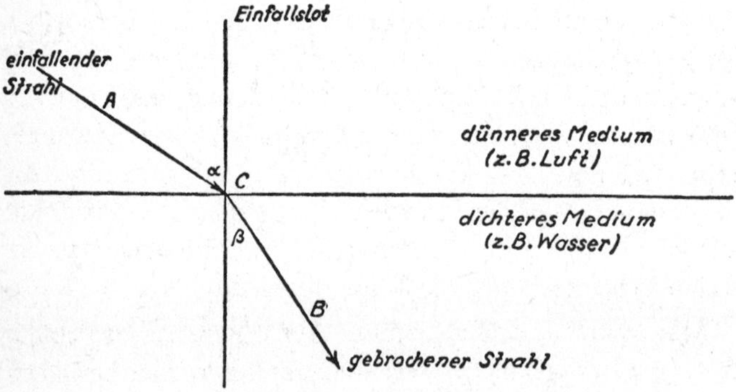

Abb. 13,2 Zum Brechungsgesetz

aber man kann zeigen, daß es der Weg ist, auf dem das Licht am s c h n e l l s t e n von A nach B gelangt. Da sich das Licht im dünneren Medium rascher fortpflanzt als im dichteren, kommt es schneller von A nach B, wenn es sich nicht auf der geradlinigen Verbindungslinie von A nach B bewegt, sondern etwas länger das günstigere dünnere Medium ausnutzt. Man bezeichnet das Verfahren, die optischen Gesetze aus der Annahme herzuleiten, daß das Licht immer den schnellsten Weg bevorzugt, als das *Fermat*sche Prinzip.

Fermat selbst drückte es 1657 in dem Satz aus: „La nature agit toujours par les voies les plus courtes." (Die Natur handelt immer auf den kürzesten Wegen.) *Clerselier* wendet in einem Briefe an *Fermat* aus dem Jahre 1662 ein, daß dies ein Prinzip der Moral und kein Prinzip der Physik sei.

Für die Mechanik wurden ähnliche Prinzipe von *Maupertuis* und *Gauß* aufgestellt. *Maupertuis* drückte sein „Principe de la moindre quantité d'action" 1747 recht unklar aus, und erst *Euler* gab ihm eine brauchbare Form. *Gauß* sprach 1829 sein „Prinzip des kleinsten Zwanges" folgendermaßen aus: „Die Bewegung eines Systems materieller, auf was immer für eine Art unter sich verknüpfter Punkte, deren Bewegungen zugleich an was immer für äußere Beschränkungen gebunden sind, geschieht in jedem Augenblick in möglichst größter Übereinstimmung mit der freien Bewegung, oder unter möglichst kleinstem Zwange, indem man als Maß des Zwanges, den das ganze System in jedem Zeitteilchen erleidet, die Summe der Produkte aus dem Quadrat der Ablenkung jedes Punktes von seiner freien Bewegung in seine Masse betrachtet."

Man erkennt, daß gegenüber dem *Fermat*schen Prinzip das *Gauß*sche Prinzip (wie alle ähnlichen mechanischen Prinzipe) unanschaulich und gekünstelt erscheint. Man hatte diese Prinzipe nicht aus der Natur herausgelesen, sondern in die Natur hineingetragen aus einem Lieblingsgedanken der damaligen Zeit heraus, nämlich dem, daß die Natur überall mit einem Minimum von Aufwand ein Maximum von Wirkung hervorruft, daß sie „ökonomisch" verfährt und alle ihre Ziele auf die einfachste und sozusagen billigste Weise erreicht. *Euler* schreibt:

„Quum enim mundi universi fabrica sit perfectissima,

atque a creatore sapientissimo absoluta, nihil omnino in mundo contingit, in quo non maximi minimive ratio quaedam eluceat; quam ob rem dubium prorsus est nullum, quin omnes mundi effectus ex causis finalibus, ope methodi maximorum et minimorum, aeque feliciter determinari quaeant, atque ex ipsis causis efficientibus."

(Da nämlich die Einrichtung der ganzen Welt die vorzüglichste ist, und da sie von dem weisesten Schöpfer herstammt, wird nichts in der Welt angetroffen, woraus nicht irgendeine Maximum- oder Minimumeigenschaft hervorleuchtet; deshalb kann kein Zweifel bestehen, daß alle Wirkungen in der Welt ebensowohl durch das Verfahren der Maxima und Minima aus den Zwecken wie aus den wirkenden Ursachen selbst abgeleitet werden können.)

Auch die beiden Prinzipe von der Unzerstörbarkeit des Stoffes und der Unveränderlichkeit der Summe der Bewegungen, aus denen schließlich der Satz von der Erhaltung der Energie entstanden ist, sind ursprünglich aus theologischen Gedanken entsprungen. *Descartes* schreibt darüber in seinen 1644 erschienenen „Prinzipien der Philosophie":

„Wir erkennen es auch als eine Vollkommenheit in G o t t, daß er nicht bloß an sich selbst unveränderlich ist, sondern daß er auch auf die möglichst feste und unveränderliche Weise wirkt, so daß mit Ausnahme der Veränderungen, welche die klare Erfahrung oder die göttliche Offenbarung ergibt und welche nach unserer Einsicht oder unserm Glauben ohne eine Veränderung in dem Schöpfer geschehen, wir keine weitern in seinen Werken annehmen dürfen, d a m i t n i c h t d a r a u s a u f e i n e U n b e s t ä n d i g k e i t i n i h m s e l b s t g e s c h l o s s e n w e r d e. Deshalb ist es durchaus vernunftgemäß, anzunehmen, daß G o t t, so wie er bei der Erschaffung der Materie ihren Teilen verschiedene Bewegungen zugeteilt hat und wie er diese ganze Materie in derselben Art und in demselben Verhältnis, in dem er sie erschaffen, erhält, er auch immer dieselbe Menge von Bewegung in ihr erhält."

Auch auf die belebte Natur übertrug man diese Anschauung, daß die Natur immer mit dem kleinsten Aufwand die größte Wirkung erzielt. Schon *Pappus* versuchte, die Gestalt der Bienenzellen zu erklären durch das Bestreben der Bienen bzw. der Natur, möglichst an Material zu sparen. *Wood* erzählt in seiner 1867 erschienenen Schrift „Über die Nester der Tiere" folgende Geschichte: „*Maraldi* war die große Regelmäßigkeit der Bienenzellen aufgefallen. Er maß die Winkel der rautenförmigen Grenzflächen und fand dieselben 109° 28′ und 70° 32′. Réaumur, in der Überzeugung, daß diese Winkel mit der Ökonomie der Zelle zusammenhängen müßten, bat den Mathematiker *König*, jene Form eines sechsseitigen, durch drei Rauten geschlossenen Gefäßes zu berechnen, bei welcher der größte Inhalt mit der kleinsten Oberfläche zusammentrifft. Réaumur erhielt die Antwort, daß die Winkel der Rauten 109° 26′ und 70° 34′ betragen müßten. Der Unterschied betrug also 2 Minuten. *Maclaurin*, von dieser Übereinstimmung nicht befriedigt, wiederholte die Messung von *Maraldi*, fand sie richtig und bemerkte bei Wiederholung der Rechnung einen Fehler in der von *König* verwendeten Logarithmentafel. Nicht die Bienen also, sondern der Mathematiker hatte gefehlt, und die Bienen hatten zur Aufdeckung des Fehlers verholfen!" Wer einen Begriff davon hat, wie winzig klein eine Bogenminute ist, dem wird es allerdings unverständlich sein, wie es *Maraldi* angestellt haben soll, die Winkel auf Minuten genau zu vermessen. Die Flächen der Bienenwaben sind ja keine spiegelnden Kristallflächen, sondern ziemlich rohe und unregelmäßige Gebilde und die obige Geschichte daher nur ein frommes mathematisches Märchen.

Galilei beschäftigte sich zu Anfang des 17. Jahrhunderts

mit Festigkeitsfragen. Er fand, daß hohle Röhren eine größere Biegungsfestigkeit besitzen als massive Stäbe von gleicher Länge und gleichem Material, und weist dabei auf die Röhrenknochen der Tiere hin. Ein Balken, der auf der einen Seite befestigt und auf der anderen Seite belastet ist, kann ohne Schaden für die Festigkeit am belasteten Ende dünner gemacht werden, so daß auf diese Weise Material gespart wird. Betrachtet man nun daraufhin die Schwungfeder eines Vogels, so erkennt man, daß der Kiel eine Röhre ist, die gegen das freie Ende hin an Dicke abnimmt, und jedes Blättchen der Federfahne wiederholt ähnliche Verhältnisse im kleinen. Diese wohl auf jeden einen tiefen Eindruck machende Erkenntnis ist bis auf den heutigen Tag immer wieder zugunsten einer in der Natur waltenden Weisheit angeführt worden.

In der unbelebten Natur dagegen versuchte man seit dem Ende des 18. Jahrhunderts mehr und mehr, die Vorgänge aus den Ursachen statt aus den Zwecken zu erklären. Man wollte nicht die Weisheit des Schöpfers bewundern, sondern man wollte die Vorgänge der Welt in ihrer Verknüpfung von Ursache und Wirkung erkennen, so genau erkennen, wie ein Uhrmacher den Gang der Uhr oder ein Mechaniker den Lauf einer Maschine. Die einzige Möglichkeit dazu bot zunächst das Verfahren, dort, wo auch das feinste Mikroskop kein „Räder- und Hebelwerk" zeigt, d. h. keine Bewegung sichtbarer materieller Teilchen, aus denen man die physikalischen Vorgänge erklären könnte, unsichtbare Teilchen (Moleküle, Atome, Elektronen) anzunehmen und aus ihrer Bewegung die Erscheinungen von Schall, Wärme, Licht und Elektrizität zu erklären. Die ganze Physik sollte also eine Mechanik sichtbarer bzw. unsichtbarer Teilchen werden. *Emil du Bois-Reymond* drückte das in seiner Schrift „Über die Grenzen der Naturerkenntnis" folgendermaßen aus:

„Naturerkennen – genauer gesagt naturwissenschaftliches Erkennen oder Erkennen der Körperwelt mit Hülfe und im Sinne der theoretischen Naturwissenschaft – ist Zurückführen der Veränderungen in der Körperwelt auf Bewegungen von Atomen, die durch deren von der Zeit unabhängige Centralkräfte bewirkt werden, oder Auflösen der Naturvorgänge in Mechanik der Atome. Es ist psychologische Erfahrungsthatsache, daß, wo solche Auflösung gelingt, unser Causalitätsbedürfniß vorläufig sich befriedigt fühlt. Die Sätze der Mechanik sind mathematisch darstellbar, und tragen in sich dieselbe apodiktische Gewißheit, wie die Sätze der Mathematik. Indem die Veränderungen in der Körperwelt auf eine constante Summe von Spannkräften und lebendigen Kräften, oder von potentieller und kinetischer Energie zurückgeführt werden, welche einer constanten Menge von Materie anhaftet, bleibt in diesen Veränderungen selber nichts zu erklären übrig."

Die bekannteste Darstellung dieser mechanischen Weltauffassung hat *Laplace* in seinem „Essai philosophique sur les probabilités" (Philosophische Abhandlung über die Wahrscheinlichkeiten, 1816) gegeben:

„Nous devons ... envisager l'état présent de l'univers, comme l'effet de son état antérieur, et comme la cause de celui qui va suivre. Une intelligence qui pour un instant donné, connaîtrait toutes les forces dont la nature est animée, et la situation respective des êtres qui la composent, si d'ailleurs elle était assez vaste pour soumettre ces données à l'analyse, embrasserait dans la même formule, les mouvements des plus grands corps de l'univers et ceux du plus léger atome: rien ne serait incertain pour elle, et l'avenir comme le passé, serait présent à ses yeux. L'esprit humain offre dans la perfection qu'il a su donner à l'astronomie, une faible esquisse de cette intelligence."

(Wir müssen den gegenwärtigen Zustand des Universums betrachten als das Ergebnis seines früheren Zustandes und als die Ursache des Zustandes, der folgen wird. Ein Verstand, der für einen gegebenen Augenblick alle Kräfte kennen würde, mit denen die Natur begabt ist, und die gegenseitige Lage der Wesen, die die Natur ausmachen, und der außerdem umfassend genug wäre, um diese Gegebenheiten einer Analyse zu unterziehen, würde in derselben Formel die Bewegungen der größten Körper des Universums und die der leichtesten Atome umfassen: Nichts wäre für ihn unbestimmt; die Zukunft wie die Vergangenheit würde vor seinen Augen liegen. Der menschliche Geist bietet in der Vollendung, die er der Astronomie zu geben wußte, ein schwaches Vorbild für einen solchen Verstand.)

Denselben Gedanken drückt *G. Kirchhoff* („Über das Ziel der Naturwissenschaften", 1865) folgendermaßen aus:

„Kennte man alle Kräfte der Natur und wüßte man, welches der Zustand der Materie in e i n e m Zeitpunkte ist, so würde man ihren Zustand für jeden späteren Zeitpunkt durch die Mechanik ermitteln, und ableiten können, wie die mannigfaltigen Naturerscheinungen einander folgen und begleiten. Das höchste Ziel, welches die Naturwissenschaften zu erstreben haben, ist die Verwirklichung der eben gemachten Voraussetzung, also die Ermittelung der Kräfte, welche in der Natur vorhanden sind, und des Zustandes, in dem die Materie in einem Augenblicke sich befindet, mit einem Worte, d i e Z u r ü c k f ü h r u n g a l l e r N a t u r e r s c h e i n u n g e n a u f d i e M e c h a n i k."

Die Zurückführung von Schall und Wärme auf die Bewegung von Molekülen war ein großer Triumph der mechanistischen Weltbetrachtung. Um aber die elektrischen und magnetischen Vorgänge mechanisch begreifen zu können, mußten Modelle ersonnen werden, die immer schwerfälliger, gekünstelter und willkürlicher ausfielen.

Schließlich verzichteten die Physiker auf alle mechanischen Bilder und nahmen Elektrizität und Magnetismus einfach als Gegebenheiten hin, die gleichberechtigt neben den mechanischen Vorgängen stehen und es nicht nötig haben, sich auf Mechanik zurückführen zu lassen. An die Stelle der Mechanik, die anschauliche Bilder für die elektromagnetischen Spannungen entwerfen wollte, trat die Mathematik, die durch Gleichungen die elektromagnetischen Vorgänge beschrieb. Diesen Übergang von der mechanistischen zur mathematischen Naturbetrachtung schildert der englische Astronom Eddington („Das Weltbild der Physik", 1931) folgendermaßen:

„Eine der größten Veränderungen, von denen die Physik seit dem 19. Jahrhundert bis zum heutigen Tage betroffen wurde, ist die Änderung unseres Ideals einer wissenschaftlichen Erklärung. Um die Mitte des vorigen Jahrhunderts setzten die Physiker ihren Stolz darein, erst dann von einem Dinge zu behaupten, daß sie es verstanden hätten, wenn sie ein Modell davon machen konnten. Dabei verstanden sie unter Modell etwas, das aus Hebeln, Zahnrädern usw., kurz aus Hilfsgeräten des Ingenieurs erbaut war. Man ging gewissermaßen von der Voraussetzung aus, die Natur sei beim Bau des Weltalls auf die gleichen Hilfsquellen angewiesen gewesen wie ein menschlicher Mechaniker; und wenn der Physiker nach der Erklärung einer Erscheinung forschte, versuchte sein Ohr gleichsam das Summen der Maschinerie zu erlauschen. Wer die Gravitation mit Hilfe von Zahnrädern hätte erklären können, wäre als Held jener Epoche gefeiert worden.

Heute erwarten wir nicht mehr vom Ingenieur den Aufbau der Welt, vielmehr wenden wir uns an den Mathematiker, er möge ihn mit seinen Hilfsmitteln errichten. Ohne Zweifel ist der Mathematiker weniger erdgebunden als der Ingenieur, aber vielleicht sollte man auch ihm die Schöpfung der Welt nicht ohne Vorbehalt anvertrauen. Wir haben es in der Physik mit einer Welt der Symbole zu tun; der Mathematiker aber ist der berufene Herrscher über Symbole, und so läßt sich seine Hilfe kaum umgehen. Wir müssen jedoch fordern, daß er bei der ihm anvertrauten verantwortungsreichen Aufgabe alle seine Möglichkeiten voll ausnutzt und nicht seiner natürlichen Neigung für Symbole mit arithmetischer Ausdeutung allzu einseitig nachgibt."

Eddington spricht die Mathematisierung der Physik hier also mit einem gewissen Vorbehalt aus. Radikaler äußert sich ein anderer Engländer, *J. Jeans*. Er schreibt in seinem Buch „Der Weltenraum und seine Rätsel" (1930):

„Mich erinnern die Gesetze, denen die Natur gehorcht, weniger an jene, denen eine in Bewegung befindliche Maschine gehorcht, als an jene, denen ein Musiker gehorcht, wenn er eine Fuge, oder ein Dichter, wenn er ein Sonett schreibt. . . . Wenn sich dies alles so verhält, dann kann man sich das Weltall am besten, obschon noch immer sehr unvollkommen und unzulänglich, als aus reinem Denken bestehend vorstellen, als das Denken eines Wesens, das wir, weil uns ein umfassenderes Wort fehlt, als mathematischen Denker bezeichnen müssen."

Damit wäre also die Physik von der theologisch-teleologischen über die mechanistisch-kausale Naturbetrachtung zum konstruktiven Idealismus gekommen, denn schließlich ist ja mathematisches Denken auch ein Denken. In den meisten Menschen ist allerdings eine heimliche Sehnsucht nach einer mechanistischen Naturerklärung haftengeblieben. Der Amerikaner *P. W. Bridgman* schildert in seinem Buch „Die Logik der heutigen Physik" (1932) dieses stille Verlangen folgendermaßen:

„Obgleich man wahrscheinlich leichten Herzens den Bemerkungen des letzten Abschnitts zustimmen wird, glaube ich doch, daß viele in sich eine Sehnsucht nach einer mechanischen Erklärung verspüren, die mit der gleichen Heftigkeit wie die Versuchung zur Erbsünde auftritt. Diese Sehnsuchtsregung braucht kein Anlaß zur Beunruhigung zu sein, weil man leicht einsehen wird, wie der Wunsch nach jener Erklärungsart seinen Ursprung in dem ungeheuren Übergewicht des Mechanischen in der Welt unserer physikalischen Erfahrungen hat. Aber nichtsdestoweniger muß der Physiker, genau wie die alten Mönche gegen die Fleischeslust, gegen dieses manchmal fast unwiderstehliche, aber vollkommen unverantwortliche Verlangen ankämpfen. Einer der Hauptzwecke dieser Darlegung wäre erreicht, wenn sie die Überzeugung festigen würde, daß jenes Verlangen unberechtigt ist und daß es der Anstrengungen, die zu seiner Unterdrückung aufgewandt werden, wert ist."

Es ist nun einmal nicht zu ändern, daß die moderne Physik mathematisch geworden ist, und es ist erklärlich, daß nun alle die über die Unanschaulichkeit der Physik klagen, die der Mathematik fremd gegenüberstehen, denn das Fremde empfindet der Mensch immer als beunruhigend und feindlich.

Daß die Zurückführung aller Ereignisse auf m e c h a n i s c h e Vorgänge nicht die einzige und endgültige Erklärung der Welt darstellt, hat schon *Schopenhauer* behauptet („Welt als Wille und Vorstellung"):

„Es ist ein ebenso großer, wie gewöhnlicher Irrthum, daß die häufigsten, allgemeinsten und einfachsten Erscheinungen es wären, die wir am besten verständen; da sie doch vielmehr nur diejenigen sind, an deren Anblick und unsere Unwissenheit darüber wir uns am meisten gewöhnt haben. Es ist uns ebenso unerklärlich, daß ein Stein zur Erde fällt, als daß ein Thier sich bewegt."

Ähnlich äußert sich auch *Nietzsche* („Die fröhliche Wissenschaft"):

„Der Ursprung unseres Begriffes ‚Erkenntnis'. – Ich nehme diese Erklärung von der Gasse; ich hörte jemandem aus dem Volke sagen ‚er hat mich erkannt' –: dabei fragte ich mich: was versteht eigentlich das Volk unter Erkenntnis? was will es, wenn es ‚Erkenntnis' will? Nichts weiter als dies: etwas Fremdes soll auf etwas Bekanntes zurückgeführt werden. Und wir Philosophen – haben wir unter Erkenntnis eigentlich mehr verstanden? Das Bekannte, das heißt: das, woran wir gewöhnt sind, so daß wir uns nicht mehr darüber wundern, unser Alltag, irgend eine Regel, in der wir stecken, alles und jedes, in dem wir uns zu Hause wissen: – wie? ist unser Bedürfnis nach Erkennen nicht eben dies Bedürfnis nach Bekanntem?"

So ist auch die mathematisierte Physik für alle die „Erkenntnis", für die die Mathematik etwas Bekanntes darstellt, die sich in der Mathematik zu Hause fühlen; und alle die werden sie ablehnen, denen die Mathematik etwas Fremdes ist.

14. Kapitel

Gauß und seine Zeit *)

Johann Friedrich Carl Gauß wurde am 30. April 1777 in Braunschweig geboren. Er war das einzige Kind seiner Eltern, des Maurers, Gassenschlächters und Gärtners Gerhard Dietrich Gauß und dessen zweiter Ehefrau Dorothea geb. Benze. Der kleine *Gauß* war ein Wunderkind, ähnlich wie *Mozart*, mit dem Unterschied freilich, daß der letztere in einer musikalischen Umgebung aufwuchs, während in den dürftigen Verhältnissen, in denen der Maurerssohn seine Kindheit zubrachte, nichts auf die Mathematik hinwies. Ein weiterer Unterschied war, daß *Mozart* wie ein echtes Wunderkind frühzeitig starb, während *Gauß* das hohe Alter von 78 Jahren erreichte. Als Siebenjähriger kam *Gauß* auf die Volksschule. Dort stellte sein Lehrer Büttner einmal die Aufgabe, alle Zahlen von 1 bis 100 zu addieren. Uns kommt diese Aufgabe heute etwas unpädagogisch und stumpfsinnig vor. Der gute Büttner hoffte wohl, nun für eine Weile Ruhe zu haben, weil die Schüler für längere Zeit beschäftigt seien. Aber nach ganz kurzer Zeit meldete sich der kleine *Gauß* mit dem richtigen Ergebnis 5050. Er hatte sich folgendes überlegt: Addiere ich die erste und letzte Zahl, so erhalte ich 101. Das gleiche Ergebnis erhalte ich aber auch, wenn ich die zweite und vorletzte Zahl (2 + 99) oder die dritte und vorvorletzte Zahl (3 + 98) addiere usw.

*) L. Bieberbach: „Garl Friedrich Gauß" Berlin 1938

1	2	3		48	49	50
+ 100	+ 99	+ 98	......	+ 53	+ 52	+ 51
101	101	101		101	101	101

Ich erhalte also 50mal die Summe 101, d. h. die Summe aller Zahlen von 1 bis 100 ist $50 \cdot 101 = 5050$. Darauf ließ sich Büttner für den kleinen *Gauß* ein besonderes Rechenbuch aus Hamburg kommen und sorgte dafür, daß das Wunderkind auf das Gymnasium Catharineum kam. Als *Gauß* 14 Jahre alt war, wurde er dem Herzog *Carl Wilhelm Ferdinand von Braunschweig* vorgestellt, der für seine weitere Ausbildung sorgte. Es bestand damals in Braunschweig das Collegium Carolinum, ein Mittelding zwischen höherer Schule und Hochschule, aus dem später die Braunschweiger Technische Hochschule hervorgegangen ist. Dort war es Professor *August Wilhelm Zimmermann* (1743–1815), der das wunderbare mathematische Talent des jungen Mannes erkannte und ihm ein väterlicher Freund wurde.

Im Oktober 1795 bezog *Gauß* die Universität Göttingen. Die Reise von Braunschweig nach Göttingen wurde damals von ärmeren Studenten natürlich zu Fuß zurückgelegt. In Göttingen hörte *Gauß* bei Professor *Heyne* Vorlesungen über klassische Philologie, die ihn damals noch ebenso interessierte wie die Mathematik. Die letztere war in Göttingen durch *Abraham Gotthelf Kästner* (1719 bis 1800) schlecht vertreten. Er war Mathematiker und Dichter zugleich, was weder der Wissenschaft noch der Poesie zuträglich war. So war *Gauß* bei seinen mathematischen Studien ganz auf sich selbst angewiesen. Der einzige, mit dem er sich damals messen konnte, oder der sich vielmehr mit ihm messen konnte, war ein deutscher Mathematiker: *Leonhard Euler* (1707–1783), der aber bereits 12 Jahre tot war. *Gauß* fand in der Göttinger Universitätsbibliothek die Abhandlungen der Petersburger

Akademie der Wissenschaften, welche wichtige Arbeiten *Eulers* enthielten.

Er schreibt darüber an seinen alten Lehrer *Zimmermann* nach Braunschweig:

„... Ich habe die Bibliothek gesehen, und ich verspreche mir davon einen nicht geringen Beitrag zu meiner glücklichen Existenz in Göttingen. Ich habe schon mehrere Bände von den Commentariis Academiae Scientiarum Petropolitanae im Hause, und eine noch größere Anzahl habe ich durchblättert. Ich kann nicht leugnen, daß es mir sehr unangenehm ist zu finden, daß ich den größten Teil meiner schönen Entdeckungen in der unbestimmten Analytik nur zum zweiten Male gemacht habe. Was mich tröstet, ist dieses: Alle Entdeckungen *Eulers*, die ich bis jetzt gefunden habe, habe ich auch gemacht, und noch einige mehr. Ich habe einen allgemeinern und, wie ich glaube, natürlichern Gesichtspunkt getroffen; ich sehe noch ein unermeßliches Feld vor mir, und *Euler* hat seine Entdeckungen in einem Zeitraum von vielen Jahren nach manchen vorhergegangenen tentaminibus gemacht...."

Allmählich wandte sich *Gauß* immer mehr von den alten Sprachen ab und der Mathematik zu, und am 29. März 1796 gelang ihm seine erste große mathematische Entdeckung, die Konstruktion des regelmäßigen 17-Ecks. Damit wurde das Problem der Kreisteilung, das seit *Euklid* geruht hatte, wieder in Fluß gebracht. Es gelang *Gauß*, diese geometrische Aufgabe, um die sich die Mathematiker der Welt 2000 Jahre vergeblich bemüht hatten, dadurch zu lösen, daß er sie mit einem ganz anderen Gebiet zusammenbrachte, nämlich der Zahlentheorie, was wir schon im 4. Kapitel erwähnten. Die Konstruktion des regelmäßigen 17-Ecks war so nur das Nebenergebnis viel weiter reichender zahlentheoretischer Ergebnisse, die erst 1801 unter dem Titel „Disquisitiones arithmeticae" erschienen. Eine vorläufige Mitteilung, die

Konstruktion des regelmäßigen 17-Ecks und eine Ankündigung des geplanten größeren Werkes enthaltend, erschien am 1. Juni 1796 im „Intelligenzblatt der allgemeinen Literatur-Zeitung" in Jena. *Zimmermann* schrieb dazu folgenden Zusatz:

„Es verdient angemerkt zu werden, daß Hr. *Gauß* jetzt in seinem 18ten Jahre steht, und sich hier in Braunschweig mit eben so glücklichem Erfolg der Philosophie und der classischen Litteratur als der höhern Mathematik gewidmet hat.

Den 18. April 96

E. A. W. Zimmermann, Prof."

In Göttingen hatte *Gauß* Freundschaft geschlossen mit dem ungarischen Studenten *Wolfgang Bolyai*, dem wir manche Einzelheiten aus *Gauß'* Leben verdanken. In einem Brief, den *Bolyai* nach *Gauß'* Tode an dessen Biographen, *Sartorius von Waltershausen*, schrieb, heißt es: „*Gauß* ruhte von seiner anhaltenden stillen Arbeit meistens bei mir aus, sprach nie im voraus, selbst bey fertigen schweigend. Nur einmal sah ich an ihm eine mäßige Freude, wo er die kleine Tafel, auf welcher er das Siebenzehneck berechnet hat, zum Andenken mir gab." Und in seiner Selbstbiographie schreibt *Bolyai*: „In Göttingen wurde ich mit dem damals dort studierenden *Gauß* bekannt, mit dem ich noch heute in Freundschaft bin, obgleich weit entfernt, mich mit ihm messen zu können. Er war sehr bescheiden und zeigte wenig. Nicht drei Tage, wie mit *Plato*, jahrelang konnte man mit ihm zusammensein, ohne seine Größe zu kennen. Schade, daß ich dieses titellose, schweigsame Buch nicht aufzumachen und zu lesen verstand. Ich wußte nicht, wieviel er wußte, und er hielt, nachdem er meine Art sah, viel von mir, ohne zu wissen, wie wenig ich bin. Uns verband die (sich äußerlich nicht zeigende) Leidenschaft für die Mathematik und unsere sittliche Übereinstimmung, so daß wir oft miteinander wandernd, jeder mit eigenen Gedanken beschäftigt, stundenlang wortlos waren."

Als man 1880 dem großen Mathematiker in seiner Geburtsstadt ein Denkmal setzte, gab man in Erinnerung an sein Erstlingswerk dem Sockel die Gestalt eines regelmäßigen 17-Ecks. Auf *Kästner* hat jedoch die schöne Entdeckung seines Schülers wenig Eindruck gemacht. *Gauß* beklagt sich darüber in einem Brief an *Zimmermann* vom 26. Mai 1796: „... Ich müßte mich sehr irren, wenn die Kälte, mit der Hr. *Hofrat Kästner* meine Entdeckung aufnahm, aus irgendeiner persönlichen Rücksicht auf mich und nicht vielmehr aus einer gewissen Abneigung gegen alles Neue, die man auch bei der größten Hochachtung an ihm nicht verkennen kann, herrührte. Seinem nachherigen Benehmen nach scheinen auch die Umstände, in denen er damals war, Anteil daran gehabt zu haben. Als ich einige Zeit nachher wieder bei ihm war, fing er selbst von dem Satze an, behauptete aber ganz positiv, daß die Natur der Gleichungen die Unmöglichkeit der Sache beweise. Ich stellte ihm wieder vor, daß die Gleichung nicht, wie er glaubte, vom siebzehnten, sondern, weil man eine Wurzel gleich von selbst kenne, nur vom sechzehnten Grade sei und daß diese sich auf eine vom achten, diese auf eine vom vierten, zweiten und also auflösen lasse. Das schien ihn dieses Mal zu frappieren, und so nahm er sogleich einen anderen Ton an und sagte, wenn es auch richtig wäre, so würde es doch gar keinen Nutzen haben, da man die Vielecke weit leichter nach den Tafeln konstruieren könne, und endlich wandte er es so, daß er behauptete, der Grund von der ganzen Sache sei schon in seinen Anfangsgründen, und er habe es nur nicht der Mühe wert gehalten, es zu entwickeln. Das scheint mir doch inkonsequent. Da ich das erste zugab und in dem anderen nicht widersprach, so erhielt ich endlich die Erlaubnis, es ihm schriftlich vorzulegen. ..."

Als *Gauß* 1798 seine Studien abgeschlossen hatte, promovierte er nicht in Göttingen, sondern in Helmstedt, einem kleinen braunschweigischen Städtchen, das von 1576–1809 eine Universität besaß. Dort war die Mathematik im Gegensatz zu Göttingen durch *Johann Friedrich Pfaff* (1765–1825) gut vertreten. Außerdem legte *Gauß'* Gönner und Landesherr, der *Herzog von Braunschweig*, natürlich Wert darauf, daß seine Untertanen nicht an „ausländischen" Universitäten promovierten. Die Doktorarbeit enthielt einen neuen Beweis des Fundamentalsatzes der Algebra, daß jede Gleichung Lösungen besitzt, indem der alte Beweis *d'Alemberts* als ungenügend kritisiert wurde.

Nach seiner Promotion lebte *Gauß* in Braunschweig von einem kleinen Gehalt, das der Herzog ihm zahlte, und hatte so Muße, seine „Disquisitiones arithmeticae" auszuarbeiten. Wie die meisten Werke *Gauß'* sind die „Disquisitiones" sehr schwer lesbar. Er hatte eine merkwürdige Freude daran, nur die Ergebnisse mitzuteilen und alle Spuren sorgfältig zu verwischen, die dem Leser Aufschluß geben konnten, wie die Ergebnisse erhalten wurden. Außerdem veröffentlichte *Gauß* seine Ergebnisse nur zögernd. Vieles ließ er bis zu seinem Tode im Schreibtisch liegen, wohl weil er die Absicht hatte, es später erst auf eine n o c h kürzere und elegantere Form zu bringen. Er besaß ein Petschaft, auf dem ein mit wenigen Früchten behangener Baum als Umschrift den Wahlspruch trug: „Pauca sed matura" (Weniges, aber Reifes). Einer seiner Schüler, der Astronom *Schumacher*, Direktor der Sternwarte in Kiel, hat *Gauß* oft gebeten, er möge doch seine Ergebnisse schneller und ausführlicher veröffentlichen. Folgende Briefe sind uns erhalten:

„Sie wissen, daß ich langsam schreibe, allein dies kommt hauptsächlich daher, weil ich mir nie anders gefallen kann, als wenn in kleinem Raum möglichst viel ist, und kurz zu schreiben viel mehr Zeit kostet als lang." (Gauß an Schumacher. Göttingen, 2. IV. 1833.)

„Ich komme wieder auf meinen alten Wunsch zurück, daß es Ihnen gefallen möge, länger und schneller zu schreiben. Ich würde Ihnen dann sogleich ein neues Petschaft zu überreichen wagen mit Multa nec immatura." (Schumacher an Gauß. Altona, 6. IV. 1833. Multa nec immatura = Vieles und doch nicht Unreifes.)

„Ich hatte einmal vor, Ihnen ein Siegel stechen zu lassen, mit Ihrem Baum mit wenigen Früchten, und der Umschrift pauca, sed matura, aber darunter in der Exergue N. P. I. nemlich Ludwigs des 14ten Symbolum Nec pluribus impar. Indessen fürchte ich, Sie würden es nicht gebrauchen." (Schumacher an Gauß. Altona, 24. VI. 1836. Exergue = Inschrift, Nec pluribus impar = Auch mehreren gewachsen.)

Das gleiche Thema findet sich in dem Briefwechsel zwischen *Gauß* und den Astronomen *Encke* und *Bessel*:

„Ich hasse alles übereilte Publiciren und wünsche immer nur Reifes zu geben, und da trifft es sich dann nicht selten, daß wegen dieses oder jenen Umstandes, der, nachdem er erledigt ist, wenige Zeilen füllt, ein wochen- oder monatelanger Aufenthalt entsteht.... Es ist von jeher mein gewissenhaft befolgter Grundsatz gewesen, Andeutungen, die aufmerksame Leser in jeder meiner Schriften in großer Menge finden, stets dann erst zu machen, wenn ich den Gegenstand für mich selbst ganz abgemacht habe, und so werden Sie übersehen, daß der oben erwähnte Fall öfters vorkommen kann, wo um mit gutem Gewissen Eine Zeile schreiben zu können, eine, Monate erfordernde Meditation erfordert wird. Diese Art zu arbeiten kann zuweilen die Folge haben, und hat sie zuweilen gehabt, daß auf Dinge, die ich schon seit vielen Jahren besessen habe, später ihrerseits auch andere kommen, und in der Bekanntmachung mir zuvorkommen; sie wird vielleicht auch die Folge haben können, daß manches einmahl mit mir ganz untergeht, und ich weiß, daß einige meiner Freunde wünschen, daß ich weniger in diesem Geiste arbeiten möchte: das wird aber nie geschehen; ich kann einmahl an lückenhaftem keine rechte Freude haben, und eine Arbeit, an der ich keine Freude habe, ist mir nur eine Qual. Möge doch jeder in dem Geiste arbeiten, der ihm am meisten zusagt." (Gauß an Encke. Göttingen, 18. VIII. 1832.)

„Sie haben nie die Verpflichtung anerkannt, durch zeitige Mittheilung eines dem ganzen angemessenen Theils Ihrer Forschung die gegenwärtige Kenntniß der Gegenstände derselben zu befördern; Sie leben für die Nachwelt. . . . Wo würden die mathematischen Wissenschaften, nicht allein in Ihrer Wohnung, sondern in ganz Europa jetzt sein, wenn Sie alles ausgesprochen hätten, was Sie aussprechen konnten! – Es ist nicht nöthig, diesen Gegenstand weiter zu verfolgen; auch fürchte ich, nur zu wiederholen, was Ihnen hundert Mal gesagt ist." (Bessel an Gauß. Königsberg, 28. V. 1837.)

„Vorenthalten kann man nur demjenigen vorwerfen, der etwas ganz fertiges d. i. druckfertiges zurückhält, wenn die Publication in seiner Macht steht. Das ist etwas, was ich in meinem Leben noch nicht gethan habe. Es ist zweierlei, mit einem Gegenstande für sich im wesentlichen ganz im reinen zu sein, und ihn für den Druck ausgearbeitet zu haben. Zu letzterm brauche ich, da ich einmal nicht anders als langsam arbeiten kann, Zeit, viel Zeit, viel mehr Zeit, als Sie sich wohl vorstellen mögen. Und meine Zeit ist vielfach beschränkt, sehr beschränkt. Ich brauche ferner dazu (zum Ausarbeiten in diesem Sinne viel mehr als zum ersten Aufsuchen) Heiterkeit des Geistes, und die ist leider nur zu sehr und zu vielfach getrübt. Ich darf daher wohl bitten, billiger über mich zu urtheilen." (Gauß an Bessel, Göttingen, 28. II. 1839.)

Aus dem Schluß des letzten Briefes erkennt man, daß außer dem Wunsche, vor der Drucklegung alles bis ins kleinste auszufeilen, auch noch eine gewisse Schwermut *Gauß* bei seinen Veröffentlichungen lähmte. So schreibt er am 20. IV. 1848 an *Bolyai*:

„Es ist wahr, mein Leben ist mit Vielem geschmückt gewesen, was die Welt für beneidenswert hält. Aber glaube mir, lieber *Bolyai*, die herben Seiten des Lebens, wenigstens, des meinigen, die sich wie der rothe Faden dadurch ziehen, und denen man im höhern Alter immer wehrloser gegenübersteht, werden nicht zum hundertsten Theile aufgewogen von dem Erfreulichen. Ich will gern zugeben, daß dieselben Schicksale, die zu tragen mir so schwer geworden ist, und noch ist, manchem andern viel leichter gewesen wären, aber die Gemüthsverfassung gehört zu unserm Ich, der Schöpfer unsrer Existenz hat sie uns mitgegeben, und wir vermögen wenig daran zu ändern."

Eine solche seelische Ermüdung scheint oft kurz vor der Erreichung eines Zieles über *Gauß* gekommen zu sein und hat die Vollendung manches Werkes verhindert. Von seinen Schriften gilt also wohl das bekannte Wort von *Beaumarchais*, daß die Bücher wie die „Kinder der Frauen" sind: „conçus avec volupté, menés à terme avec fatigue, enfantés avec douleur".

Mit diesem Mangel an Freudigkeit hängt vielleicht die unpersönliche Kälte zusammen, die uns aus allen Schriften *Gauß'* entgegenweht und ihr Studium sosehr erschwert. Ganz besonders gilt dies gleich von seinem ersten großen Werke, den oben schon erwähnten „Disquisitiones arithmeticae". *Gauß* bedarf also wie kein zweiter Schriftsteller eines Kommentators. Glücklicherweise hat sich ein ganz hervorragender Mittler *Gauß*schen Geistes in seinem Nachfolger in der Göttinger Professur, *Dirichlet* (1805–1859), gefunden, wenigstens was die „Disquisitiones" anbetrifft. *Sartorius von Waltershausen* schreibt in seiner Schrift „Gauß zum Gedächtnis" (1856): „So wie gewisse Geistliche mit ihrem Gebetbuch umherziehen, pflegt ein großer Mathematiker unseres Jahrhunderts nur in Begleitung eines ganz zerlesenen, aus dem Einband gewichenen Exemplares der ‚Disquisitiones arithmeticae' auf alle seine Reisen zu gehen." Und *Kummer* sagt in seiner Gedächtnisrede auf *Dirichlet*: „Er hat *Gauß'* ‚Disquisitiones arithmeticae' nicht nur einmal oder mehreremal durchstudiert, sondern sein ganzes Leben hindurch hat er nicht aufgehört, die Fülle der tiefen mathematischen Gedanken, die das Buch enthält, durch wiederholtes Lesen sich immer wieder zu vergegenwärtigen, weshalb es bei ihm auch nie auf dem Bücherbrett aufgestellt war, sondern seinen bleibenden Platz auf dem Tische hatte, an welchem er arbeitete. ... *Dirichlet* war der erste, der dieses Werk nicht allein völlig verstanden, sondern auch für andere erschlossen hat."

Nach Vollendung der „Disquisitiones" wandte sich *Gauß* astronomischen Arbeiten zu. Sein Biograph, *Sartorius von Waltershausen*, schreibt darüber: „Die Mathematik hielt Gauß, um seine eigenen Worte zu gebrauchen, für die Königin der Wissenschaften und die Arithmetik für die Königin der Mathematik. Diese lasse sich dann öfter herab, der Astronomie und andern Naturwissenschaften einen Dienst zu erweisen, doch gebühre ihr unter allen Verhältnissen der erste Rang."

Die Veranlassung, daß sich der Mathematiker *Gauß* zur Astronomie „herabließ", gab ein Ereignis, das damals die Gemüter beschäftigte: die Entdeckung der Ceres durch *Piazzi*, am 1. Januar 1801.

Im Altertum und Mittelalter unterschied man 7 Wandelsterne: Sonne, Mond und die 5 Planeten Merkur, Venus, Mars, Jupiter, Saturn. Als dann *Kopernikus* die Sonne statt der Erde in den Mittelpunkt der Welt stellte, traten an die Stelle der 7 Wandelsterne die 6 Planeten: Merkur, Venus, Erde, Mars, Jupiter und Saturn. Die heilige 7 war damit also verlorengegangen. *Kepler* (1571 bis 1630) stellte dann drei Gesetze auf, nach denen sich die Planeten um die Sonne bewegen. Über die Abstände der Planeten von der Sonne hatte *Titius*, Professor der Mathematik zu Wittenberg, 1766 eine Regel angegeben, die weiteren Kreisen bekannt wurde, als der Berliner Astronom *Bode* 1772 in seinem vielgelesenen Buche „Anleitung zur Kenntnis des gestirnten Himmels" auf die Regel besonders hinwies. Sie geht seitdem unter dem Namen *Bode-Titius*sches Gesetz und lautet folgendermaßen: Man bilde die Reihe der Zahlen

0, 1, 2, 4, 8, 16, 32, 64, 128, 256,

von denen jede (mit Ausnahme der zweiten) doppelt so groß ist wie die vorangehende. Dann multipliziere man jede mit 3:

0, 3, 6, 12, 24, 48, 96, 192, 384, 768

und zähle schließlich noch 4 dazu:

4, 7, 10, 16, 28, 52, 100, 196, 388, 772.

Diese Zahlen sollen nun die Abstände der Planeten von der Sonne angeben, falls man den Abstand der Erde willkürlich = 10 setzt. Die tatsächlichen Abstände in diesem Maßstab sind folgende: Merkur (3,9), Venus (7,2), Erde (10), Mars (15,2), Jupiter (52), Saturn (95,4). Es ergibt sich also eine leidliche Übereinstimmung, aber zur Zahl 28 der *Titius*schen Reihe gehört kein Planet. Zwischen Mars und Jupiter ist scheinbar eine Lücke.

1781 entdeckte *William Herschel* einen neuen Planeten, als er mit seinem für die damalige Zeit besonders leistungsfähigen Fernrohr den Himmel durchmusterte, ohne gerade besonders nach einem Planeten zu suchen. Der neue Planet, der den Namen Uranus erhielt, hatte im obigen Maßstab (Abstand der Erde = 10) die Entfernung 191,9, paßte also leidlich zur Zahl 196 der *Titius*schen Reihe.

Die Lücke zwischen Mars und Jupiter war damit zwar nicht geschlossen worden, aber man war wieder auf die heilige Zahl 7 gekommen. Der Philosoph *Hegel* (1770 bis 1831) habilitierte sich 1801 in Jena mit einer „Dissertatio philosophica de orbitis planetarum", in der er auf Grund pythagoreischer Zahlenspielereien „nachwies", daß es nicht mehr als 7 Planeten geben könne. Es ist eine Ironie des Schicksals, daß dieser Beweis gerade im Jahre 1801 geführt wurde, wenige Wochen, nachdem der achte Planet entdeckt worden war, die obenerwähnte Ceres. Dem wissenschaftlichen Ansehen *Hegels* hat dieses Mißgeschick bekanntlich nichts geschadet, er wurde trotzdem der berühmteste Philosoph der Romantik. Als man ihn darauf aufmerksam machte, daß seine Lehre mit den Tatsachen im Widerspruch stände, soll er geantwortet haben: „Um so schlimmer für die Tatsachen."

Man wußte 1801 allerdings noch nicht genau, ob es sich bei der Entdeckung *Piazzis* um einen neuen Planeten oder um einen Kometen ohne Schweif handelte. Man hatte die Ceres nur über eine kurze Strecke (9°) beobachten können. Dann war sie in den Sonnenstrahlen verschwunden und konnte zunächst nicht wieder gefunden werden. Es war nun eine schwierige mathematische Aufgabe, aus den wenigen Beobachtungen die Bahn der Ceres zu berechnen. An diese Arbeit machte sich der damals 24jährige *Gauß*, und es gelang ihm tatsächlich, die Bahn der Ceres so genau zu berechnen, daß nach seinen Angaben der Astronom *Olbers* den Planeten wiederfand, und zwar genau ein Jahr nach seiner ersten Entdeckung, am 1. Januar 1802.

Die Ceres liegt tatsächlich in der Lücke zwischen Mars und Jupiter. Sie ist aber mit den anderen Planeten nicht ohne weiteres vergleichbar, da sie viel kleiner ist. Ihr

Durchmesser beträgt weniger als 800 km, während der Erddurchmesser mehr als 12 000 km lang ist. Am 28. März 1802 entdeckte *Olbers* einen zweiten, noch etwas kleineren Planeten, die Pallas, deren Bahn ebenfalls zwischen Mars und Jupiter liegt. 1804 folgte die Entdeckung der Juno durch *Harding*, und 1807 die der Vesta durch *Olbers*. Seitdem sind über 1000 derartige kleine Planeten (auch Asteroiden genannt) entdeckt worden. Bildet man aus ihnen das Mittel, stellt man sich etwa vor, sie seien aus einem Planeten normaler Größe entstanden, der geplatzt ist, so erhält man als Abstand dieses Planeten von der Sonne 26,5, was mit der Zahl 28 der *Titius*schen Reihe leidlich übereinstimmt. Der Vollständigkeit wegen wollen wir hier noch erwähnen, daß 1846 ein neuer großer Planet entdeckt wurde, der Neptun, und 1930 der vorläufig letzte, Pluto. Ihre Entfernungen von der Sonne sind 300,7 und 396, was nun ganz und gar nicht mit den *Titius*schen Zahlen 388 und 772 übereinstimmt. Die ungefähre Gültigkeit des *Bode-Titius*schen Gesetzes für die ersten 7 bzw. 8 Planeten scheint also nur zufällig zu sein.

Kehren wir nun zu dem kleinen Planeten Pallas zurück. Die *Kepler*schen Gesetze bestimmen die Bahnen, welche die Planeten infolge der Anziehung durch die Sonne beschreiben. Nun ziehen sich aber a l l e Himmelskörper gegenseitig an, also auch die Planeten untereinander. Dadurch werden die *Kepler*-Bahnen der Planeten etwas „gestört". Diese Beeinflussung durch andere Planeten ist bei der Pallas sehr stark, was diesem kleinen Planeten ein besonderes Interesse verleiht, aber die Berechnung seiner Bahn außerordentlich erschwert. Die Pariser Akademie setzte daher wiederholt auf die befriedigende Lösung des Problems einen Preis aus. Auch *Gauß* beschäftigte sich lange Zeit mit den „Störungen" der Pallas, ohne zu einem endgültigen Ergebnis zu kommen. Natürlich wird sich nie entscheiden lassen, ob an der Schwierigkeit der Aufgabe auch sein Genie scheiterte oder ob das Problem einer der seelischen Depressionen zum Opfer gefallen ist, von denen wir oben sprachen.

Verfolgen wir nun *Gauß'* äußere Lebensschicksale weiter. Die Berechnung der Ceresbahn hatte ihn in der wissenschaftlichen Welt bekannt gemacht, was ihm zunächst eine Berufung an die Petersburger Akademie der Wissenschaften einbrachte. Er lehnte sie jedoch ab, aus Dankbarkeit gegen seinen Landesherrn, der ihn bis dahin unterstützt hatte, und von dem er wohl hoffte, daß er ihm in Braunschweig eine eigene Sternwarte einrichten würde. Im November 1803 verlobte er sich mit Johanna Osthoff, der Tochter eines Weißgerbers; er heiratete sie am 9. Oktober 1805. Das junge Eheglück wurde durch die Kriegswirren gestört. Sein hoher Gönner, der *Herzog von Braunschweig*, wurde als Führer des preußischen Heeres in der unglücklichen Schlacht bei Auerstedt durch eine Kartätschenkugel seines Augenlichtes beraubt und starb am 10. November 1806 auf der Flucht in Ottensen. *Gauß* entschloß sich nun doch, Braunschweig zu verlassen und folgte im November 1807 einem Rufe an die Universität Göttingen. Die Lehrtätigkeit hat ihm leider nie Freude gemacht. Am 4. XII. 1808 schreibt er an *Bessel:*

„... Zu den zersplitternden Geschäften gehören besonders meine Vorlesungen, die ich in diesem Winter zum ersten Male halte, und die mich eben deswegen jetzt viel mehr Zeit kosten, als mir lieb ist. Ich hoffe indeß, daß das zweite Mal dieser Zeitaufwand viel geringer sein werde, sonst würde ich mich damit nie aussöhnen können ... selbst praktische (astronomische) Arbeiten müssen doch weit mehr Satisfaction geben, als wenn man ein Paar mittelmäßige Köpfe mehr bis zum B bringt, die sonst beim A stehen geblieben wären!"

Und am 7. I. 1810 an denselben:

„Ich lese in diesem Winter zwei Collegia für drei Zuhörer, wovon einer nur mittelmäßig, einer kaum mittelmäßig vorbereitet ist, und dem dritten sowohl Vorbereitung als Fähigkeit fehlt. Das sind nun einmal die onera einer mathematischen Profession."

Auch sonst waren die ersten Jahre in Göttingen für *Gauß* nicht glücklich. Als er eintraf, war die alte hannoversche Regierung in Auflösung und die neue westfälische noch nicht gebildet. Dadurch verzögerten sich die Gehaltszahlungen, und zum Überfluß wurde ihm eine Zwangsanleihe von 2000 Franken für das neue Königreich Westfalen auferlegt. Durch Freundeshilfe kam er über diese Schwierigkeiten hinweg. Viel größer war das Unglück, von dem *Gauß* in seiner Familie betroffen wurde. Seine Frau Johanna hatte ihm noch in Braunschweig 1806 einen Sohn geschenkt, der zur Erinnerung an *Giuseppe Piazzi*, den Entdecker der Ceres, den Namen Joseph erhielt. In Göttingen folgte 1808 eine Tochter, Wilhelmine. Voller Freude hatte kurz vorher *Gauß* an *Olbers* geschrieben: „Sie, teuerster Olbers, müssen mir dann Gefatter sein. Das dritte Mal müßte es dann Harding, das vierte Mal Sie wieder sein! ich will doch sehen, ob ich die Asteroiden einholen und mit ihnen Schritt halten kann." Aber das dritte Kind, ein zweiter Sohn, Louis, kostete der Mutter das Leben. Am 12. Oktober 1809 schreibt *Gauß* an *Olbers*: „Lieber Olbers! Sie luden mich so freundlich ein, Sie zu besuchen, wenn meine Frau sich wohl befände. Jetzt befindet sie sich wohl. Gestern abend um acht Uhr habe ich ihre Engelsaugen, in denen ich seit fünf Jahren einen Himmel fand, zugedrückt. Der Himmel gebe mir Kraft, diesen Schlag zu tragen. Erlauben Sie mir jetzt, teurer Olbers, bei Ihnen ein paar Wochen in den Armen der Freundschaft Kräfte für das Leben zu sammeln, das jetzt nur noch als meinen drei unmündigen Kindern gehörig Wert hat." Von diesen Kindern folgte das jüngste schon am 1. März 1810 seiner Mutter in den Tod.

Die reichen Erfahrungen, die *Gauß* bei der Berechnung der Ceres- und Pallasbahn gesammelt hatte, legte er in einem Buche nieder, das gleichsam zum Gesetzbuch der mathematischen Astronomie geworden ist. In den unruhigen Zeiten war es aber schwierig, einen Verleger für das Werk zu gewinnen. Am 3. Januar 1807 schreibt *Gauß* an den Astronomen *von Zach* in Gotha: „Mein Werkchen über die Bestimmung der Planetenbahnen usw. naht sich seiner Vollendung. Bey den jetzigen Zeitumständen, fürchte ich, wird es vielleicht in Deutschland einige Mühe kosten, einen soliden Verleger zu finden." Und am 12. Mai 1807 an *Bessel*: „Mein Büchlein über die Planetenbahnen wird nun hoffentlich bald ans Licht kommen können. *Perthes* ist willig, Hebeammendienst dabei zu thun, und ich denke, wir wollen über die Bedingungen leicht einig werden. Bloß die Übersetzung ins Lateinische verursacht noch einigen Aufenthalt, ich verdenke es indeß dem Buchhändler nicht, daß er seines Vortheils wegen darauf besteht."

Es ist bemerkenswert, daß es damals also noch kein Verleger wagte, ein wissenschaftliches Werk in deutscher Sprache herauszubringen. Das fragliche Buch erhielt daher den Titel: „Theoria motus corporum coelestium in sectionibus conicis Solem ambientium" (Theorie der Bewegung der Himmelskörper, die die Sonne in Kegelschnitten umlaufen). Zur Erklärung des Titels sei kurz gesagt: Schneidet man einen Kegel durch eine Ebene, so entstehen drei Arten von Schnittkurven: Ellipse, Parabel, Hyperbel. Die Ellipse ist eine geschlossene Kurve, die beiden anderen sind offen. In Ellipsen bewegen sich die Planeten und von den Kometen diejenigen, die nach einer gewissen Zeit wiederkommen, wie z. B. der *Halley*sche Komet. In Parabeln und Hyperbeln bewegen sich die anderen Kometen, die also nur einmal in Sonnennähe kommen und dann auf Nimmerwiedersehen verschwinden.

Wie groß die Bedeutung ist, die *Gauß* selbst seiner „Theoria motus" beimaß, geht aus einem Brief hervor, den er an seinen Verleger schrieb, als dieser ihm vorgeschlagen hatte, auf die letzte Korrektur zu verzichten: „Ich lege auf die Korrektheit dieses Werkes, das mir mehrere Jahre hindurch viel Arbeit gemacht hat und, wenn ich mich nicht täusche, auch noch nach Jahrhunderten studiert werden soll, einen solchen Wert, daß ich gern zufrieden bin, daß Sie mir die von den Herren Breitkopf und Härtel in dieser Hinsicht gemachten Auslagen in Rechnung bringen, wenn ich vor wie nach alle Bogen selbst erst revidieren kann."

Auf die astronomischen Arbeiten folgten geodätische. Auch auf diesem Gebiete hatte *Gauß* bereits einige Erfahrung. Als durch den Separatfrieden von Basel Preußen 1795 aus der Koalition gegen Napoleon ausgeschieden war, übte es eine gewisse Hegemonie über die norddeutschen Kleinstaaten aus. Eine preußische Armee, deren Oberbefehlshaber der *Herzog von Braunschweig* war, sollte die Neutralität Norddeutschlands garantieren. Der Teil dieser Armee, der in Westfalen lag, stand unter dem Befehl des Obersten und Generalquartiermeisters *Lecoq*. Von 1797 bis 1801 führte dieser eine Landesvermessung des Herzogtums Westfalen durch, wobei er von *Gauß*, auf den ihn der *Herzog von Braunschweig* aufmerksam gemacht hatte, beraten wurde. Zum zweiten Male kam *Gauß* dann 1816 mit der Geodäsie in Berührung. Am 8. Juni dieses Jahres schreibt ihm *Schumacher*, daß ihn der *König von Dänemark* mit der Durchführung einer Breitengrad- und Längengradmessung in dänischem Gebiet beauftragt habe. „Sie können sich leicht denken, daß ich alles aufbieten werde, etwas so Vollkommenes als möglich zu leisten, und hier ist es, wo ich mir Ihren Rat erbitte. Zeigen Sie mir doch an, worin Sie Verbesserung der gewöhnlichen Methoden wünschen, und entwerfen Sie mir den Plan der Berechnungen. Wäre es nicht möglich, daß Sie, oder *Lindenau* oder alle beide, den Meridian durch Hannover fort bis gegen Gotha oder bis an die bayrischen Dreiecke führten, und daß wir dann gemeinschaftlich eine Grundlinie in der Nähe von Hamburg mäßen?" Im Sommer 1817 besuchte *Schumacher* seinen Freund *Gauß* in Göttingen. Es wurde verabredet, daß *Schumacher* auf der Rückreise seine Pläne selbst in Hannover vortragen solle, da *Gauß* selbst alle derartigen Besuche bei Regierungskreisen haßte. Nach längeren Verhandlungen, die für die damalige deutsche Kleinstaaterei kennzeichnend sind, kommt endlich eine Einigung darüber zustande, daß die schleswig-holsteinische Gradmessung in Hannover fortgesetzt werden soll.

Bei den ersten Vermessungen in Lüneburg machte *Gauß* eine wichtige Erfindung, als er zufällig das von den Sonnenstrahlen getroffene Fenster des obersten Zimmers im Michaelisturm in Hamburg sah. Das brachte ihn auf den Gedanken, einen Spiegel, in dem man das Sonnenlicht reflektieren läßt, zu Signalzwecken zu verwenden. Ein solcher „Heliostat" (*Gauß* nannte ihn „Heliotrop") war vor der Erfindung des elektrischen Lichtes und des Gasglühlichtes das einzige Mittel, um größere Entfernungen durch Signale zu überbrücken. Am 14. August 1821 schreibt *Gauß* an *Olbers*: „... Aber alle Beschreibung reicht nicht hin; Sie müßten den wunderherrlichen Effekt selbst sehen, um sich einen rechten Begriff davon zu machen. Am 28. Juli war auf dem Inselsberg Nebel und Sturmwind. *Encke* hatte seine Instrumente daher gar nicht herausbringen können, saß verdrießlich im Häuschen, wo er in dem Fernrohr das Heliotroplicht sah, ohne es mit etwas anderem verbinden zu können. Viele neugierige Gothaer waren auch oben und schauten mit durch; allein sie ließen sich nicht ausreden, daß *Encke* ihnen nur etwas weismachen wolle, und daß es eine ungeheure Feuersbrunst sein müsse, die sie durch den Nebel sahen." Von der Rolle, die das Riesendreieck: Hohe Hagen – Inselsberg – Brocken für die nichteuklidische Geometrie spielen sollte, haben wir schon im 9. Kapitel gesprochen.

Gauß' Vermessungsarbeiten im Gelände trugen auch mathematische Früchte. Sie veranlaßten ihn zu seinen Arbeiten über Flächentheorie und Wahrscheinlichkeitsrechnung. Bei der letzteren handelte es sich darum, aus einer Anzahl von Messungen, die für eine gesuchte Größe nicht alle den gleichen Wert ergeben, da ja alle Messungen mit Fehlern behaftet sind, den Wert zu ermitteln, der dem wahren Werte w a h r s c h e i n l i c h am nächsten kommt. *Gauß* pflegte in den Göttinger „Gelehrten Anzeigen" über seine größeren wissenschaftlichen Arbeiten Mitteilungen zu machen, die weiteren Kreisen verständlich sein sollten. In einer solchen Mitteilung aus dem Jahre 1821 heißt es:

„... Obgleich die zufälligen Fehler keinem Gesetz folgen, sondern ohne Ordnung in einer Beobachtung größer, in einer anderen kleiner ausfallen, so ist es doch gewiß, daß bei einer bestimmten Beobachtungsart, auch die Individualität des Beobachters und seiner Werkzeuge als bestimmt betrachtet, die aus jeder einfachen Fehlerquelle fließenden Fehler nicht bloß in gewissen Grenzen eingeschlossen sind, sondern daß auch alle möglichen Fehler zwischen diesen Grenzen ihre bestimmte relative Wahrscheinlichkeit haben, derzufolge sie nach Maßgabe ihrer Größe häufiger oder seltener zu erwarten sind, und derjenige, der eine genaue und vollständige Einsicht in die Beschaffenheit einer solchen Fehlerquelle hätte, würde diese Grenzen und den Zusammenhang zwischen der Wahrscheinlichkeit der einzelnen Fehler und ihrer Größe zu bestimmen imstande sein, auf eine ähnliche Weise, wie sich bei Glücksspielen, sobald man ihre Regeln kennt, die Grenzen der möglichen Gewinne und Verluste und deren relative Wahrscheinlichkeiten berechnen lassen.... Wenn die Größen, deren Werte durch Beobachtung gefunden sind, mit einer gleichen Anzahl unbekannter Größen auf eine bestimmte Art zusammenhängen, so lassen sich, allgemein zu reden, die Werte der unbekannten Größen aus den Beobachtungen durch Rechnung ableiten. Freilich werden jene Werte auch nur näherungsweise richtig sein, insofern die Beobachtungen es waren; allein die Wahrscheinlichkeitsrechnung hat nichts dabei zu tun, als die Unsicherheit jener Bestimmungen zu würdigen, indem sie die der Beobachtungen voraussetzt. Ist die Anzahl der Unbekannten größer als die der Beobachtungen, so lassen sich jene aus diesen noch gar nicht bestimmen. Allein wenn die Anzahl der unbekannten Größen kleiner ist als die der Beobachtungen, so ist die Aufgabe mehr als bestimmt: es sind dann unendlich viele Kombinationen möglich, um aus den Beobachtungen die unbekannten Größen abzuleiten, die freilich alle zu einerlei Resultaten führen müßten, wenn die Beobachtungen absolute Genauigkeit hätten, aber unter den obwaltenden Umständen mehr oder weniger voneinander abweichende Resultate hervorbringen. Aus dieser ins Unendliche gehenden Mannigfaltigkeit von Kombinationen die zweckmäßigste auszuwählen, d. i. diejenige, wobei die Unsicherheit der Resultate die möglichst kleinste wird, ist unstreitig eine der wichtigsten Aufgaben bei der Anwendung der Mathematik auf die Naturwissenschaften.... Diese Methode, welche er (der Verfasser) nachher, besonders seit 1801, bei allerlei astronomischen Rechnungen fast täglich anzuwenden Gelegenheit hatte und auf welche auch *Legendre* inzwischen gekommen war, ist jetzt unter dem Namen Methode der kleinsten Quadrate im allgemeinen Gebrauch, und ihre Begründung durch die Wahrscheinlichkeitsrechnung sowie die Bestimmung der Genauigkeit der Resultate selbst nebst anderen damit zusammenhängenden Untersuchungen sind in der theoria motus corporum coelestium ausführlich entwickelt. . . .

Der Verfasser, welcher in gegenwärtiger Abhandlung diese Untersuchung aufs neue vorgenommen hat, indem er von einem ähnlichen Gesichtspunkte ausging wie *De Laplace*, aber den Begriff des mittleren zu fürchtenden Fehlers auf eine andere und, wie mir scheint, schon an und für sich natürliche Art feststellt, hofft, daß die Freunde der Mathematik mit Vergnügen sehen werden, wie die Methode der kleinsten Quadrate in ihrer neuen hier gegebenen Begründung allgemein als die zweckmäßigste Kombination der Beobachtungen erscheint, nicht näherungsweise, sondern nach mathematischer Schärfe, die Funktion für die Wahrscheinlichkeit der Fehler sei, welche sie wolle, und die Anzahl der Beobachtungen möge groß oder klein sein."

Es ließe sich eine volle *Gaußbiographie* zusammenstellen, die nur aus Briefen bestände. Man muß sich wundern, daß ein so stark beschäftigter Gelehrter Zeit zu so vielen und langen Briefen fand, die alle sorgfältig aufbewahrt worden sind. Obwohl seine erste Frau aus ganz kleinen Verhältnissen stammte und kaum lesen und schreiben konnte, hielt *Gauß* doch nicht persönlich um ihre Hand an, sondern machte das in einem langen, wohlstilisierten Brief. Bei seiner zweiten Frau, Minna, der Tochter des Göttinger Juristen *Waldeck*, ging der eigentlichen Werbung sogar ein langer Briefwechsel mit der Schwiegermutter voraus. Im Oktober 1809 war Frau Johanna gestorben. Ende Februar 1810 schreibt *Gauß* an Frau *Waldeck*:

„Ich wähle den Weg der schriftlichen Unterhaltung über eine mir und Ihnen, verehrteste Frau Hofrätin, beinahe gleich wichtige Angelegenheit, weil ich nicht weiß, wie bald ich sonst zu einer ungestörten mündlichen Gelegenheit finden würde . . . Es sind jetzt fünf Monate, seit ein Band, welches, wie Sie selbst wissen, mich so glücklich machte, zerrissen ist. Ihnen brauche ich nicht zu sagen, daß ich meinen Verlust noch in seiner ganzen Größe fühle. Gott weiß, daß ich nie aufhören kann, ihn zu fühlen. Allein die Zeit hat mich in den Stand gesetzt, über meine Lage, meine Verhältnisse, meine Aussichten und meine Pflichten ernst und ruhig nachzudenken, und einige äußere Umstände haben dazu beigetragen, mich zu einem solchen Nachdenken aufzufordern.

Ich bin zu der Überzeugung gelangt, daß ich bei meinem Charakter und meiner Lebensweise isoliert nie wieder eine volle Heiterkeit erlangen kann, um so weniger, da ich nach der Trennung einer so innigen Verbindung, die alle meine Wünsche befriedigte, jetzt die Öde hundertfach fühle. Fast ebensoviel wie ich haben meine Kinder verloren, und wie unendlich groß die Entbehrung einer Mutter, besonders für eine Tochter ist, darf ich Ihnen nicht erst sagen.

Ein auswärtiger, es mit mir väterlich wohlmeinender Freund, der meine Denkart und Verhältnisse kennt und sich für mein Glück mit Wärme interessiert, hat mir vor kurzem diese Betrachtungen zu Gemüte geführt und Vorschläge zu einer zweiten Verbindung getan, wodurch seiner Meinung nach meine Ruhe wiederhergestellt werden könnte.... Diese Vorstellung würde indes wohl nur ein vorübergehender Gedanke geblieben sein, da ich die Schwierigkeit, alles, was bei meiner Lebensansicht zu einer glücklichen Verbindung erfordert wird, vereinigt zu finden, in ihrer ganzen Größe fühle und in dem Kreise meiner Bekanntschaft kein Frauenzimmer kenne, in Verbindung mit welcher ich mir ein ganz reines Glück zu versprechen wagte. Höchst wichtig mußte mir daher ein Ereignis sein, in welchem ich den Fingerzeig einer höheren Hand zu erkennen wagen würde, wenn ein solcher Gedanke nicht zu vermessen und zu voreilig wäre.

Heute vor vierzehn Tagen erfuhr ich zufällig, daß Ihre Demoiselle Tochter von einer Verbindung frei geworden ist, und zwar auf eine Art, die beweist, wie sehr sie sich darüber getäuscht hatte und wie wenig jene Verbindung sie würde haben glücklich machen können. Nach dieser Ansicht kann sie und Sie sich nichts anders als Glück dazu wünschen.

Ich kenne den Wert Ihrer Tochter nicht erst seit gestern, und zum Teil durch meine verewigte Frau, die über weiblichen Wert eine vollgültige Richterin war. Ich habe, solange ich jene kenne, ein herzliches Wohlwollen gegen sie gehegt und bin gewiß, daß dieses Wohlwollen zu der Wärme einer ernsten Liebe werden würde, wenn ich so glücklich wäre, es erwidert zu sehen. Ich bin ebenso gewiß, daß, wenn die Seligen sich noch um das Tun der Zurückgebliebenen bekümmern, die Verewigte mit Wohlgefallen eine von ihr so sehr geschätzte und geliebte Person auf dem von ihr verlassenen Platze als meine Lebensgefährtin und als Mutter meiner Kinder sehen würde.

Bei dem steten Wohlwollen, womit Sie, verehrteste Freundin, mich beehrt haben, verdiene ich wohl Entschuldigung, wenn ich mir schmeichle, daß Sie selbst mit Vertrauen mir das Glück Ihrer Tochter übergeben würden. Ich vermute auch nicht, daß Ihr Herr Gemahl dagegen sein würde. Sind diese beiden Voraussetzungen gegründet, so würde alles nur darauf ankommen, ob ich imstande bin, das Vertrauen und die Zuneigung Ihrer Tochter zu gewinnen.

Ich verhehle mir nicht, daß sie ein Opfer bringt, wenn sie sich entschließt, dreien noch unerzogenen Kindern Mutter zu werden. Ich würde kaum den Mut haben, dies zu hoffen, wenn ich mir nicht schmeichelte, daß sie, die nun früh das Leben von der ernsten Seite kennen und den Wert wahrer Zuneigung schätzen gelernt hat, doch wohl in dem, was ich ihr anbieten kann, eine freilich nicht glänzende, aber für bescheidene Wünsche zureichende Lage, ein unbescholtener, von vielen geachteter und von einigen edlen Menschen warm geliebter Name und, was die Hauptsache ist, eine treue innige Liebe, für jenes Opfer Ersatz finden könnte.

Sie kennen nun, verehrteste Frau Hofrätin, meine von mir reiflich überlegten Wünsche. Es ist nicht meine Meinung, daß Sie Ihrer Tochter Winke davon geben oder sie vorbereiten sollten. Im Gegenteil wünsche ich ausdrücklich, daß dieser Brief und die Ihnen darin gemachten Eröffnungen, wenigstens vorderhand, ganz unter uns beiden bleibe. Gegenwärtig geht meine Bitte nur lediglich dahin, wenn irgend Ursachen vorhanden sein sollten, um deretwillen die Erfüllung meiner Wünsche nicht wahrscheinlich wären, mir lieber gleich meine Hoffnungen zu nehmen, ehe ich mich ihnen zu sehr überlasse. Ich selbst habe mehr als einmal, wenngleich nicht in Herzensangelegenheiten, erfahren, daß das Fehlschlagen langgenährter Hoffnungen und das Erwachen aus süßen Träumen oft fast ebenso schmerzlich ist als der Verlust einer Wirklichkeit."

Die Hofrätin muß ihm wohl Mut gemacht haben, denn einen Monat später schreibt er an *Minna Waldeck* selbst: „Mit klopfendem Herzen schreibe ich Ihnen diesen Brief, von dem das Glück meines Lebens abhängt. Wenn Sie ihn empfangen, sind Sie schon bekannt mit meinen Wünschen. Wie werden Sie, Beste, sie aufnehmen? Werde ich Ihnen nicht in einem nachteiligen Licht erscheinen, daß ich, noch kein halbes Jahr nach dem Verlust einer so geliebten Gattin, schon an eine neue Verbindung denke? Werden Sie mich deshalb für leichtsinnig oder noch schlimmer halten?

Ich hoffe, Sie werden es nicht. Wie könnte ich auch den Mut haben, Ihr Herz zu suchen, wenn ich mir nicht schmeichelte, in Ihrer Meinung so gut zu stehen, daß Sie mich keiner Motive für fähig halten können, für die ich erröten müßte.

Ich ehre Sie viel zu sehr, um es Ihnen verschweigen zu wollen, daß ich Ihnen nur ein geteiltes Herz anzubieten habe, in welchem das Bild des verklärten Schattens nie verlöschen wird. Aber wenn Sie wüßten, Sie Gute, wie sehr die Verewigte Sie liebte und achtete, Sie würden mich ganz verstehen, daß ich in diesem wichtigen Augenblick, wo ich Sie frage, ob Sie sich entschließen können, den von der Verewigten verlassenen Platz einzunehmen, diese lebendig vor mir sehe, freudig meinen Wünschen zulächelnd und mir und unsern Kindern Heil und Segen wünschend. . . ."

Am 4. August 1810 fand die Hochzeit statt. Die Ehe wurde sehr glücklich. Am 2. Juli 1811 schreibt *Gauß* an *Schumacher*: „Der Niederkunft meiner Frau sehe ich jetzt mit jedem Tage entgegen. Wollen Sie denn nicht bald auch ans Heiraten denken, da Sie ja jetzt sedem fixam haben? Auch um deswillen müßten Sie hierher kommen – nicht um hier zu wählen – sondern um zu sehen, wie glücklich ich bin" Und vier Wochen später: „Mit Teilnahme werden Sie gewiß, teuerster Freund, hören, daß meine Frau am 29. Julius glücklich von einem Sohn entbunden ist. Meine Ängstlichkeit war groß, und ich habe deswegen Ihnen es nicht eher schreiben wollen, bis ich zugleich hinzusetzen könnte, daß meine Frau ganz über den Berg ist. Das kann ich jetzt; bereits geht sie wieder aus, und der kleine Eugen gedeiht zusehends; er sieht seinem verstorbenen Bruder Louis sehr ähnlich."

Ende Oktober 1813 wird ein weiterer Sohn Wilhelm geboren, und im Juni 1816 eine Tochter Therese. Im Sommer 1818 aber beginnt Frau Minna zu kränkeln. Im Juli macht sie eine Kur in Pyrmont. *Gauß* schreibt ihr: „Möge der Himmel Deine Kur segnen, damit Du gesund und froh in meine Arme zurückkommst.... Stündlich, beste Minna, denke ich daran, was Du nun eben vornehmen mögest. Ich begleite Dich in Gedanken zum Brunnen, in die Allee, zum Bade, zum Essen, zu Deinen Lustpartien. Denke nur an nichts, als wie Du Dich erheiterst und Deine Kräfte stärkst."

Das Leiden stellte sich später als Tuberkulose heraus und hatte ein langes Siechtum zur Folge. Am 25. März 1831 schreibt *Gauß* an *Olbers*: „Höchst traurig sind dagegen fortwährend meine häuslichen Verhältnisse, deren Druck noch durch manche Nebenumstände sehr erhöht wird. Seit Weihnachten hat meine Frau nicht mehr außer dem Bett sein können." Und am 29. August an *Schumacher*: „Sie haben von dem Zustand meines häuslichen Verhältnisses nur eine schwache Vorstellung. Seit Dezember v. J. hatte sich der Zustand meiner Frau so verschlimmert, daß sie nicht nur das Bett gar nicht mehr verlassen konnte, sondern daß ich selbst ihr Leben keinen Tag für gesichert halten konnte. Dieser Zustand dauerte etwa drei Monate, worauf einige Besserung eintrat, und während einiger Frühlingsmonate konnte sie wieder täglich einige Stunden außer dem Bett zubringen. Allein seit einigen Wochen hat sich ihr Zustand von neuem so verschlechtert, daß er in mehreren Beziehungen dem vom vorigen Winter gleichkommt, und in einigem ihn noch überschreitet, z. B. einer beinahe dem Unvermögen gleichkommenden Schwierigkeit, einen Sprachlaut von sich zu geben." Und schließlich am 16. September an *Olbers*: „Eine schwere Zeit für mich sind alle diese Monate gewesen, die seit meinem letzten Brief an Sie verflossen sind. Ach wie lange und wie hart hat die arme Dulderin gedrückt werden müssen, bis ihr Herz brechen konnte! Endlich ist es gebrochen. Am 12. abends ist sie von dem Jammer des Lebens geschieden, und heute hat die Erde ihre irdischen Überreste wiederaufgenommen."

Auch seine Kinder bereiteten Gauß viel Sorge. Sein Sohn Eugen studierte in Göttingen die Rechte und machte dabei viele dumme Streiche. Schließlich verließ er ohne Abschied das elterliche Haus, ungeachtet der Sorgen, die er hierdurch seiner damals schon schwerkranken Mutter machte. *Gauß* muß wohl aus Äußerungen entnommen haben, daß Eugen nach Amerika auswandern wollte, denn er reiste ihm nach Bremen nach und fand ihn dort auch. Er versah ihn mit Reisegeld und wies ihm für bestimmte Zeit Unterhaltsraten in Amerika an. Am 13. September 1830 schreibt er an *Olbers*: „Gibt es ein härteres, schmerzlicheres Los, als wenn ein Vater nur sehnlich wünschen muß, daß sein Sohn ihm nie wieder vor die Augen kommen möge?" Und am 28. November 1831: „Was stets am härtesten auf mich drückt, ist das Verhältnis zu dem Taugenichts, der drüben in Amerika lebt."

1837 wandert auch *Gauß'* jüngster Sohn Wilhelm aus. Er hatte die Landwirtschaft erlernt, konnte in Deutschland aber keine ihm zusagende Stellung finden. 1840 stirbt seine Tochter Wilhelmine. Am 22. August 1840 schreibt *Gauß* an *Schumacher*: „Ach, ich bin tief, tief niedergebeugt. Meine geliebte Tochter in Tübingen, Sie wissen nicht, wie sehr geliebt, ist am 12. August in ihre wahre Heimat eingezogen. Jahrelang hatte sie freilich schon mit körperlichen Leiden gekämpft, und die Trennung von mir und ihrer geliebten Schwester hat die Leiden schmerzlich geschärft. Dennoch hatte ich, als ich nach ihrem letzten Besuch im Oktober vorigen Jahres mich in Minden von ihr trennte, noch keine Ahnung, daß es der letzte Abschied sein würde. Ich überließ mich so gern der Hoffnung, daß die Zeit der Wiedervereinigung eintreten und meine letzten Lebensjahre erheitern würde; so ist nun diese Hoffnung hin."

Auch seine jüngste Tochter Therese machte ihm zeitweilig Sorge, da sie von ihrer Mutter eine schwache Gesundheit geerbt hatte. In seinen letzten Lebensjahren glichen aber doch wohl die Vaterfreuden die Sorgen, die *Gauß* mit seinen Kindern gehabt hatte, aus. 1849 schreibt er in einem Brief an seinen Jugendfreund *Eschenburg*: „... Meine eigenen häuslichen Schicksale sind seit der Zeit, wo ich Dich hier zu sehen die Freude hatte, von sehr gemischter Art gewesen. Meine älteste Tochter, die Du damals hier gesehen hast, verheiratet mit Professor *Ewald*, teilte 1838 sein damaliges Exil und ruhet seit 1840 in württembergischer Erde. Aus meiner ersten Ehe ist nur mein ältester Sohn noch übrig (noch in Braunschweig geboren), der vor drei Jahren den Militärdienst (worin er 19 Jahre Artillerieleutnant gewesen) quittierte und seitdem eines der vier Mitglieder unserer Eisenbahndirektion in Hannover ist. Meine zwei Söhne aus zweiter Ehe leben in Nordamerika, jenseits des Mississippi, der eine als Kaufmann, der andere als Landwirt, beide ganz nationalisiert und in glücklichen Verhältnissen. Meine jüngste Tochter ist (wie Du von der Deinigen sagst) der Trost meines Hauses. Meine Söhne sind alle verheiratet. In Amerika habe ich eine Menge Enkel und Enkelinnen, in Hannover seit vier Monaten einen Enkel, einen Spätling aus der bisher seit neun Jahren kinderlos gewesenen Ehe."

Man hat es oft bedauert, daß viele große Männer kinderlos gestorben sind (*Friedrich der Große*, *Newton*, *Leibniz*, *Kant*, *Schopenhauer*, *Nietzsche*, *Beethoven*, *Schubert*, *Menzel*, um nur einige willkürlich herauszugreifen) und so ihr wertvolles Blut nicht fortgeerbt haben. Die *Gauß*schen Kinder bestätigen aber die Regel, daß sich die höchsten geistigen Fähigkeiten eigentlich nie vererben.

Gauß hat sich oft darüber geäußert, daß seine wissenschaftliche Produktivität stark von seiner Gemütsverfassung abhängig sei. Es ist daher für die Wissenschaft höchst bedauerlich, daß er in seiner Familie soviel Kummer hatte.

Er hätte uns sonst sicher noch viel mehr Erkenntnisse beschert. Geklagt hat er auch immer wieder darüber, daß die Lehrtätigkeit ihn so stark von seinen wissenschaftlichen Arbeiten abhielte. Es ist daher für ihn und für die Allgemeinheit sehr zu bedauern, daß aus seiner Berufung nach Berlin, die besonders *Alexander von Humboldt* (1769 bis 1859) betrieb, nichts geworden ist. Im Sommer 1824 wurde ihm eine Stelle als hauptamtliches Mitglied der Berliner Akademie ohne Lehrverpflichtung angeboten. Es folgten lange Verhandlungen, und schließlich blieb *Gauß* in Göttingen, nachdem ihm Hannover eine Gehaltserhöhung zugesichert hatte. Er schreibt darüber an *Olbers:*

„Man hatte sich in Hannover zuerst zu einer Gehaltserhöhung auf 2000 Rthlr. erboten, nicht weil man markten wollte, sondern weil man in Hannover auf der Stelle mehr zu tun nicht autorisiert war. Ich habe das damals nicht angenommen. In der Tat, ich habe bisher (meine Dienstwohnung nicht gerechnet) jährlich mehr als 2000 Rthlr. gebraucht, so viele Entbehrungen und Beschränkungen ich mir auch persönlich auferlegt habe. Das Fehlende ist durch anderweitige Zuflüsse ersetzt. Allein es hat mir immer ein widriges Gefühl gemacht, daß meine Diensteinnahme mich nicht gegen die kleinlichen Lebenssorgen sicherstellte, und wenn einmal Halbheiten bleiben sollten, so würde ich mich ihnen in Göttingen, wo doch manches andere nicht ganz nach meinem Wunsche ist, nicht unterworfen haben. Allein man sagte mir an, man habe in London auf ein Gehalt von 2500 Rthlr. Convent G. angetragen und zweifele nicht an der Königl. Sanktion, man wünsche mich in jeder Rücksicht zufriedenzustellen etc. Ihnen, teuerster Olbers, darf ich nicht verhehlen, daß ein so liberales Benehmen gegenüber der dreieinhalbjährigen Zögerung in Berlin mich zu der Äußerung aufrichtiger Dankbarkeit verpflichtete, und daß ich daher schon gebunden war, als ich den Müfflingschen Brief bekam.... Ich bin weit entfernt gewesen, dem Meistbietenden feil zu sein; allein eine sorgenfreie, von fremden, zufälligen Zuflüssen unabhängige Lage mußte ich, wenn ich einmal alles aufs Spiel setzte, verlangen."

Ob aber diese Gehaltserhöhung der einzige Grund war und ob nicht Gegenkräfte am Werk waren, die *Gauß'* Berufung nach Berlin verhindern wollten, das ist nicht recht klar. Gelegentlich äußerte *Gauß* später sein Bedauern darüber, daß er in Göttingen geblieben ist. So schreibt er am 3. Mai 1827 an *Olbers*: „Ich gestehe, daß es meiner Söhne wegen mir doppelt leid tut, den Ruf nach Berlin damals nicht haben annehmen zu können." Sein ältester Sohn Josef war nämlich 1824 als Kadett in das Hannoversche Heer eingetreten und war nach 3½ Jahren immer noch nicht Offizier, bloß weil er nicht adlig war. Und am 12. März 1826 schreibt *Gauß* an *Bessel*:

„So deutlich ich einsehe, daß bei dem Gange, den damals die Berliner Angelegenheit nahm, der Erfolg kein anderer sein konnte als der, der stattgefunden hat, so fühle ich doch oft ebenso lebhaft, im engsten Vertrauen gesagt, daß ein anderer Erfolg meinen Arbeiten hätte günstiger sein können. Ich weiß nicht, ob meine Kränklichkeit dazu beigetragen hat, aber nie habe ich schmerzhafter die Zerstückelung meiner Zeit gefühlt als im verflossenen Winter: wenn ich meinen Kopf voll von theoretischen Untersuchungen habe, spannt mich immer das Heranrücken der Stunden, wo ich Kollegia zu lesen habe, auf die Tortur, und das Abspringen von den Ideen macht mir dann zuweilen die an sich erbärmlichsten Dinge unbeschreiblich schwer und angreifend. Ich habe viel Schönes gefunden, aber mitunter monatelang auf einem Problem vergeblich zugebracht. Einheit in den Arbeiten wäre mir das wohltätigste gewesen, aber meine ganze Stellung im Leben müßte eine andere sein, wenn ich je hoffen sollte, diese zu erreichen."

Trotz aller dieser Hemmungen ist ja das, was *Gauß* im Laufe seines langen Lebens für die Wissenschaft geleistet hat, einzigartig. Auf die mathematischen, astronomischen und geodätischen Forschungen folgten physikalische. Als *Gauß* 1828 in Berlin war, wußte *Alexander von Humboldt* ihn für seine erdmagnetischen Forschungen zu interessieren. Gleichzeitig lernte *Gauß* in Berlin den jungen Physiker *Wilhelm Weber* (1804–1891) kennen und schätzen und veranlaßte seine Berufung nach Göttingen.

Gauß und *Weber* waren im Lebensalter verschieden; *Gauß* war, als *Weber* 1831 nach Göttingen kam, 54 Jahre (seine zweite Frau war eben gestorben), also gerade doppelt so alt wie *Weber*. Sie waren ferner verschieden nach ihrer Herkunft: *Gauß* das einzige Kind eines armen Maurers, *Weber* das fünfte Kind eines Theologen; nach Statur und Temperament: *Gauß* kräftig und untersetzt, wortkarg und verschlossen, ein echter Niedersachse, *Weber* klein und beweglich, freundlich und gesprächig, ein echter Sachse. Schließlich waren beide verschieden nach ihrer politischen Überzeugung: *Gauß* mehr konservativ und monarchisch gesinnt, wohl in Erinnerung der Unterstützung, die ihm der *Herzog von Braunschweig* hatte angedeihen lassen, *Weber* mehr demokratisch.

Besonders der Revolution von 1848 stand *Gauß* ablehnend gegenüber. Am 17. Mai 1849 schreibt er an *Schumacher*: „Unsere öffentlichen Zustände werden immer düsterer. Ich weiß nicht, welcher Philosoph es war, der die Lehre aufstellte, schlimme Zeiten solle man weder betrauern noch verlachen, sondern v e r s t e h e n. Ich gestehe, das erste Verbot ist sehr schwer zu erfüllen, aber noch schwerer ist die Ausführung des dritten Gebotes. Zuweilen scheinen mir die Recht zu haben, die da glauben, nicht bloß die Paulskirche, sondern fast ganz Deutschland sei ein großes Tollhaus geworden." (Nebenbei bemerkt: der besagte Philosoph war *Spinoza*, der im Tractatus politicus, Cap. I § IV schreibt: humanas actiones non ridere, non lugere, neque detestari, sed intelligere.) *Eugen Dühring* schreibt in seiner „Kritischen Geschichte der allgemeinen Prinzipien der Mechanik" sehr gehässig: „... der Legitimist und Jesuitenlehrer *Cauchy* und der religiös beengte, auf Fürstenprotection und den Hofrathstitel eitle Maurerssohn *Gauß* stellten wahrlich keine Typen im Sinne des 18. Jahrhunderts vor ..."

Die demokratische Gesinnung *Webers* sollte 1837 von besonderer Bedeutung werden. Der *König Ernst August von Hannover* hatte die von ihm bereits beschworene Verfassung eigenmächtig wieder aufgehoben und 7 Professoren, die berühmten „Göttinger Sieben", protestierten dagegen. Unter ihnen befanden sich neben *Weber* die Gebrüder *Grimm* und *Gauß'* Schwiegersohn, der Orientalist *Ewald*, der 1830 *Gauß'* älteste Tochter Wilhelmine geheiratet hatte. Die Sieben wurden ihrer Ämter enthoben und einige (*Dahlmann, Jakob Grimm, Gervinus*) des Landes verwiesen. Während *Ewald* bald einen Ruf nach Tübingen erhielt (der *König von Württemberg* stand sich mit dem *König von Hannover* nicht gut), blieb *Weber* ohne Gehalt, auf private Unterstützungen angewiesen, bis 1843 in Göttingen, um die mit *Gauß* begonnenen Arbeiten fortzusetzen. Die Versuche des letzteren, in Hannover die Wiedereinsetzung *Webers* zu erwirken, schlugen fehl, da der König von *Weber* einen Widerruf verlangte, wozu dieser sich jedoch nicht entschließen konnte. 1843 erhielt er einen Ruf an die Universität Leipzig, und 1849 wurde er nach Göttingen zurückgerufen, wo er dann bis zu seinem Tode geblieben ist.

Trotz der großen geschilderten Verschiedenheit beider Forscher war ihre wissenschaftliche Zusammenarbeit äußerst fruchtbar. Die Fragen des Erdmagnetismus waren für sie die Veranlassung zu viel weiter reichenden Untersuchungen, die für die gesamte Physik von größter Bedeutung geworden sind. Es galt zunächst, für die magnetischen Größen Maßeinheiten und Meßverfahren auszuarbeiten. Als Einheit für die Zeit ist von alters her der Tag und seine Unterabteilungen (Stunde, Minute, Sekunde) verwendet worden. Die Französische Revolution führte als Längen- und Masseneinheit ein: das Meter, den 40millionste Teil des Erdumfanges, und das Kilogramm, die Masse von einem Kubikdezimeter Wasser bei 4° C. Urmeter und Urkilogramm aus Platiniridium werden bekanntlich im Bureau international des poids et mesures zu Sèvres bei Paris aufbewahrt. Auf diese drei Grundeinheiten führten nun *Gauß* und *Weber* auch die magnetischen und elektrischen Größen zurück. Man bezeichnet dieses Maßsystem als „absolutes Maßsystem". Der Name ist etwas anspruchsvoll. Es ist nicht „absolut" notwendig, sondern durchaus willkürlich, daß man alle physikalischen Größen gerade auf die Einheiten der Zeit, Länge und Masse zurückführt. Besser ist daher die Bezeichnung Centimeter-Gramm-Sekunden-System oder kürzer: CGS-System.

Bei diesen zunächst sehr theoretisch erscheinenden Untersuchungen machte *Weber* eine Entdeckung, die zu den wichtigsten und folgenschwersten der Naturwissenschaften überhaupt gehört. Er fand nämlich, daß unter den Beziehungen zwischen den einzelnen elektrischen und magnetischen Einheiten eine Größe auftritt, die merkwürdigerweise mit der Lichtgeschwindigkeit übereinstimmt, was beweist, daß ein enger Zusammenhang zwischen Elektrizität, Magnetismus und Licht bestehen muß.

Noch zu *Webers* Lebzeiten, 1881, wurde das von ihm ausgearbeitete Maßsystem durch einen internationalen Kongreß in Paris zur Grundlage der elektrotechnischen Maßeinheiten gewählt. Undankbarerweise wurde aber keine der Einheiten nach *Weber* benannt, sondern die Einheit der Stromstärke nach dem französischen Physiker

André Marie Ampère (1775–1836), die Einheit der Spannung nach dem italienischen Physiker *Alessandro Volta* (1745–1827) und die Einheit des Widerstandes nach dem deutschen Physiker *Georg Simon Ohm* (1789–1854).

Viel mehr Aufsehen als die rein wissenschaftlichen Ergebnisse der Zusammenarbeit von *Gauß* und *Weber* erregte eine Erfindung, die beide mehr zufällig bei ihren elektrischen und magnetischen Versuchen machten: der elektrische Telegraph. Lassen wir wieder *Gauß* selbst sprechen. Er schreibt am 20. November 1833 an *Olbers*: „Ich weiß nicht, ob ich Ihnen schon früher von einer großartigen Vorrichtung, die wir hier gemacht haben, geschrieben. Es ist eine galvanische Kette zwischen der Sternwarte und dem physikalischen Kabinett durch Drähte in der Luft über die Häuser weg oben zum Johannisturm und so wieder herabgezogen. Die ganze Drahtlänge wird etwa 8000 Fuß sein. An beiden Enden ist sie mit einem Multiplikator verbunden, bei mir von 170 Gewinden, bei *Weber* im phys. Kabinett etwa 50 Gewinden, beide um einpfündige Magnetnadeln geführt, die nach meinen Einrichtungen aufgehängt sind. Es sind daraus manche imposante, zum Teil anfangs überraschende Versuche und Erfahrungen hervorgegangen. Zu den letzten gehört, was freilich hätte vorausgesehen werden können, daß gar keine großen Platten oder starken Säuren erforderlich sind, um eine doch sehr große in die Augen fallende Wirkung zu geben. Wir nehmen stets nur reines Brunnenwasser und ein mäßiges Plattenpaar, zuweilen nur wie ein preußischer Taler groß, und die Wirkung bleibt doch nicht sehr viel kleiner, als wenn noch so starke Säuren und noch so große Platten genommen werden. Ich habe eine einfache Vorrichtung ausgedacht, wodurch ich augenblicklich die Richtung des Stromes umkehren kann, die ich einen Kommutator nenne. Wenn ich so taktmäßig an meinen Platten operiere, so wird in sehr kurzer Zeit (z. B. in 1 oder

1½ Min.) die Bewegung der Nadel im physikalischen Kabinett so stark, daß sie an eine Glocke anschlägt, hörbar in einem andern Zimmer. Dies ist jedoch nur eine Spielerei. Die Absicht ist, daß die Bewegungen gesehen werden sollen, wo die äußerste Akkuratesse erreicht werden kann. Wir haben diese Vorrichtung bereits zu telegraphischen Versuchen gebraucht, die sehr gut mit ganzen Wörtern oder kleinen Phrasen gelungen sind. Diese Art zu telegraphieren hat das Angenehme, daß sie von Wetter und Tageszeit ganz unabhängig ist; jeder, der das Zeichen gibt und der dasselbe empfängt, bleibt in seinem Zimmer, wenn er will, bei verschlossenen Fensterläden. Ich bin überzeugt, daß unter Anwendung von hinlänglich starken Drähten auf diese Weise auf einen Schlag von Göttingen nach Hannover oder von Hannover nach Bremen telegraphiert werden könnte."

Zur Erläuterung: Statt „galvanische Kette" sagen wir heute elektrische Leitung. *Luigi Galvani* (1737–1789) war Professor der Anatomie an der Universität Bologna. Er machte den berühmten Froschschenkelversuch. Die Bezeichnung „Kette" rührt daher, daß zur Fortleitung des elektrischen Stromes früher nicht Drähte, sondern dünne Ketten verwendet wurden. Statt physikalisches „Kabinett" sagen wir heute Institut. Kabinette gibt es nur noch in der Diplomatie. Ein „Multiplikator" ist eine Spule. Führt man einen Strom 10mal um eine Magnetnadel herum, so ist die Wirkung 10mal so groß, als wenn der Strom nur einmal herumgeführt wird. Allgemein erhält man die Wirkung der Spule, indem man die Wirkung einer einzelnen Windung mit der Anzahl der Windungen „multipliziert". Alle physikalischen Instrumente der damaligen Zeit waren von erstaunlicher Größe. Man denke: einpfündige Magnetnadeln!

Am 6. August 1835 schreibt *Gauß* in einem Brief an *Schumacher*: „... Darf ich aber Ihnen vertraulich sagen, was mir selbst bei meinen Arbeiten die meiste Satisfaktion gibt, so sind es viel mehr die theoretischen Eroberungen im Gebiete des Elektromagnetismus als die in dem reinen Magnetismus. In anderen äußeren Verhältnissen, als die meinigen sind, ließen sich wahrscheinlich auch für die Sozietät wichtige und in Augen des großen Haufens glänzende praktische Anwendungen daran knüpfen. Bei einem Budget von 150 Talern jährlich für Sternwarte und magnetisches Observatorium zusammen lassen sich freilich wahrhaft großartige Versuche nicht anstellen. Könnte man darauf aber Tausende von Talern wenden, so glaube ich, daß z. B. die elektromagnetische Telegraphie zu einer Vollkommenheit und zu einem Maßstabe gebracht werden könnte, vor der die Phantasie fast erschrickt. Der Kaiser von Rußland könnte seine Befehle ohne Zwischenstation in derselben Minute von Petersburg nach Odessa, ja vielleicht nach Kiachta geben, wenn nur der Kupferdraht von gehöriger Stärke gesichert hingeführt und an beiden Endpunkten mächtige Apparate und gut eingeübte Personen wären. Ich halte es nicht für unmöglich, eine Maschinerie anzugeben, wodurch eine Depesche fast so mechanisch abgespielt würde, wie ein Glockenspiel ein Musikstück abspielt, das einmal auf eine Walze gesetzt ist. Auf ein ganz neues Verfahren, die Zeichen durch Induktion zu geben, bin ich vor einigen Wochen gekommen, was sich in der Ausführung als ganz vortrefflich bewährt. ..." Der letzte Satz besagt, daß auf der Sendestation der elektrische Strom statt durch galvanische Elemente auch durch „Induktion" erzeugt werden kann, d. h. dadurch, daß in eine Spule ein kräftiger Magnet hineingestoßen bzw. wieder herausgezogen wird.

Schließlich schreibt *Gauß* am 13. September 1835 an *Schumacher*: „Vor einigen Tagen habe ich zum ersten Mahle probirt, ob die durch meinen Inductor mit 3500 Windungen erzeugten Ströme auch den menschlichen

Körper zu durchdringen stark genug sind. Gegen meine Erwartung hat sich diese Frage bejahend beantwortet. Läßt man den Strom durch die benetzten Hände gehen, so ist der Strom, dessen Dasein das Magnetometer zeigt, und seine Stärke scharf mißt, noch zu schwach, um gefühlt zu werden; allein durch die Lippen oder Zunge geleitet, ist er etwa viermahl stärker, sehr merklich zu fühlen, ja zu schmecken.... Man würde selbst diese Methode zum Telegraphiren brauchen können, und die Depesche, welche S. Maj. aller Reußen in Petersburg abspielen lassen wollte, würde in demselben Augenblick in Odessa geschmeckt werden können. Wollte man eine mehrfache Kette ziehen, und zugleich eine correspondirende Anzahl Schmecker am andern Ende aufstellen, wozu man auch blinde Invaliden brauchen könnte, die nur jedesmahl, wo Ihnen zu schmecken gegeben wird, die Hand in die Höhe zu heben hätten, während ein Secretär die aufgehobenen Hände protocollirte, so würde selbst nach dieser Methode sehr schnell telegraphirt werden können."

Natürlich nahm auch bei einem *Gauß* die Schaffenskraft im Alter ab. An die Stelle der wissenschaftlichen Arbeit trat die Beschäftigung mit der schönen Literatur und den Tagesereignissen. Bis zu seinem Tode interessierten ihn alle Vorgänge, die sich zahlenmaßig erfassen lassen. Er führte Listen über die monatlichen Einnahmen der Hannoverschen Eisenbahn, über die Lebensdauer der meisten bedeutenden Männer, in Tagen berechnet, usw., wie uns sein Biograph *Sortorius von Waltershausen* berichtet. Im Gegensatz zu vielen anderen Mathematikern ist ja *Gauß* Zeit seines Lebens auch ein unermüdlicher Zahlenrechner gewesen. *M. Cantor* schreibt darüber im Artikel „*Gauß*" der „Allgemeinen Deutschen Biographie":

„*Gauß* wußte auch dem Rechnen eine höhere Seite abzugewinnen, indem er der mannigfaltigsten Kunstgriffe sich bediente. Es war ihm dadurch ein Vergnügen, was den meisten Menschen eine oft unabweisbare, aber stets langweilige Pflicht bildet, und es war einiger Ernst in den scherzhaften Worten, deren wir selbst uns aus einer Vorlesung von *Gauß* über die Methode der kleinsten Quadrate entsinnen, daß eine gewisse Poesie in der Berechnung der Logarithmentafeln liege. Denselben Vorlesungen gehört die Erinnerung an, daß *Gauß*, der überall, auch in seinen Vergnügungen, als Mann der Wissenschaft sich fühlte, bei jahrelang fortgesetztem regelmäßigem Whistspiele mit den gleichen Freunden stets aufzuschreiben pflegte, wie viele Asse Jeder bei jedem Spiele in der Hand gehabt hatte, um an diesen Aufzeichnungen eine erfahrungsmäßige Bestätigung des sogenannten Gesetzes der großen Zahlen in der Wahrscheinlichkeitsrechnung zu gewinnen. Ähnliches bezweckten ohne Zweifel seine Aufzeichnungen der täglichen Coursschwankungen gewisser Staatspapiere an den Hauptbörsen, wenn auch nicht in Abrede gestellt werden will, daß das nächste Interesse beim Vergleichen der Course überhaupt ein persönlich finanzielles gewesen sein mag, da die Gewandtheit, mit welcher *Gauß* sein Vermögen zu verwalten wußte, fast sprichwörtlich war."

In einem Brief an *A. von Humboldt* vom 7. Dezember 1853 heißt es: „Es ist übermorgen der Tag, wo Sie, mein hochverehrter Freund, in ein Gebiet übergehen, in welches noch keiner der Koryphäen der exacten Wissenschaften eingedrungen ist, der Tag, wo Sie dasselbe Alter erreichen, in welchem *Newton* seine durch 30766 Tage gemessene irdische Laufbahn geschlossen hat."

Das erinnert an eine Bemerkung im „Kladderadatsch" vom 4. Mai 1902: „Ein Professor Dr. Sch. . . . in H. . . . hat ausgerechnet, daß am 29. April d. J. Vormittags um 10 Uhr 40 Minuten genau eine Milliarde Minuten seit Beginn unserer Zeitrechnung verflossen war.

Wie viel Tausend von Minuten muß dieser Gelehrte zu verlieren haben!" (Gemeint war wohl Dr. Schubert in Hamburg.)

Humboldt war der letzte seiner wissenschaftlichen Freunde, mit denen *Gauß* noch Briefe wechseln konnte, nachdem *Olbers* 1840, *Bessel* 1846 und *Schumacher* 1850 gestorben waren. Am 31. Juli 1854 konnte *Gauß* sich noch die Festlichkeiten zur Eröffnung der Eisenbahn Kassel–Göttingen ansehen. Am 23. Februar 1855, morgens 1 Uhr 5 Minuten, ist er gestorben.

König Georg V. von Hannover ließ zum Gedächtnis eine Münze prägen mit der Inschrift: „Georgius V. Rex Hanoverae mathematicorum principi, Academiae suae Georgiae Augustae decori aeterno." Zu deutsch: „Georg V., König von Hannover, dem Fürsten der Mathematiker, der ewigen Zier seiner Georg-August-Universität."

15. Kapitel

Mathematik und Zufall

„Es gibt keine Zufälle, alles ist vorherbestimmt!" sagen Theologen und Philosophen. Aber leider kennen wir sehr oft diese „Bestimmungen" nicht, und dann reden Mathematiker und Naturwissenschaftler eben von Zufällen. Wenn ich würfle, weiß ich nicht vorher, ob ich eine 6 werfen werde oder nicht, vorausgesetzt, daß ich ehrlich bin und beim Würfelspiel nicht mogle. Man sagt dann, es ist vom Zufall abhängig, ob die 6 fällt oder nicht. Es scheint nun zunächst, als ob hier, wo der blinde launenhafte Zufall das Regiment führt, die Mathematik nichts zu suchen hätte. Und doch ist sie imstande, auch über das Eintreten zufälliger Ereignisse etwas auszusagen. Man bezeichnet diesen Teil der Mathematik als die Wahrscheinlichkeitsrechnung.

Was ist Wahrscheinlichkeit? Die Philosophen geben uns auf diese Frage verschiedene Antworten. Im 13. Band des Deutschen Wörterbuches von *Jakob* und *Wilhelm Grimm* finden wir, daß *Thomasius* 1688 sagte: „Weil die Wahrscheinlichkeit etwas ist, so zwischen dem Wahren und Falschen gleichsam mitten inne ist", *Reimarus* dagegen: „Wahrscheinlich heißt die Einsicht, wovon das Gegenteil nicht gänzlich widersprechend oder unmöglich ist", und schließlich der große *Kant*: „Wahrscheinlich heißt dasjenige, was für wahr gehalten, mehr als die Hälfte der Gewißheit auf seiner Seite hat." In *Robert Eislers* „Wörterbuch der philosophischen Begriffe" von 1910 heißt es schließlich: „Wahrscheinlich ist ein Grad der Gewißheit, beruhend auf starken oder überwiegenden Motiven zum Urteilen, so aber, daß diesen Motiven immerhin noch andere gegenüberstehen, die berücksichtigt werden wollen oder sollen."

Wer besser versteht, was es heißt, „mehr als die Hälfte der Gewißheit auf seiner Seite haben", als „wahrscheinlich sein", dem mag mit obigen Definitionen geholfen werden. Der Mathematiker kann mit ihnen jedenfalls nichts anfangen. Er versteht unter der Wahrscheinlichkeit einen Bruch, in dessen Zähler die Anzahl der günstigen, und in dessen Nenner die Anzahl der möglichen Fälle steht. Würfeln wir mit einem Würfel, so ist die Anzahl der möglichen Fälle 6. Die Anzahl der für den Wurf 6 günstigen Fälle ist 1. Demnach ist für den Wurf 6 die Wahrscheinlichkeit $^1/_6$. Für einen ungeraden Wurf sind, um ein anderes Beispiel anzuführen, günstig die Fälle 1, 3, 5, also ist die Wahrscheinlichkeit für einen ungeraden Wurf: $^3/_6 = {}^1/_2$.

Bei einem Würfel erscheinen die Ergebnisse der Wahrscheinlichkeitsrechnung wegen der allzu großen Durchsichtigkeit selbstverständlich und nichtssagend. Zu interessanten Ergebnissen führt dagegen schon die Betrachtung von zwei Würfeln. Die Anzahl der möglichen Fälle ist hier 36. Die Anzahl der günstigen Fälle für die Augensumme

2 ist 1 (die einzige Möglichkeit ist 1 + 1)
3 ist 2 (die beiden Möglichkeiten 1 + 2 und 2 + 1)
4 ist 3 (drei Möglichkeiten: 1 + 3, 2 + 2, 3 + 1)
5 ist 4 (1 + 4, 2 + 3, 3 + 2, 4 + 1)
6 ist 5 (1 + 5, 2 + 4, 3 + 3, 4 + 2, 5 + 1)
7 ist 6 (1 + 6, 2 + 5, 3 + 4, 4 + 3, 5 + 2, 6 + 1)
8 ist 5 (2 + 6, 3 + 5, 4 + 4, 5 + 3, 6 + 2)
9 ist 4 (3 + 6, 4 + 5, 5 + 4, 6 + 3)
10 ist 3 (4 + 6, 5 + 5, 6 + 4)
11 ist 2 (5 + 6, 6 + 5)
12 ist 1 (6 + 6)

Für die Augensumme 3 oder 11 ist demnach die Wahrscheinlichkeit je $^2/_{36} = {}^1/_{18}$, für die Augensumme 5 und 9 ist sie je $^4/_{36} = {}^1/_9$ usw.

Es liegt im Wesen der Wahrscheinlichkeitsrechnung, daß ihre Ergebnisse für den einzelnen Wurf gar nichts aussagen können. Je größer aber die Anzahl der Würfe wird, um so sicherer werden die Aussagen der Wahrscheinlichkeitsrechnung. Wird z. B. 9000mal gewürfelt, so wird ziemlich genau $9000 \cdot {}^1/_{18} = 500$mal die Augensumme 3 erscheinen und ebensooft die Augensumme 11. Die Augensummen 5 und 9 werden dagegen je $9000 \cdot {}^1/_9 = 1000$mal erscheinen.

Nach der obigen Tafel kann man z. B. auch folgende Frage beantworten: Wie groß ist die Wahrscheinlichkeit, 10 oder mehr Augen zu werfen? Nach der Tafel gibt es drei Würfe 10, zwei Würfe 11 und einen Wurf 12, im ganzen also 6 Würfe. Die Wahrscheinlichkeit ist demnach $^6/_{36} = {}^1/_6$. Macht jemand eine Würfelbude auf mit dem Motto: „Jeder Wurf über 9 gewinnt!" und beträgt der Einsatz 10 Pfennig, so würden also, wenn jeder Preis einen Wert von 60 Pfennig besitzt, die Aussichten für Budenbesitzer und Spieler gleich sein. Natürlich gibt es derartige Unternehmungen nicht, sondern immer sind die Aussichten für den Spieler schlechter. Bei den großen Spielbanken stehen die Gewinnaussichten für Bank und Einsetzer etwa im Verhältnis 37 : 36. Eine Würfelbude wird sich dagegen wohl kaum mit einem so geringen Übergewicht begnügen und in unserem Beispiel etwa einen Preis von 50 Pfennig aussetzen. Dann ständen die Gewinnaussichten im Verhältnis 6 : 5. Die Wahrscheinlichkeitsrechnung kann natürlich nur dem Unternehmer helfen, sein Glückspiel auf eine gesunde Grundlage zu stellen, die zwar das Publikum durch möglichst hohe Gewinnaussichten anlockt, dem Veranstalter aber doch einen sicheren Gewinn verbürgt. Dem Spieler kann die Wahrscheinlichkeitsrechnung nur dasselbe sagen, was ihm eigentlich schon der gesunde Menschenverstand sagen müßte, daß er nämlich immer im Nachteil ist.

Das Würfelspiel ist kein sehr interessantes Spiel, da die Anzahl der verschiedenen Möglichkeiten nicht groß ist. Im Grunde genommen ist ja der Wurf, bei dem der erste Würfel eine 1 und der zweite eine 2 zeigt, von dem Wurf, bei dem der zweite Würfel eine 1 und der erste eine 2 zeigt, nicht verschieden. Es sind also eigentlich nicht 36 Fälle möglich, wie wir das oben zur Berechnung der Wahrscheinlichkeit annehmen mußten, sondern weniger, nämlich die 6 Fälle, wo die beiden Würfel dieselbe Zahl zeigen (die Spieler nennen das einen Pasch) und von den übrigen 30 Fällen nur die Hälfte, also $6 + 15 = 21$.

Ganz andere Möglichkeiten bieten die Kartenspiele.

Wenn ich z. B. beim Skatspiel 32 Karten verteile, so kann die 1. Karte, die ich austeile, eine beliebige von den 32 Karten des Spiels sein. Es gibt also für die Ausgabe der 1. Karte 32 Möglichkeiten. Für die 2. Karte gibt es dann nur noch 31 Möglichkeiten. Da sich nun jede der 32 Möglichkeiten für die 1. Karte mit jeder der 31 Möglichkeiten für die 2. Karte vereinigen läßt, gibt es für die Austeilung der beiden ersten Karten $32 \cdot 31$ Möglichkeiten. Entsprechend ist die Anzahl der Möglichkeiten für die ersten 3 Karten: $32 \cdot 31 \cdot 30$, für die ersten 4 Karten: $32 \cdot 31 \cdot 30 \cdot 29$ usw. Schließlich ist die Anzahl der Möglichkeiten für die Verteilung aller Karten: $32 \cdot 31 \cdot 30 \ldots 3 \cdot 2 \cdot 1 = 32!$[1]) Beim Skat werden nun die 32 Karten unter drei Spieler so verteilt, daß jeder Spieler 10 Karten erhält und 2 Karten besonders gelegt werden. Für jeden Spieler ist es nun gleichgültig, in welcher Reihenfolge er seine

[1]) Solche Produkte bezeichnet man als „Fakultäten". Sie führen auf sehr große Zahlen. 10! ist 3 628 800 und 20! bereits 2 432 902 008 176 640 000.

10 Karten erhalten hat. Für diese Reihenfolge gibt es wieder 10! Möglichkeiten. Durch diese 10! ist die obige Anzahl 32! dreimal zu dividieren, da es, wie gesagt, für das Spiel belanglos ist, in welcher Reihenfolge jeder Spieler seine Karten erhalten hat. Schließlich ist es auch noch ohne Bedeutung, in welcher Reihenfolge die beiden Karten, die nicht unter die Spieler verteilt werden, beiseitegelegt worden sind. Es gibt dafür 2 Möglichkeiten, wofür wir der Symmetrie zuliebe 2! schreiben wollen. Die Anzahl der möglichen Skatspiele ist demnach:

$$\frac{32!}{10! \cdot 10! \cdot 10! \cdot 2!} = 2\,753\,264\,408\,504\,640.$$

Wenn die Bewohner Altenburgs (etwa 45 000), wo das Skatspiel erfunden wurde, nichts weiter zu tun hätten, als Tag für Tag 10 Stunden lang Skat zu spielen, und zwar so, daß immer drei zusammenspielen und ein Spiel durchschnittlich in 5 Minuten erledigen, so würden sie etwa 600 000 Jahre brauchen, um jedes denkbare Spiel in Altenburg einmal durchzuspielen.

Noch viel größer ist die Zahl aller Verteilungsmöglichkeiten beim Whistspiel. Hier werden 52 Karten unter 4 Spieler verteilt, so daß jeder 13 Karten erhält. Die Zahl der Möglichkeiten ist:

$$\frac{52!}{13! \cdot 13! \cdot 13! \cdot 13!} = 53\,644\,737\,765\,488\,792\,839\,237\,440\,000.$$

Das Spiel wird also so leicht nicht langweilig werden, da sich immer neue Verteilungsmöglichkeiten ergeben.

Man darf aber nicht etwa glauben, daß die Glücksspiele das einzige oder das wichtigste Anwendungsgebiet der Wahrscheinlichkeitsrechnung seien. Wir sprachen im vorigen Kapitel davon, daß *Gauß*, durch astronomische und geodätische Arbeiten angeregt, die Fehlertheorie begründete und daß sein Verfahren seither unter dem Namen „Methode der kleinsten Quadrate" im gesamten Messungswesen gebräuchlich ist. In die Wärmelehre wurde die Wahrscheinlichkeitsrechnung durch *Boltzmann* (1844 bis 1906) und *Maxwell* (1831–1879) eingeführt. Seitdem hat sie auch für andere Gebiete der Physik, insbesondere die Atomtheorie, eine immer größere Bedeutung erlangt. Der Physiker ist bescheiden geworden. Er spricht nicht mehr von Gewißheiten, sondern von Wahrscheinlichkeiten, wenn diese auch meist so groß sind, daß sie praktisch der Gewißheit gleichkommen. Da aber diese Anwendungen der Wahrscheinlichkeitsrechnung zu den schwierigsten Teilen der Mathematik gehören, können wir hier nicht näher auf sie eingehen.

Während man eine unvorstellbar große Zahl erhält, wenn man nach der Anzahl der möglichen Verteilungen beim Whistspiel fragt, erhält man eine unvorstellbar kleine Zahl, wenn man nach der Wahrscheinlichkeit fragt, daß die Karten gerade in einer bestimmten dieser möglichen Reihenfolgen verteilt werden. Genau so wenig, wie 53 644 737 765 488 792 839 237 440 000 unendlich ist,

ist $\frac{1}{53\,644\,737\,765\,488\,792\,839\,237\,440\,000}$ Null. Die

Wahrscheinlichkeit, daß eine bestimmte Verteilung erscheint, ist zwar verschwindend klein, aber doch vorhanden, muß ja vorhanden sein, denn irgendeine Verteilung muß ja erscheinen. Die Tatsache, daß sehr unwahrscheinlich nicht dasselbe ist wie unmöglich, hat nach *J. Jeans* zuerst *Huxley* folgendermaßen ausgedrückt: Sechs Affen, die man in ihrem Unverstand Billionen Jahre hindurch auf Schreibmaschinen klappern läßt, müßten schließlich auch einmal etwas Vernünftiges zustande bringen, sagen wir ein *Shakespeare*sches Sonett. Wenn wir alle die Billionen Seiten durchsähen, die die Affen in ungezählten Jahren beiseite gelegt haben, müßten wir unter diesem Stoß irgendwo das Sonett finden als Ergebnis des blinden Spieles des Zufalls.

Wer das große Los gewonnen hat, wird leicht dazu neigen, in der Lotterie eine überaus zweckmäßige Einrichtung zu erblicken und nicht das Spiel des blöden Zufalls. So erscheint uns auch die Einrichtung der Welt vielleicht nur deshalb so zweckmäßig, weil sie uns die Möglichkeit zum Leben gegeben hat, während die Billionen von Keimen, die zugrunde gingen, nun eben nicht die Möglichkeit haben, sich darüber zu beklagen, daß für sie die Welt unzweckmäßig eingerichtet war.

„Ja, vielleicht gibt es nur ein Reich, vielleicht gibt es weder Willen noch Zwecke, und wir haben sie uns eingebildet. Jene eisernen Hände der Notwendigkeit, welche den Würfelbecher des Zufalls schütteln, spielen ihr Spiel unendliche Zeit: da müssen Würfe vorkommen, die der Zweckmäßigkeit und Vernünftigkeit jedes Grades vollkommen ähnlich sehen. Vielleicht sind unsre Willensakte, unsre Zwecke nichts anderes als eben solche Würfe – und wir sind nur zu beschränkt und zu eitel dazu, unsre äußerste Beschränktheit zu begreifen: die nämlich, daß wir selber mit eisernen Händen den Würfelbecher schütteln, daß wir selber in unsern absichtlichsten Handlungen nichts mehr tun als das Spiel der Notwendigkeit zu spielen. Vielleicht! – Um über dieses Vielleicht hinauszukommen, müßte man schon in der Unterwelt und jenseits aller Oberflächen zu Gaste gewesen sein und am Tische der Persephone mit ihr selbst gewürfelt und gewettet haben."[1])

Aber schließlich kranken alle diese Überlegungen daran, daß wir uns eine unendlich lange Zeit ebensowenig vorstellen können wie den unendlichen Raum, wovon wir am Schluß des 10. Kapitels sprachen. Heute ist in den Naturwissenschaften nicht mehr von der Unendlichkeit der Zeit die Rede, sondern in der Astronomie z. B. davon, daß das Weltall vor einigen Milliarden Jahren angefan-

[1]) Nietzsche, „Morgenröte". Aphorismus 130.

gen hat zu expandieren, d. h. jeder Spiralnebel angefangen hat, sich von seinen Nachbarn zu entfernen. Wir wollen uns das an dem zweidimensionalen Modell klarmachen, das wir schon im 10. Kapitel benutzten. Wir denken uns die Spiralnebel als Punkte auf der Gummihaut eines Ballons. Wird der Ballon aufgeblasen, so entfernt sich auch jeder Punkt von jedem anderen.

Es erheben sich nun die beiden Fragen: Was war in der Zeit vor dem Beginn des Aufblasens und – wie soll das enden, wann wird der Ballon platzen? Oder darf man diese Fragen nicht stellen, weil die Zeit vorher noch gar nicht war und auch nachher nicht mehr sein wird? Um diesen peinlichen Fragen aus dem Wege zu gehen, machen manche die Annahme, daß die Zeit doch unendlich ist, und daß das Weltall gleichsam pulsiert, indem Zeiten der Expansion mit solchen der Kontraktion wechseln.

Von dem Gedanken, daß eine Periodizität die Welt beherrscht, daß sich das Weltall wie der Vogel Phönix immer wieder neu verjüngt, wurde *Nietzsche* fasziniert. Er geht in seinen Überlegungen aus von der Endlichkeit der Kraft und der Unendlichkeit der Zeit, wobei er unter Kraft offenbar Energie und Masse versteht. „Die Welt als Kraft darf nicht unbegrenzt gedacht werden, denn sie kann nicht so gedacht werden – wir verbieten uns den Begriff einer unendlichen Kraft als mit dem Begriff ‚Kraft' unverträglich." Ein Naturwissenschaftler wird sich über diese Argumentation zwar wundern, aber es gibt tatsächlich Gründe, die die Astronomen zu der Annahme veranlaßt haben, daß die Summe aller im Weltenraum schwebenden Massen nur endlich ist. *Nietzsche* schließt nun weiter: Da die Kraft nur endlich ist, „ist die Zahl der Lagen, Veränderungen, Kombinationen und Entwicklungen dieser Kraft zwar ungeheuer groß und praktisch unermeßlich, aber jedenfalls auch bestimmt und nicht unendlich." Da aber die Zeit unendlich ist,

„müssen alle möglichen Entwicklungen schon dagewesen sein. Folglich muß die augenblickliche Entwicklung eine Wiederholung sein und so die, welche sie gebar.... Alles ist unzählige Male dagewesen." Diesen Gedanken der Ewigen Wiederkehr empfand *Nietzsche* wie eine Offenbarung.

„Wie, wenn dir eines Tages oder Nachts ein Dämon in deine einsamste Einsamkeit nachschliche und dir sagte: ‚Dieses Leben, wie du es jetzt lebst und gelebt hast, wirst du noch einmal und noch unzählige Male leben müssen; und es wird nichts Neues daran sein, sondern jeder Schmerz und jede Lust und jeder Gedanke und Seufzer und alles unsäglich Kleine und Große deines Lebens muß dir wiederkommen, und alles in derselben Reihe und Folge – und ebenso diese Spinne und dieses Mondlicht zwischen den Bäumen, und ebenso dieser Augenblick und ich selber. Die ewige Sanduhr des Daseins wird immer wieder umgedreht – und du mit ihr, Stäubchen vom Staube!' – Würdest du dich nicht niederwerfen und mit den Zähnen knirschen und den Dämon verfluchen, der so redete? Oder hast du einmal einen ungeheuren Augenblick erlebt, wo du ihm antworten würdest: ‚Du bist ein Gott, und nie hörte ich Göttlicheres!' Wenn jener Gedanke über dich Gewalt bekäme, er würde dich, wie du bist, verwandeln und vielleicht zermalmen; die Frage bei allem und jedem: ‚Willst du dies noch einmal und noch unzählige Male?' würde als das größte Schwergewicht auf deinem Handeln liegen! Oder wie würdest du dir selber und dem Leben gut werden, um nach nichts mehr zu verlangen als nach dieser letzten ewigen Bestätigung und Besiegelung? –" (*Nietzsche*, Die fröhlicher Wissenschaft, 4. Buch, Aphorismus 341: „Das größte Schwergewicht".)

16. Kapitel

Die Mengenlehre

Helmholtz sagte einmal (1877) in einer Festrede an der Berliner militärärztlichen Bildungsanstalt: „In den Letternkästen eines Buchdruckers liegt alle Weisheit der Welt zusammen, die schon gefunden ist und noch gefunden werden kann; man müßte nur wissen, wie man die Lettern zusammenzuordnen hat. So sind auch in den Hunderten von Schriften und Schriftchen, die alljährlich erscheinen über Äther, Beschaffenheit der Atome, Theorie der Wahrnehmung, ebenso wie über das Wesen der asthenischen Fieber und der Carcinome, gewiß schon längst alle zartesten Nuancierungen der möglichen Hypothesen erschöpft und unter diesen müssen nothwendig viele Bruchstücke der richtigen Theorie sein. Wer sie nur zu finden wüßte!"

Wenn in den Letternkasten alle Weisheit der Welt ruht, dann muß sich mit Hilfe der Kombinatorik berechnen lassen, wie umfangreich diese Weisheit ist. Fragen wir zunächst: Wieviel Wörter mit 10 Buchstaben gibt es? Wenn das Wort sich mit den 25 Buchstaben unseres Alphabets ausdrücken lassen soll, gibt es höchstens 25^{10} solcher Wörter. Ich sage höchstens, denn in der Zahl 25^{10} sind natürlich alle sinnlosen Zusammenstellungen wie aaaaaaaaaa oder aaabbbbbbb enthalten. Wir fragen nun weiter, wieviel Wörter sind überhaupt möglich? Da müssen wir uns erstens über die höchste zulässige Länge eines Wortes einigen, sagen wir etwa 30 Buchstaben, und zweitens müssen wir zu den 25 Buchstaben noch das Spatium mit hinzunehmen, die Type für den im Buchdruck leer bleibenden Raum zwischen den einzelnen Wörtern. Unter dieser Annahme ist die Anzahl aller möglichen Wörter 26^{30}.

Wir erweitern unsere Überlegungen nochmals und fragen nach der Anzahl aller möglichen Bücher. Zu den 25 Buchstaben und dem Spatium nehmen wir noch die 10 Ziffern und die Interpunktionszeichen hinzu. Ferner unterscheiden wir jetzt große und kleine Buchstaben. Einigen wir uns also auf rund 100 Zeichen. Die Bücher sollen höchstens 500 Seiten haben. Wir können sogar annehmen, daß sie alle genau 500 Seiten haben, da unter unseren Zeichen ja das Spatium enthalten ist, das Zeichen für den leeren Raum. Jede Seite möge 40 Zeilen und jede Zeile 50 Zeichen (Buchstaben, Ziffern, Interpunktion, Spatium) besitzen. Auf jeder Seite gibt es dann $40 \cdot 50 = 2000$ und im ganzen Buch $500 \cdot 2000 = 1\,000\,000$ Stellen, die mit einem der 100 Zeichen gefüllt werden können. Demnach gibt es $100^{1\,000\,000}$ Bücher. Wollten wir diese Zahl ohne die Potenzform ausdrücken, so müßten wir eine 1 schreiben und dahinter 2 Millionen Nullen.

Man wundert sich zunächst, daß überhaupt eine Zahl angegeben werden kann, und meint, die Zahl der Bücher, die sich schreiben lassen, sei unbegrenzt. Rein gefühlsmäßig können wir eben sehr große Zahlen nicht von „unendlich" unterscheiden. In der obigen Zahl $100^{1\,000\,000}$ ist wirklich alles enthalten, was je geschrieben worden ist und was je geschrieben werden kann, und zwar in allen möglichen Sprachen, soweit sich dieselben durch unsere 100 Zeichen ausdrücken lassen: die Bibel, Goethes Gesammelte Werke in allen möglichen Ausgaben mit allen nur irgendwie möglichen Druckfehlern, alle Logarithmen- und Rechentafeln, Kochbücher, Zeitungsartikel, Heiratsannoncen usw., und schließlich auch das vorliegende Buch, allerdings ohne die Abbildungen. Vor allem wird unsere Universalbibliothek aber sehr viel sinnlose Bücher enthalten. Ein Band wird vollkommen leer sein, denn er wird ausschließlich aus Spatien bestehen. Ein Band wird nur Fragezeichen enthalten. Ein Band wird mit Schillers Glocke beginnen, und dann wird plötzlich eine Logarithmentafel folgen, die auch wieder plötzlich abbricht, und den Schluß wird eine lateinische Grammatik bilden. Unsere Bibliothek enthält neben allen guten Büchern auch allen Unsinn, den man sich überhaupt nur ausdenken kann. Und doch können wir die Anzahl der Bände durch eine Zahl ausdrücken, die sich so leicht und bequem schreiben läßt wie $100^{1\,000\,000}$.

Um uns eine Vorstellung von der Größe unserer Bibliothek zu machen, oder vielmehr um uns davon zu überzeugen, daß wir uns von ihrer Größe keine Vorstellung machen können, wollen wir uns folgendes überlegen: Jeder Band möge 2 cm dick sein, und alle Bücher sollen in einer langen Reihe stehen. Welche Zeit braucht ein Bibliothekar, um ein Buch zu holen, das am a n d e r e n Ende der Reihe steht? Nun, für eine solche Riesenbibliothek müssen wir unserem Bibliothekar wohl eine Riesengeschwindigkeit zubilligen. Nehmen wir also an, er brause mit Lichtgeschwindigkeit an seiner Bücherreihe vorüber. In einer Sekunde legt er dann 300 000 km zurück oder $3 \cdot 10^{10}$ cm, und in einem Jahr, da das Jahr rund $31 \cdot 10^{6}$ Sekunden hat, $93 \cdot 10^{16}$ oder rund 10^{18}, d. h. eine Trillion Zentimeter. Um die $2 \cdot 100^{1\,000\,000} = 2 \cdot 10^{2\,000\,000}$ cm lange Strecke einer Bücherreihe mit Lichtgeschwindigkeit zu durcheilen, braucht der Bibliothekar also $2 \cdot 10^{2\,000\,000} : 10^{18}$ Jahre. Das ist eine Zahl, die aus einer 2 besteht mit 1 999 982 Nullen. Es ist natürlich aussichtslos, die Zahl mit irgendwelchen –illionen lesen zu wollen!

Wie groß diese Zahl aber auch ist, von der Zahl „unendlich" ist sie noch genau so weit entfernt wie die Zahlen 2 und 3. Viele Mathematiker wollen daher das Wort unendlich auf seinen negativen Inhalt beschränkt wissen, weil sie fürchten, daß man mit positiven Aussagen über das Unendliche in Widersprüche geraten könne. 1831 schrieb *Gauß* in einem Briefe an *Schumacher*: „... so protestiere ich gegen den Gebrauch einer unendlichen Größe als einer Vollendeten, welcher in der Mathematik niemals erlaubt ist. Das Unendliche ist nur eine façon de parler, indem man eigentlich von Grenzen spricht, denen gewisse Verhältnisse so nahe kommen, als man will. ..."

Einen Vorstoß in dieses verbotene Gebiet des „aktual Unendlichen" unternahm *Georg Cantor*. Er wurde 1845 in Petersburg geboren, besuchte die Gewerbeschule in Darmstadt und studierte dann in Berlin, 1867 promovierte er in Halle, wurde dort 1872 außerordentlicher und 1879 ordentlicher Professor. 1905 trat er in den Ruhestand und ist 1918 gestorben. Die von ihm begründete Mengenlehre wurde von einigen Mathematikern abgelehnt, zu denen auch *Kronecker* gehörte, bei dem *Cantor* in Berlin studiert hatte.

Wie groß die Schwierigkeiten sind, die im Begriff des Unendlichen liegen, zeigt folgendes Beispiel:

Tristram Shandy[1]) schrieb seine Lebensgeschichte, und zwar so ausführlich, daß er für die Schilderung eines Tages ein ganzes Jahr brauchte. Natürlich ist er über die Darstellung seiner ersten Lebenswochen nicht hinausgekommen, weil der Tod ihn von seiner gründlichen Arbeit abberief. Wie wäre es aber gewesen, wenn er unendlich lange leben würde? Die Ansichten darüber sind geteilt. Die einen meinen, das ungünstige Verhältnis: ein Tag zu einem Jahr würde auch bei unendlich langem Leben bestehen bleiben. Er würde nun zwar mehr Zeit haben, seine Lebensgeschichte zu schreiben, aber dafür würde ja auch sein Leben, das er beschreiben will, entsprechend länger sein. Die anderen meinen: Wie dem auch sei. Handelt es sich auch um einen Tag aus einer noch so späten

---

[1]) Der Held des Romans „The life and opinions of Tristram Shandy" des englischen Humoristen Lawrence Sterne (1713—1768).

Lebenszeit – da er lange genug lebt, kommt er in seiner Lebensbeschreibung auch einmal an diesen Tag.

Das Leben ist unendlich lang. Die Zeit, die zur Beschreibung dieses Lebens zur Verfügung steht, ist auch unendlich lang. Ob die unendlich lange Zeit ausreicht, das unendlich lange Leben zu beschreiben, darüber können wir keine sinnvollen Aussagen machen, weil der Begriff „unendlich" dafür viel zu unbestimmt ist.

Ich will noch an einem zweiten, mehr mathematischen Beispiel zeigen, wie leicht das Unendliche zu Widersprüchen führt. Wir betrachten die Menge der ganzen Zahlen 1, 2, 3, 4, 5, 6 ... Sie besteht aus der Menge der ungeraden und der Menge der geraden Zahlen, also ist die Menge der geraden Zahlen eine T e i l menge der Menge der ganzen Zahlen, also gibt es „natürlich" weniger gerade Zahlen als ganze Zahlen überhaupt. Aber gegen ein solches „natürlich" ist der Mathematiker mißtrauisch, wie er gegen alle Aussagen mißtrauisch ist, die sich auf das Unendliche beziehen. Er fängt dann am liebsten ganz von vorne an, um sicher zu sein, daß er nicht vielleicht Begriffe im Unendlichen verwendet, die nur im Endlichen sinnvoll sind. Gehören vielleicht die Begriffe größer, kleiner und gleich zu diesen Begriffen? Stellen wir uns vor, in einem Saale befinden sich eine Anzahl von Stühlen und eine Anzahl von Personen, und wir wollen wissen, ob es mehr Stühle oder mehr Personen sind. Das sicherste Verfahren, um das festzustellen, ist doch offenbar, daß wir zu den Leuten sagen: Bitte nehmen Sie Platz! Dann wird sich ja herausstellen, ob Stühle leer bleiben oder ob einige Personen keinen Platz finden. Mathematisch ausgedrückt heißt das: Wir ordnen jedem „Element" der einen Menge ein Element der anderen Menge zu, und wenn das gelingt, sagen wir, die Mengen sind von unserem Standpunkte aus gesehen gleich groß. Um aber zum Ausdruck zu bringen, daß wir dieses „gleich groß" in einem ganz bestimmten Sinne meinen, führen wir eine neue Bezeichnung ein und sagen, die Mengen sind „von gleicher Mächtigkeit". Wenn die Mengen endlich sind wie in dem Beispiel der Personen und Stühle, dann ist der alte Begriff „gleich groß" natürlich identisch mit dem neuen Begriff „von der gleichen Mächtigkeit". Aber bei unendlichen Mengen ist das anders. Die Menge der geraden Zahlen ist nach unserer bisherigen Ansicht *kleiner* als die Menge aller ganzen Zahlen, aber beide Mengen haben dieselbe Mächtigkeit, wie man sofort erkennt, wenn man die Mengen so untereinander schreibt:

M_1: 1 2 3 4 5 6 . . .
M_2: 2 4 6 8 10 12 . . .

Zu jedem Elemente m der ersten Menge gehört ein ganz bestimmtes Element der zweiten Menge, nämlich 2m, genau so, wie in dem obigen Beispiel zu jeder Person der Stuhl gehört, auf dem sie sitzt. Die gleichen Überlegungen kann man auch mit der Menge der Quadratzahlen und der Menge aller ganzen Zahlen anstellen. Schreibt man sie so untereinander:

M_1: 1 2 3 4 5 6 7 8 9 10 11 12 13 14 15 16 17 18 19 20 . . .
M_3: 1 4 9 16

so schließt man, daß M_3 wesentlich kleiner ist als M_1, da ja alle Zahlen, die keine Quadratzahlen sind, fehlen. Schreibt man aber:

M_1: 1 2 3 4 5 6 7 8 9 10 . . .
M_3: 1 4 9 16 25 36 49 64 81 100 . . .

so ist wieder jedem Element von M_1 eindeutig ein Element von M_3 zugeordnet, nämlich das Element m^2, also haben M_1 und M_3 dieselbe Mächtigkeit. Ähnlich ist es bei den Primzahlen, je nachdem man

M_1: 1 2 3 4 5 6 7 8 9 10 11 12 13 14 15 16 . . .
M_4: 1 2 3 — 5 — 7 — — — 11 — 13 — — — . . .

oder

M_1:	1	2	3	4	5	6	7	8	9	10	11 . . .
M_4:	1	2	3	5	7	11	13	17	19	23	29 . . .

schreibt. Im letzten Falle besteht die Zuordnung einfach darin, daß man die Primzahlen der Reihe nach unter die aufeinander folgenden ganzen Zahlen schreibt, d. h. daß man die Primzahlen einfach „zählt". Man sagt daher von jeder Menge, die dieselbe Mächtigkeit hat wie die Menge der ganzen Zahlen, sie sei „abzählbar unendlich".

Die Mengen M_2, M_3 und M_4 waren alle Teilmengen von M_1, d. h. Mengen, die unserem Gefühl nach kleiner sind als M_1. Wir wollen nun eine Menge betrachten, die man zunächst für wesentlich größer hält als die Menge der ganzen Zahlen, nämlich die Menge aller rationalen Zahlen. Darunter versteht man die Menge aller echten und unechten Brüche einschließlich der ganzen Zahlen, die man als Brüche auffassen kann, bei denen der Zähler durch den Nenner teilbar ist. Man kann die Elemente dieser Menge natürlich nicht der Größe nach ordnen, denn es gibt ja keine kleinste rationale Zahl, mit der man anfangen könnte. Wie klein auch der Bruch p/q ist, immer kann man den Nenner q noch größer machen, so daß der Bruch noch kleiner wird. Mit $^1/_{1000}$ kann man nicht beginnen, denn davor liegt ja noch $^1/_{10\,000}$ und vor diesem Bruch liegt $^1/_{100\,000}$ usw. Aber man kann die Menge der rationalen Zahlen folgendermaßen schreiben:

1	2	3	4	5	6	7	8	9	10	11	. . .
$\frac{1}{2}$	—	$\frac{3}{2}$	—	$\frac{5}{2}$	—	$\frac{7}{2}$	—	$\frac{9}{2}$	—	$\frac{11}{2}$	. . .
$\frac{1}{3}$	$\frac{2}{3}$	—	$\frac{4}{3}$	$\frac{5}{3}$	—	$\frac{7}{3}$	$\frac{8}{3}$	—	$\frac{10}{3}$	$\frac{11}{3}$	. . .
$\frac{1}{4}$	—	$\frac{3}{4}$	—	$\frac{5}{4}$	—	$\frac{7}{4}$	—	$\frac{9}{4}$	—	$\frac{11}{4}$	. . .
$\frac{1}{5}$	$\frac{2}{5}$	$\frac{3}{5}$	$\frac{4}{5}$	—	$\frac{6}{5}$	$\frac{7}{5}$	$\frac{8}{5}$	$\frac{9}{5}$	—	$\frac{11}{5}$	. . .
$\frac{1}{6}$	—	—	—	$\frac{5}{6}$	—	$\frac{7}{6}$	—	—	—	$\frac{11}{6}$	. . .

Dort, wo Brüche hingehören, die sich kürzen lassen, $^2/_2$, $^4/_2$, $^3/_3$, $^2/_4$ usw., stehen also Striche. Durch dieses Schema kann man nun im „Diagonalverfahren" hindurchgehen, wie folgendes Schema andeutet:

1	3	5	9	11	17
2	—	8	—	16	
4	7	—	15		
6	—	14			
10	13				
12					

Die rationalen Zahlen sind dann also folgendermaßen geordnet, wie man aus dem Vergleich beider Schemata erkennt:

$$1, \frac{1}{2}, 2, \frac{1}{3}, 3, \frac{1}{4}, \frac{2}{3}, \frac{3}{2}, 4, \frac{1}{5}, 5, \frac{1}{6}, \frac{2}{5}, \frac{3}{4}, \frac{4}{3}, \frac{5}{2}, 6 \ldots$$

Man kann sogar nachweisen, daß die Menge der „algebraischen" Zahlen abzählbar ist. Unter den algebraischen Zahlen versteht man die Lösungen der Gleichungen

$$a + bx + cx^2 + dx^3 + \ldots + x^n = 0,$$

wobei die Koeffizienten a, b, c, d ... rationale Zahlen sind. Wie wir im 3. Kapitel gesehen haben, sind nur die Gleichungen 1., 2., 3. und 4. Grades allgemein lösbar. Da die Gleichungen vom 5. und höheren Grades nicht mehr allgemein lösbar sind, muß man sich darauf beschränken, nachzuweisen, daß die Menge der Gleichungen selbst abzählbar ist. Da eine Gleichung n-ten Grades n Wurzeln, also jedenfalls nur eine endliche Anzahl von Wurzeln besitzt, und da die Abzählung einer endlichen Menge keine Schwierigkeiten machen kann, genügt es, die Menge der Gleichungen statt die Menge der Wurzeln abzuzählen. Wir wollen auf den Beweis, obwohl er nicht besonders schwierig ist, nicht näher eingehen.

Schon bei den Gleichungen 2., 3. und 4. Grades ist die Mannigfaltigkeit der Lösungen außerordentlich groß.

Neben den rationalen Zahlen sind die kompliziertesten Wurzelausdrücke darunter, reelle sowohl wie auch komplexe. Man könnte daher fast auf die Vermutung kommen, daß vielleicht alle Mengen abzählbar sind. Dann hätte der ganze Begriff der Abzählbarkeit natürlich kein Interesse mehr, da er ja gerade mit der Absicht eingeführt wurde, auch im Unendlichen eine gegen Widersprüche gesicherte Rangordnung zu schaffen. Man kann aber nachweisen, daß die Menge, die aus den rationalen und allen irrationalen Zahlen besteht, d. h. die Menge aller reellen Zahlen, die wir K nennen wollen, nicht abzählbar ist. Die irrationalen Zahlen, die nicht algebraisch sind, nennt man transzendent, wie z. B. die Logarithmen oder die Zahlen π und e. Alle Zahlen dieser Menge K lassen sich durch Dezimalbrüche darstellen, die rationalen durch endliche bzw. unendliche aber periodische Dezimalbrüche und die irrationalen Zahlen durch unendliche unperiodische Dezimalbrüche. Um zu zeigen, daß diese Menge K nicht abzählbar ist, können wir uns zunächst darauf beschränken, zu zeigen, daß die Menge aller reellen Zahlen, die kleiner als 1 sind, nicht abzählbar ist. Wenn diese Teilmenge schon nicht abzählbar ist, dann wird die ganze Menge erst recht nicht abzählbar sein. Der Beweis wird indirekt geführt. Angenommen, die besagte Teilmenge wäre abzählbar und folgendes wäre die Zuordnung ihrer Elemente zu den ganzen Zahlen:

1. $0{,}\alpha_1\alpha_2\alpha_3\alpha_4\alpha_5 \ldots$
2. $0{,}\beta_1\beta_2\beta_3\beta_4\beta_5 \ldots$
3. $0{,}\gamma_1\gamma_2\gamma_3\gamma_4\gamma_5 \ldots$
4. $0{,}\delta_1\delta_2\delta_3\delta_4\delta_5 \ldots$
5. $0{,}\varepsilon_1\varepsilon_2\varepsilon_3\varepsilon_4\varepsilon_5 \ldots$

Die griechischen Buchstaben mit ihren Indizes stehen dabei an Stelle der Ziffern 0, 1, 2, 3, 4, 5, 6, 7, 8, 9. Wäre die 1. Zahl z. B. ¾, so wäre $\alpha_1 = 7$, $\alpha_2 = 5$ und alle übrigen α gleich Null. Wäre die 2. Zahl $^6/_{11}$, so wäre β_1, β_3, β_5 . . ., d. h. alle β mit ungeradem Index 5 und alle β mit geradem Index 4. Nun bilde ich eine neue Zahl

$$z = 0{,}\omega_1\omega_2\omega_3\omega_4\omega_5 \ldots$$

auf folgende Weise: ω_1 soll irgendeine der 10 Ziffern von 0 bis 9 sein, nur nicht α_1. ω_2 soll ebenso eine der 10 Ziffern sein, nur nicht β_2, ω_3 irgendeine Ziffer, nur nicht γ_3, ω_4 nicht δ_4, ω_5 nicht ε_5 usw. Es ist das also auch ein „Diagonalverfahren". Die Zahl z kann dann im obigen Schema nicht enthalten sein, denn die 1. Zahl ist es nicht, da ja nach der Definition ω_1 von α_1 verschieden ist. Die 2. Zahl ist es ebenfalls nicht, da nach Definition ω_2 von β_2 verschieden ist. Die 3. Zahl ist es auch nicht, da definitionsgemäß ω_3 von γ_3 verschieden ist usw. Also war unsere Annahme falsch, daß in der obigen Anordnung alle irrationalen Zahlen, die kleiner als 1 sind, enthalten sind. Falsch war also die Annahme, daß die Menge K abzählbar sei. Die rationalen Zahlen erfüllen also das Intervall von 0 bis 1 nicht dicht, sondern überall liegen irrationale Zahlen dazwischen. Erst durch Hinzunahme dieser irrationalen Zahlen entsteht eine kontinuierliche Folge von Zahlen. Man bezeichnet diese Menge daher als das Kontinuum und unterscheidet zwischen „abzählbar unendlich" und „kontinuierlich unendlich".

Ähnlich, wie wir oben gezeigt haben, daß Mengen wie die aller rationalen Zahlen oder die aller algebraischen Zahlen von der gleichen Mächtigkeit sind wie die aller ganzen Zahlen, obwohl sie doch ungleich umfassender zu sein scheinen, so kann man nun auch zeigen, daß Mengen, die vielmals „größer" zu sein scheinen als das zwischen 0 und 1 liegende Kontinuum K, doch nur von derselben Mächtigkeit wie dieses sind. Man kann sich die Menge K dargestellt denken durch die Punkte einer Strecke von der Länge 1. Ist nun in Abb. 16,1 AB eine solche Einheitsstrecke und CD eine andere Strecke,

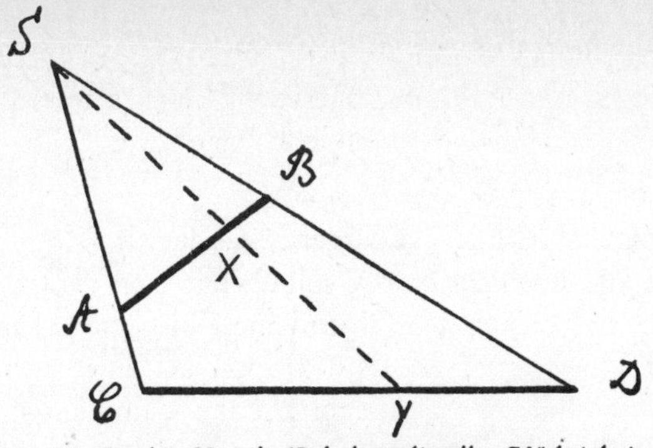

Abb. 16,1 Die Punkte X auf AB haben dieselbe Mächtigkeit, wie die Punkte Y auf der längeren Strecke CD

die beliebig länger sein kann, so verbinde ich C mit A und D mit B und bringe CA und DB in S zum Schnitt. Ziehe ich dann durch S irgendeine Gerade, die AB und CD schneidet, so wird durch sie jedem Punkte X von AB ein Punkt Y von CD zugeordnet, und deswegen haben die Mengen der Punkte auf AB und CD dieselbe Mächtigkeit. Ja man kann die Punkte X der Einheitsstrecke AB sogar auf eine unendlich lange Gerade projizieren, wie die Abb. 16,2 zeigt. Die Punkte X_1 der oberen

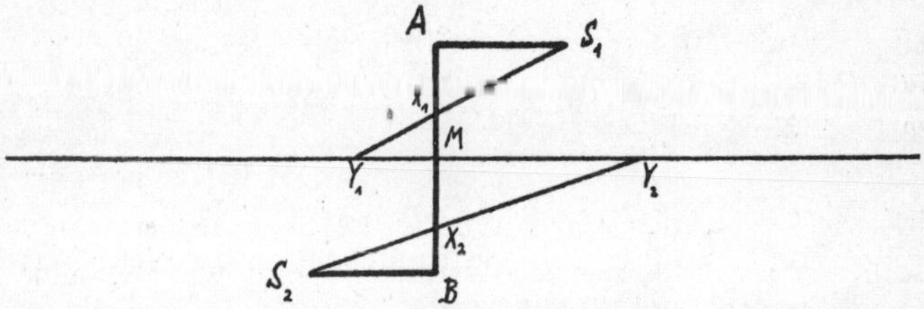

Abb. 16,2 Die Punkte X, die auf AB liegen, haben dieselbe Mächtigkeit, wie die Punkte Y, die auf der unendlich langen Geraden liegen

Hälfte von AB werden von S_1 aus auf den links von M liegenden Teil der Geraden projiziert und die Punkte X_2 der unteren Hälfte von S_2 aus auf den rechts von M liegenden Teil. Die Tatsache, daß die Punkte auf einer Strecke „unendlich" dicht liegen, ist so folgenreich, daß demgegenüber die Länge der Strecke gar keine Rolle spielt, selbst dann nicht, wenn sie unendlich lang ist.

Noch merkwürdiger ist es, daß man sogar zeigen kann, daß die Punkte, die im Inneren eines Quadrates liegen, dieselbe Mächtigkeit haben wie die Punkte, die auf einer Seite des Quadrates liegen. Ein beliebiger Punkt im Inneren hat die Koordinaten OQ = x und PQ = y (Abbildung 16,3). Nehmen wir an, daß die Seite des Quadrates die Länge 1 hat, dann können wir für x und y schreiben

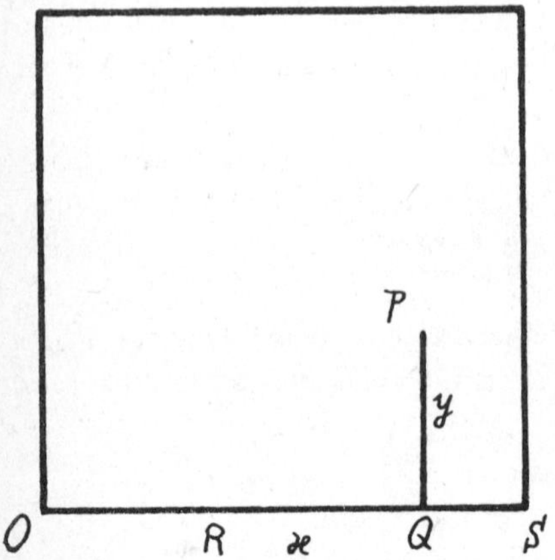

Abb. 16,3 Die Punkte P im Innern des Quadrats haben dieselbe Mächtigkeit, wie die Punkte R auf der Quadratseite QS

$$x = 0{,}x_1x_2x_3x_4 \ldots$$
$$y = 0{,}y_1y_2y_3y_4 \ldots$$

wobei die $x_1x_2 \ldots y_1y_2 \ldots$ wie oben die griechischen Buchstaben an Stelle der Ziffern 0, 1, 2 . . . 9 stehen. Dem Punkte P des Quadratinneren ordnen wir nun den Punkt R der Quadratseite OS zu, für den

$$OR = 0{,}x_1y_1x_2y_2x_3y_3 \ldots$$

Diese Zuordnung ist natürlich unstetig, d. h. zwei Punkten P_1 und P_2, die im Innern des Quadrates dicht beieinanderliegen, sind zwei Punkte R_1 und R_2 der Quadratseite zugeordnet, die im allgemeinen nicht benachbart sind, und die ganze Zuordnung ist natürlich ohne jeden geometrischen Sinn, aber sie ist eindeutig, und das genügt nach der Definition der Mächtigkeit.

Ganz entsprechend, wie wir oben die Punkte der Einheitsstrecke auf die unendlich lange Gerade projiziert haben, können wir nun die Punkte des Quadrates auf die unendlich ausgedehnte Ebene projizieren. Zu dem Zweck legen wir das Quadrat so in das Koordinatensystem hinein, daß in jedem Quadranten der Ebene ein Teilquadrat liegt, dessen Seite die Länge 1/2 hat, und projizieren jeden Punkt des Viertelquadrates auf den zugehörigen Quadranten. Zu dem Zweck projizieren wir die Abszisse x des Punktes P nach Abb. 2 auf die Halbgerade, indem wir die Strecke x von Abb. 16,4 als MX_1 auftragen und die zugehörige Strecke MY_1 bestimmen, die wir x′ nennen wollen. In gleicher Weise bestimmen wir zu der Ordinate y des Punktes P eine Strecke y′. Deuten wir nun x′ und y′ als Koordinaten eines Punktes P′, so wird das Teilquadrat OABC der Abb. 16,4 auf den rechten oberen

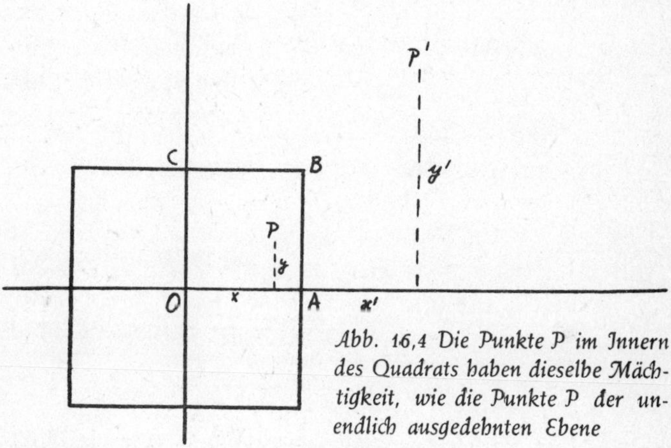

Abb. 16,4 Die Punkte P im Innern des Quadrats haben dieselbe Mächtigkeit, wie die Punkte P der unendlich ausgedehnten Ebene

Quadranten der Ebene abgebildet, und in gleicher Weise kann man mit den drei anderen Quadranten verfahren. Wir haben also die Punkte des Quadrates auf die Ebene abgebildet und, da wir vorher die Punkte des Quadrates den Punkten der Einheitsstrecke zugeordnet hatten, ist nunmehr auch die Menge der Punkte der zweidimensionalen Ebene den Punkten der eindimensionalen Einheitsstrecke zugeordnet. Die „Dichte" des Kontinuums ist also so groß, daß demgegenüber nicht einmal die Dimension eine Rolle spielt, denn in genau der gleichen Weise kann man zeigen, daß sich die Punkte einer Strecke eindeutig den Punkten des dreidimensionalen Raumes zuordnen lassen und, wenn man will, kann man sogar zu 4- und mehrdimensionalen Räumen übergehen.

Da, wie *Gauß* zuerst gezeigt hat, die komplexen Zahlen den Punkten der Ebene zugeordnet werden können, und da diese, wie wir gesehen haben, die Mächtigkeit des Kontinuums haben, ist also die Menge aller komplexen Zahlen von der gleichen Mächtigkeit wie die Menge aller positiven reellen Zahlen, die kleiner als 1 sind.

Es fragt sich nun, ob es eine noch größere Mächtigkeit als die des Kontinuums gibt. Es sei x eine Zahl des Kontinuums (wir können annehmen, daß x reell, positiv und kleiner als 1 ist) und $y = f(x)$ irgendeine Funktion von x. f (x) kann also z. B. eine der bekannten Funktionen wie x^n, $\sqrt[n]{x}$, a^x, $\log x$, $\sin x$, $\operatorname{tg} x \ldots$ sein oder eine aus diesen einfachen Funktionen zusammengesetzte Funktion oder schließlich auch nur irgendeine Anweisung, nach der jedem Werte von x ein Wert von y zugeordnet wird. (Solche „willkürlichen" Funktionen hat zuerst *Dirichlet* betrachtet. Sind z. B. a und b zwei beliebige Konstanten, so hat die Funktion, die durch die Vorschrift entsteht:

$$f(x) = a \text{ für rationale } x$$
$$f(x) = b \text{ für irrationale } x$$

die Eigenschaft, in jedem Punkte unstetig zu sein. Man hat sich in der Mathematik eine Zeitlang viel mit solchen pathologischen Funktionen beschäftigt.) Faßt man den Begriff der Funktion in dieser Allgemeinheit und betrachtet man zwei Funktionen schon dann als voneinander verschieden, wenn für e i n e n Wert von x die zugehörigen y verschieden sind, dann hat die Menge aller Funktionen eine größere Mächtigkeit als das Kontinuum.

17. Kapitel

Im Irrgarten der Logik

Parmenides aus Elea in Unteritalien lehrte um 500 v. Chr., daß Werden und Vergehen sowie die Vielheit der Dinge in der Welt nur Schein und Trug sei. Das allein Wahre und wirklich Seiende dagegen sei unveränderlich und unteilbar. Der Sophist *Zenon* (etwa 490 bis 430 v. Chr.) bemühte sich nun, diese Behauptung zu beweisen, indem er zeigte, daß die Begriffe der Bewegung und der Teilbarkeit zu logischen Widersprüchen führten. Um zunächst den Bewegungsbegriff als widerspruchsvoll zu enthüllen, erfand er die Geschichte vom Wettlauf *Achills* mit einer Schildkröte:

Achill, der schnellfüßige Held der Ilias, und eine Schildkröte machen einen Wettlauf, und die Schildkröte bekommt eine Vorgabe, sagen wir von 10 m. Nehmen wir ferner an, um recht einfache Verhältnisse zu erhalten, *Achill* lege in der Sekunde 10 m, die Schildkröte 1 m zurück. Während also *Achill* die 10 m durchläuft, die ihm die Schildkröte ursprünglich voraus ist, legt diese 1 m zurück. Während *Achill* auch noch dieses Meter durchläuft, hat die Schildkröte 10 cm zurückgelegt. Um die Schildkröte einzuholen, muß *Achill* auch diese 10 cm durchlaufen. Währenddessen ist aber die Schildkröte 1 cm weitergekrochen, und während *Achill* dieses Zentimeter zurücklegt, kriecht die Schildkröte 1 mm weiter usw. usw. *Achill* kann also die Schildkröte nie einholen, denn stets wird sie ihm ein kleines Stück vorausbleiben, wenn auch dieses Stück immer kleiner und kleiner wird.

Um die mathematische Seite dieses Trugschlusses aufzudecken, betrachte ich die Zeiten. Um die ersten 10 m zurückzulegen, braucht *Achill* eine Sekunde; um das Meter zurückzulegen, das die Schildkröte inzwischen weitergekrochen ist, braucht *Achill* also $^1/_{10}$ Sekunde, für die 10 cm, welche die Schildkröte ihm dann noch voraus ist, braucht er $^1/_{100}$ Sekunde, für das folgende eine Zentimeter braucht er $^1/_{1000}$ Sekunde, für 1 mm $^1/_{10000}$ Sekunde usw. Die Zeit, nach der *Achill* die Schildkröte einholt, ist also:

$$1 \text{ Sek.} + {}^1/_{10} \text{ Sek.} + {}^1/_{100} \text{ Sek.} + {}^1/_{1000} \text{ Sek.} + {}^1/_{10000} \text{ Sek.} + \ldots$$

Der Trugschluß beruht nun auf der falschen Annahme, daß eine Summe aus unendlich vielen Summanden unendlich groß sein müsse. Das ist aber nicht der Fall. Es ist vielmehr, wenn wir die erste Sekunde zunächst außer Betracht lassen:

$$\begin{aligned} {}^1/_{10} + {}^1/_{100} + {}^1/_{1000} + {}^1/_{10000} + \ldots \\ = 0{,}1 + 0{,}01 + 0{,}001 + 0{,}0001 + \ldots \\ = 0{,}1111\ldots \end{aligned}$$

Und dieser unendliche Dezimalbruch hat den Wert $^1/_9$, wie man erkennt, wenn man 1 durch 9 dividiert. *Achill* holt die Schildkröte also nach $1^1/_9$ Sekunde ein.

Ein zweiter Trugschluß, mit dem die Sophisten den Bewegungsbegriff als widerspruchsvoll nachweisen wollten, war folgender: In einer Rennbahn liegen vier Kugeln AAAA. Vier weitere Kugeln BBBB bewegen sich von links nach rechts, und vier andere CCCC mit der gleichen Geschwindigkeit von rechts nach links.

AAAA
BBBB ⟶
⟵ CCCC

Nach einer gewissen Zeit haben sich die Kugeln B an allen Kugeln C vorbeibewegt, jedoch nur an der Hälfte der Kugeln A.

AAAA
BBBB
CCCC

Folglich, so schlossen die Sophisten, ist die halbe Zeit gleich der ganzen. Uns ist der Begriff der relativen Bewegung heute so geläufig, daß dieser Trugschluß keinerlei Eindruck mehr auf uns macht. Wir haben ja alle schon einmal in einem Eisenbahnzug gesessen und wissen, daß ein fahrender Zug der Gegenrichtung mit der doppelten Geschwindigkeit an uns vorbeibraust.

Um schließlich den Begriff der Teilbarkeit ad absurdum zu führen, stellte *Zenon* folgende Überlegung an: Eine Vielheit soll also nach dem Begriff der Teilbarkeit eine Mehrheit von getrennten Einheiten sein. Eine Einheit ist aber etwas, was sich nicht teilen läßt. Das Unteilbare kann aber keine Größe haben, denn hätte es eine Größe, so wäre es noch weiter teilbar. Alle Einheiten, aus denen die Vielheit zusammengesetzt sein soll, haben also keine Größe. Wenn sich aber 10 Menschen zusammentun, von denen keiner etwas besitzt, so haben alle 10 zusammen auch nichts. Wenn man also 10 oder 100 oder 1000 oder beliebig viele Dinge zusammenfügt, die einzeln keine Größe haben, so haben alle zusammen auch keine Größe. Also hat die Vielheit, die aus Einheiten zusammengesetzt ist, keine Größe. Das heißt, es gibt keine Vielheit und keine Teile!

Gehen wir diesen Trugschluß noch einmal durch, so stutzen wir zunächst bei der Behauptung, daß die Einheit keine Größe haben soll, weil sie sonst keine Einheit, sondern noch weiter teilbar wäre. *Zenon* spricht also bloß von der begrifflichen Teilbarkeit. Mechanische Einheiten, die sich (mechanisch) nicht weiter teilen lassen, sind ja die Moleküle, chemische Einheiten die Atome und physikalische Einheiten die Elektronen, Protonen usw. Alle diese Einheiten besitzen aber „Größe". *Zenon* stellt sich also z. B. eine Strecke vor, die geteilt wird. Wie klein auch die Teile werden, es sind immer noch kleine Strecken, die sich also weiter teilen lassen. Erst die Punkte sind die letzten Einheiten, die sich nicht weiter teilen lassen. Ein Punkt hat aber keine Länge, und eine Million von Punkten ebenfalls nicht. Wie viele Punkte ich auch zusammenfüge, ich erhalte keine Strecke! Entsprechend können wir uns vorstellen, daß eine Fläche in Streifen zerlegt wird, ähnlich wie die Kreisfläche in Abb. 12,3, und daß diese Streifen immer schmaler und schmaler und schließlich zu Strichen werden. Da ein einzelner Strich keine Breite besitzt, haben eine Billion von Strichen, die ich aneinanderlege, auch noch keine Breite. Ich habe zunächst also hier ebenfalls den Widerspruch, daß eine Fläche durch fortgesetzte Teilung in Striche zerlegt worden ist, daß diese Teile aber zusammen scheinbar nicht wieder das Ganze ergeben können.

Der Widerspruch klärt sich einfach dadurch auf, daß ich eben bei der Teilung und bei der nachträglichen Zusammensetzung des Ganzen aus den Teilen mit zweierlei Maß gemessen habe, indem ich mir die Teilung bis ins Unendliche fortgesetzt dachte, bei der Zusammensetzung aber nur endlich viele (wenn auch beliebig viele) Teile betrachtete. Zunächst kann ich nur sagen, daß bei fortgesetzter Teilung die Teilstrecken immer kürzer und die Teilstreifen immer schmaler werden. Daß bei einer ins Unendliche fortgesetzten Teilung aus der Strecke schließlich Punkte und aus der Fläche schließlich Striche werden, das zu behaupten steht mir zwar frei, da der Begriff des Unendlichen genügend unbestimmt ist, um diese Behauptung zuzulassen, es steht mir dann aber genau so gut frei, zu behaupten, daß unendlich viele Punkte aneinandergereiht eine Strecke und unendlich viele Striche eine Fläche ergeben. Da der Begriff des Unendlichen zunächst weiter keinen positiven Inhalt besitzt, steht es eben jedem frei, sich das Unendliche so groß vorzustellen, wie er will, so groß, daß seine Größe die Kleinheit der Null aufwiegt, und das Produkt: Unendlich mal Null eine gewisse Größe bekommt. Die Schwierigkeiten rühren also nicht, wie die Eleaten meinten, vom Begriff der Teilbarkeit, sondern vom Begriff des Unendlichen her.

Nach diesen Angriffen auf die „Geschwindigkeit" und „Teilbarkeit" gingen die Sophisten zu Angriffen auf die Logik an sich über. Bei einer dieser Geschichten, die uns *Aulus Gellius* in seinen „Attischen Nächten" berichtet, ist ein Sophist selbst, und zwar gerade der bedeutendste, der Leidtragende: *Protagoras* (480–410 v. Chr.) aus Abdera in Thrazien.

Bei ihm nahm *Euathlus*, ein junger Athener, Unterricht in der Rechtsgelehrsamkeit. Es wurde verabredet, daß von dem Honorar die eine Hälfte sofort bezahlt werden sollte, die andere Hälfte dann, wenn *Euathlus* seinen ersten Prozeß gewonnen hätte. Als nun aber nach Beendigung des Unterrichts *Euathlus* keine Prozesse führt, wurde *Protagoras* ungeduldig und verklagte *Euathlus* auf Zahlung des restlichen Honorars. Auf diese Weise glaubte er, in jedem Falle zu seinem Gelde zu kommen, da es ja nur die folgenden beiden Möglichkeiten gab: Entweder *Euathlus* würde vom Gericht direkt zur Zahlung des restlichen Honorars verurteilt, oder *Euathlus* würde freigesprochen. Im letzten Fall hatte er aber seinen ersten Prozeß gewonnen und mußte gemäß der Verabredung zahlen. *Euathlus* dagegen war der Ansicht, daß er auf keinen Fall zu zahlen brauche, denn: entweder würde er freigesprochen, ihm also vom Gericht bestätigt, daß er nicht zur Zahlung verpflichtet sei, oder aber er würde verurteilt. Dann hatte er aber seinen ersten Prozeß verloren, brauchte also nach Verabredung die zweite Hälfte des Honorars nicht zu bezahlen. Wer hatte recht??

Lukian erzählt denselben Trugschluß in folgender Form: Ein Krokodil raubt einer Mutter ihr Kind. Die Mutter bittet das Krokodil, ihr das Kind wiederzugeben. Das Krokodil stellt die Bedingung, daß die Mutter eine Frage richtig beantwortet. Die Frage lautet: „Werde ich dir dein Kind zurückgeben?" Sagt die Mutter nun „ja", so antwortet das Krokodil: „Falsch geraten, ich kann dir dein Kind also n a c h u n s e r e r V e r a b r e d u n g nicht zurückgeben." Sagt die Mutter dagegen „nein", so antwortet das Krokodil: „Richtig geraten, ich werde dir dein Kind i n d e r T a t nicht zurückgeben!"

Eine andere Form des gleichen Trugschlusses geht auf *Eubulides* aus Megara zurück: Der Kreter *Epimenides* sagt: „Alle Kreter sind Lügner." Da er nun selbst ein Kreter ist, hat auch er gelogen. Es ist also nicht wahr, daß alle Kreter Lügner sind. *Epimenides* hat also doch vielleicht die Wahrheit gesprochen. Also sind doch alle Kreter Lügner! usw. usw.

In die gleiche Zwickmühle gerät man, wenn man etwa träumt, man solle nie einem Traum Glauben schenken, oder, wenn zu mir ein Unbekannter sagt: „Nehmen Sie nie von einem Unbekannten einen Rat an!"

Man erkennt, der Trugschluß ist verwandlungsfähig wie *Proteus*. Der spanische Dichter *Cervantes* erzählt ihn in seinem tragikomischen Roman „Don Quijote" folgendermaßen: Über einen Fluß führt eine Brücke, und am Ende dieser Brücke steht ein Galgen und ein Gerichtshaus, in dem sich vier Richter befinden. Sie sollen Recht sprechen nach einem merkwürdigen Gesetz. Es lautet: „Wenn jemand über diese Brücke von einem Ufer zum andern geht, so soll er vorerst eidlich erklären, wohin er geht und was er tun will. Sagt er die Wahrheit, so lasse man ihn in Frieden. Lügt er, so hänge man ihn ohne Gnade und Barmherzigkeit an den Galgen." Viele Leute gingen im Laufe der Zeit über die Brücke, und da sie die

Wahrheit sagten, ließen die Richter sie passieren. Einmal jedoch kam ein Mann, der erklärte: „Ich schwöre, daß ich nur über diese Brücke gegangen bin, um an diesem Galgen zu sterben." Dadurch kamen die Richter in eine nicht geringe Verlegenheit, denn sie sagten sich: „Lassen wir den Menschen frei, so hat er einen falschen Eid geschworen und muß nach dem Gesetz sterben; hängen wir ihn aber, so hat er unter seinem Eid die Wahrheit gesagt, da er ja geschworen hatte, daß er an diesem Galgen sterben werde; er hätte also nach dem Gesetz nicht gehängt werden dürfen." *Sancho Pansa*, der Knappe Don Quijotes, entscheidet, um seine Meinung befragt, den schwierigen Rechtsfall folgendermaßen: „Man lasse von diesem Menschen den Teil passieren, der die Wahrheit gesagt hat, und hänge den Teil, der gelogen hat."

Von *J. Richard* stammt folgendes Paradoxon: Die 25 Buchstaben unseres Alphabetes, die Interpunktionszeichen und das Spatium (die Type für den im Buchdruck zwischen zwei Wörtern leer bleibenden Raum) wollen wir die Schriftzeichen nennen. Jede ganze Zahl läßt sich nun statt durch Ziffern auch durch diese Schriftzeichen ausdrücken, meist auf mehrere verschiedene Arten, die 12 z. B. als „zwölf" durch 5 Buchstaben, als „Dutzend" durch 7 Buchstaben und als „drei mal vier" durch 11 Buchstaben und 2 Spatien, also durch 13 Schriftzeichen. Die Zahl 1804 wird als „achtzehnhundertundvier" durch 22 Buchstaben und als „Todesjahr *Kants*" durch 14 Buchstaben und ein Spatium ausgedrückt. Setzen wir nun fest, daß zur Bezeichnung der ganzen Zahl nicht mehr als eine bestimmte Anzahl von Schriftzeichen, sagen wir etwa 100, verwendet werden dürfen, so kann also auf diese Weise nur eine endliche Anzahl von ganzen Zahlen bezeichnet werden, da es eben nur eine endliche Anzahl von Zusammenstellungen der Schriftzeichen zu höchstens 100 gibt. Da die Anzahl der ganzen Zahlen aber unendlich groß ist, muß es also ganze Zahlen geben, die sich durch 100 Schriftzeichen nicht ausdrücken lassen, und unter diesen eine kleinste. Das führt aber auf einen Widerspruch, denn diese „kleinste durch hundert Schriftzeichen nicht bezeichenbare ganze Zahl" ist ja gerade durch diese Definition durch 68, also weniger als 100 Schriftzeichen bezeichnet worden.

Der englische Mathematiker und Philosoph *Russel* stellte 1903 folgendes Paradoxon auf: Eine Menge enthält entweder sich selbst, oder sie enthält sich nicht selbst. Die Menge alles Denkbaren enthält sich z. B. selbst, denn sie ist selbst denkbar, die Menge aller Menschen enthält sich dagegen nicht selbst, denn sie ist selbst kein Mensch. Wir wollen nun mit M diejenige Menge bezeichnen, welche alle Mengen m umfaßt, die sich nicht selbst enthalten, und untersuchen, ob M sich selbst enthält oder nicht. Es gibt die folgenden beiden Möglichkeiten:

I. M enthält sich selbst. Alle Mengen, die in M enthalten sind, sollen aber nach der Definition von M vom Charakter m sein, d. h. sich nicht selbst enthalten, was offenbar ein Widerspruch ist.

II. M enthält sich nicht selbst. Das heißt aber: M ist eine Menge m und muß daher nach der Definition von M in M enthalten sein, also sich selbst enthalten.

Wer diese etwas abstrakte Antinomie nicht recht verstanden hat, der möge statt dessen die folgende anschaulichere Geschichte betrachten: Der Dorfbarbier ist der Mann, der alle Männer des Dorfes rasiert, die sich nicht selbst rasieren. Rasiert sich nun der Dorfbarbier selbst oder nicht? Wir zerlegen die obige Definition in zwei Aussagen:

I. Die Dorfbewohner zerfallen in zwei Gruppen. Gruppe A rasiert sich selbst, Gruppe B rasiert sich nicht selbst.

II. Der Dorfbarbier rasiert die Gruppe B.

Gehört nun der Dorfbarbier zu A, so heißt das nach I., er rasiert sich selbst, nach II. aber, er rasiert sich nicht selbst, da er ja nach II. nur B rasiert.

Gehört der Dorfbarbier dagegen zu B, so heißt das nach II., er rasiert sich selbst, nach I. dagegen, er rasiert sich nicht selbst.

Die Ursache des Widerspruches ist die folgende: In der Definition werden dem Dorfbarbier die anderen Dorfbewohner gegenübergestellt und diese durch ihre Beziehung zum Dorfbarbier in die beiden Gruppen A und B geteilt. Diese Einteilung hat ihrem Wesen nach einen bestimmten Gültigkeitsbereich, sie bezieht sich eben nur auf die a n d e r e n Dorfbewohner und wird daher sinnlos, wenn man den Gültigkeitsbereich der Definition überschreitet und sie auf den Dorfbarbier selbst anwendet.

18. Kapitel

Für und wider die Mathematik[1])

Niemand kann bestreiten, daß ohne Mathematik weite Gebiete der Naturwissenschaften einschließlich ihrer Anwendungen einfach undenkbar sind. Nur über den sonstigen Wert der Mathematik für das Geistesleben der Menschheit kann gestritten werden, und es ist sehr anregend, die Ansichten, die große Männer darüber geäußert haben, einmal zusammenzustellen. Beginnen wir bei den Staatsmännern. *Napoleon* I. schreibt:

„Wenn ich nicht Oberkommandierender und Werkzeug des Schicksals für ein großes Volk geworden wäre, hätte ich mich dann vielleicht in Amtsstuben und Salons herumgetrieben, um mich als Minister oder Botschafter von irgend jemand abhängig zu machen? Nein, nein, ich hätte mich auf das Studium der exakten Wissenschaften geworfen. Ich hätte den Weg beschritten, den *Galilei* und *Newton* gegangen sind. Und da meine großen Unternehmungen stets von Erfolg gekrönt waren, hätte ich mich auch durch wissenschaftliche Arbeiten hoch ausgezeichnet. Ich hätte schöne Entdeckungen hinterlassen. Kein anderer Ruhm hätte meinen Ehrgeiz reizen können."

Und in einem Briefe an *Laplace* aus Vitebsk vom 1. VIII. 1812:

„Früher einmal hätte ich Ihre Abhandlung über die Wahrscheinlichkeitsrechnung mit Interesse gelesen, heute muß ich mich darauf beschränken, Ihnen meine Genug-

[1]) W. Ahrens: Scherz und Ernst in der Mathematik. Leipzig 1904.

tuung zu bezeugen, die ich jedesmal empfinde, wenn ich Sie neue Werke herausbringen sehe, welche diese erste aller Wissenschaften vervollkommnen und weiterführen. Sie tragen zum Ruhme der Nation bei. Der Fortschritt und die Vervollkommnung der mathematischen Wissenschaften sind innig verbunden mit dem Gedeihen des Staates."

P. S. Laplace (1749–1827) war einer der bedeutendsten Mathematiker seiner Zeit. Sein Hauptwerk ist die 5bändige „Mécanique céleste" (Himmelsmechanik). Daneben schrieb er eine mehr volkstümlich gehaltene „Exposition du système du monde" (Darlegung des Weltsystems), in der er die Entstehung unseres Sonnensystems aus einem Urnebel schildert. Das Buch erschien 1796. Ganz ähnliche Gedanken hatte 1755 schon *Kant* in seiner „Allgemeinen Naturgeschichte und Theorie des Himmels" entwickelt, und es ist wohl kaum anzunehmen, daß *Laplace* dieses Werk nicht gekannt haben sollte. Trotzdem erwähnt er *Kant* mit keinem Wort. Überhaupt war er zwar ein großer Mathematiker, aber kein großer Charakter. Am Anfang des 3. Bandes der „Mécanique céleste" erklärte er, von allen in diesem Werk dargelegten Wahrheiten sei für den Autor am wertvollsten die hier ausgesprochene Erklärung seiner Ergebenheit für den mächtigen Beschützer des europäischen Friedens! Nach *Napoleons* Sturz wurde in den unverkauften Exemplaren diese Huldigung sofort ausgetilgt: *Laplace* beeilte sich, mit den Bourbonen in Fühlung zu kommen und bot *Ludwig* XVIII. seine Dienste an. In den noch vorhandenen Exemplaren der „Wahrscheinlichkeitsrechnung" wurde die Widmung „A Napoléon le Grand", auf die sich der obige Brief *Napoleons* bezieht, durch eine Widmung an *Ludwig* XVIII. ersetzt. Dafür wurde er auch von dem letzteren zum Pair de France und Marquis ernannt. Er starb am 5. März

1827. *Alexander von Humboldt* wohnte dem Begräbnis bei. Er schrieb an seinen Bruder Wilhelm:

„Wir haben M. Laplace begraben: Es gibt also eine große Berühmtheit weniger. Der politische Haß, den man gegen ihn trug, weil er keine Charaktergröße besaß und immer dem Stärkeren zu Hilfe kam, hat seinen Verlust hier weniger fühlen lassen. Das ist indessen eine Ungerechtigkeit."

Dem Schluß des obigen Napoleonbriefes wird häufig ein Satz *Friedrichs des Großen* gegenübergestellt aus einem Briefe an *d'Alembert* vom 4. I. 1770: „Gute Sitten haben für die Gesellschaft mehr Wert als alle Berechnungen Newtons."

Wenn sich auch *Friedrich der Große* vielfach kritisch über die Mathematik geäußert hat, so ließ er ihr doch die größte Förderung zuteil werden und bemühte sich, alle bedeutenden Mathematiker seiner Zeit nach Berlin zu ziehen. *Jean le Rond d'Alembert* wurde 1717 in Paris als natürlicher Sohn eines Artilleriehauptmannes geboren und von seiner Mutter auf den Stufen der Kapelle Saint-Jean-le-Rond bei der Kathedrale Notre-Dame ausgesetzt. Von dem Auffindungsort bekam er seinen Namen. 1746 erhielt er eine Einladung *Friedrichs des Großen*, nach Berlin zu kommen, die er jedoch ablehnte. Dagegen nahm er ein ihm angebotenes Jahresgehalt an und stand mit dem Könige in regem Briefwechsel. In einem dieser Briefe schrieb *d'Alembert*: „Die Geometrie ist eine Art Spielzeug, das uns die Natur gegeben hat, um uns in diesem Jammertal zu trösten und zu unterhalten."

In einem Briefe *Friedrichs* vom 28. VII. 1771 findet sich folgender Satz des großen Spötters: „Das ist ein Mittel, das Paradies nicht zu verfehlen: auf der einen Seite einen Geometer, auf der anderen einen Jesuiten; mit dieser Begleitung muß man seinen Weg machen, oder man macht ihn niemals."

Auch in dem Briefwechsel zwischen *Friedrich* und *Voltaire* ist vielfach von Mathematik die Rede. So schreibt *Friedrich* am 13. II. 1749 an *Voltaire*: „Ich liebe sehr die Philosophie und die Verse. Wenn ich Philosophie sage, so meine ich weder Geometrie noch Metaphysik. Die erstere ist, obgleich erhaben, doch nicht für den Verkehr der Menschen untereinander geschaffen. Ich überlasse sie gern irgendeinem englischen Querkopf: möge er den Himmel beherrschen, wie es ihm gefällt! Ich halte mich lieber an den Planeten, auf dem ich wohne."

Und am 16. V. 1749: „Mit der ganzen Algebra der Welt ist man oftmals nur ein Narr, wenn man nicht noch etwas anderes weiß."

Ferner am 17. XII. 1777: „... die Herren Mathematiker, die ewig unnütze Kurven quadrieren; ich lasse sie in Ruhe mit ihren Punkten ohne Umfang und ihren Linien ohne Höhe, ebenso wie die Herren Mediziner, die sich zum Richter über unser Leben aufwerfen und doch nur Zeugen unserer Leiden sind."

Voltaire schrieb am 2. I. 1775 an *Friedrich*: „Die Quadratur einer Kurve ist zu nichts gut; und der Gedanke, einen Meridiangrad vermessen zu wollen, um zu wissen, ob der Pol 4 oder 5 Meilen lang ist, ist ein so romanhafter Gedanke, daß alle Messungen in allen Ländern verschiedene Ergebnisse hatten. Ein guter Ingenieur ist mehr wert als alle diese Berechner von schwierigen Albernheiten."

Friedrich antwortete am 27. I. 1775: „Sie haben recht, wenn Sie die praktische Geometrie der transzendentalen vorziehen. Die eine ist nützlich und notwendig, die andere ist nur ein Luxus des Geistes. Indessen diese erhabenen Abstraktionen machen dem menschlichen Geist Ehre, und es scheint mir, daß die Genies, die sie betreiben, sich der Materie entledigen, soweit sie können, und sich in eine höhere Region unserer Sinne erheben. Ich ehre das Genie auf allen Wegen, die es sich bahnt, und mag ein Geometer auch ein Gelehrter sein, dessen Sprache ich nicht verstehe, ich klage über meine Unwissenheit und achte ihn deswegen nicht weniger."

Mit dem obigen Briefe zielt *Voltaire* auf seinen alten Gegner *Maupertuis.* Dieser hatte 1736–1737 zusammen mit *Clairaut* in Lappland eine Gradmessung vorgenommen, während 1735–1743 *Bouguer* und *de la Condamine* eine gleiche Messung auf der Hochebene von Peru ausgeführt hatten. Es ergab sich, daß in Lappland ein Meridiangrad um $1^1/_3$ km länger ist als in Peru. Damit war bewiesen, daß die Erde an den Polen abgeplattet ist, d. h. ein Rotationsellipsoid ist mit der kleinen Achse als Rotationsachse.

Maupertius wurde 1742 Direktor der Berliner Akademie der Wissenschaften. Er verstand es, bedeutende Gelehrte für die Akademie zu gewinnen. Sie war damals in den ersten Jahrzehnten der friderizianischen Zeit eine Zufluchtsstätte für alle Gelehrte, die Absolutismus und kirchlicher Fanatismus aus anderen Ländern vertrieben hatte. *Voltaire* kritisierte *Maupertuis* scharf in seinem Pamphlet „Histoire du docteur Akakia". Da *Friedrich der Große* glaubte, den Präsidenten seiner Akademie schützen zu müssen, kam es darüber zum Bruch zwischen *Friedrich* und *Voltaire.*

Eine besondere Zierde der Berliner Akademie war *Leonhard Euler.* Er wurde 1707 in Basel als Sohn eines Pfarrers geboren, vom Vater unterrichtet und für den geistlichen Beruf bestimmt. In Basel studierte er Theologie, hörte aber daneben bei *Johann Bernoulli* mathematische Vorlesungen und befreundete sich mit dessen beiden Söhnen, Nikolaus und Daniel. Schließlich wandte er sich mit Einwilligung seines Vaters ganz der Mathematik zu. 1725 wurden *Nikolaus* und *Daniel Bernoulli* nach Petersburg berufen, wo die *Kaiserin Katharina* I. ein

Jahr vorher die Akademie der Wissenschaften gegründet hatte. 1727 folgte ihnen *Euler* nach, aber als er russischen Boden betrat, starb *Katharina* I. Die Ratgeber ihres minderjährigen Nachfolgers *Peters* II. hatten für wissenschaftliche Bestrebungen wenig Sinn, und das Weiterbestehen der Akademie war in Frage gestellt. In dieser schwierigen Lage half *Admiral von Sievers* dem 20jährigen *Euler* und bot ihm den Posten eines Schiffsleutnants an. Doch 1730 starb *Peter* II.: die *Kaiserin Anna* bestieg den Thron und regierte bis 1740. Diese 10 Jahre waren für die Wissenschaft in Rußland eine glückliche Zeit und auch für *Euler* eine Periode erfolgreicher Arbeit. Leider mutete er sich zuviel zu. 1735 erkrankte er infolge Überarbeitung und verlor durch einen Abszeß sein rechtes Auge. Auf den Tod der *Kaiserin Anna* folgte ein Jahr innerer Wirren. Als 1741 die bisher übergangene Tochter *Peters des Großen* auf den Thron kam, wurden die Verhältnisse zwar langsam besser, aber *Euler* war doch Petersburg verleidet worden.

Als er daher 1741 von *Friedrich dem Großen* durch ein aus dem Feldlager (1. Schlesischer Krieg) stammendes Schreiben nach Berlin berufen wurde, nahm er diese Berufung an und wirkte 25 Jahre an der Berliner Akademie.

Euler hat Werke über die verschiedensten Gebiete der Mathematik und ihrer Anwendungen geschrieben, ja sogar als philosophischer Schriftsteller hat er sich versucht. 1768–1772 erschienen seine „Lettres à une princesse d'Allemagne sur quelques sujets de Physique et de Philosophie" (Briefe an eine deutsche Prinzessin über einige Gegenstände der Physik und der Philosophie). In diesen an die Töchter des *Markgrafen von Brandenburg-Schwedt* gerichteten Briefen bekämpfte er die *Wolf*sche Philosophie. 1747 erschien seine „Rettung der Offenbarung gegen die Einwürfe der Freigeister". Über *Eulers* Philosophie schrieb *d'Alembert* an *Lagrange*: „Notre ami

Euler est un grand analyste, mais un assez mauvais philosophe." (Unser Freund Euler ist ein großer Analytiker, aber ein reichlich schlechter Philosoph.)

1739 erschien *Eulers* „Tentamen novae theoriae musicae, ex certissimis harmoniae principiis dilucide expositae" (Versuch einer neuen musikalischen Theorie aus den sichersten Prinzipien der Harmonie deutlich abgeleitet). *Friedrich der Große* schrieb darüber: „Ein gewisser Geometer, der beim Rechnen ein Auge verloren hat, nahm sich heraus, durch a p l u s b ein Menuett zu komponieren. Wenn man ihn vor den Richterstuhl Apollos gebracht hätte, so wäre der arme Geometer Gefahr gelaufen, lebend geschunden zu werden wie Marsyas."

1749 erschien die „Scientia navalis, seu tractus de construendis ac dirigendis navibus" (Schiffswissenschaft, oder Abhandlung über Bau und Lenkung von Schiffen). Da Schiffsbauingenieure und Seeoffiziere aus dem Werk keinen Nutzen ziehen konnten, weil ihnen die nötigen mathematischen Vorkenntnisse fehlten, erschien 1773 die mehr auf die Fachkreise zugeschnittene „Théorie complète de la construction et de la manœuvre des vaisseaux" (Vollständige Theorie des Baus und der Lenkung von Schiffen). Man sieht, die deutschen Gelehrten schrieben damals ihre wissenschaftlichen Werke lateinisch. Wollten sie aber einmal besonders populär sein, so schrieben sie französisch.

Friedrich der Große zog *Euler* in verschiedenen technischen Fragen zu Rate. Er ließ sich Verbesserungsvorschläge für den Finowkanal machen und nach *Eulers* Plänen eine Wasserkunst für Sanssouci bauen. Dabei muß irgendein Konstruktionsfehler gemacht worden sein; die Anlage funktionierte nicht. Der König schrieb darüber am 25. I. 1778 an *Voltaire*: „Die Engländer haben Schiffe gebaut mit dem günstigsten Schnitt, den Newton angegeben hatte; und ihre Admirale haben mir versichert, daß diese Schiffe viel weniger gute Segler seien als die, welche nur nach den Regeln der Erfahrung gebaut sind. Ich wollte einen Springbrunnen in meinem Garten bauen; Euler berechnete die Leistung der Räder, um das Wasser in einen Behälter zu pumpen, von dem es durch Kanäle zurückfließen sollte, um in Sanssouci zu springen. Meine Mühle ist genau nach den Regeln der Geometrie gebaut worden, und sie hat nicht einen Tropfen Wasser die 50 Fuß des Behälters heben können. Nichtigkeit über Nichtigkeit! Nichtigkeit der Geometrie!"

Ein offener Konflikt zwischen dem *Könige* und *Euler* brach aus, als ein Kalender, den die Akademie auf Veranlassung der Regierung herausgab, unter *Eulers* Leitung im Jahre 1765 3000 Taler zuwenig einbrachte. Der *König* schrieb dazu am 16. VI. an *Euler*: „Ich, der ich nicht Kurven berechnen kann, weiß indessen, daß 16000 Taler Einnahme mehr wert sind als 13000."

Gekränkt beschloß *Euler*, Berlin zu verlassen und nach Petersburg zurückzukehren, wo *Katharina* II. die Wissenschaften großzügig förderte. *Friedrich der Große* schwankte, ob er *Euler* nicht mit Gewalt zurückhalten solle, nahm aber schließlich davon Abstand, da *Euler* ja der Geburt nach Schweizer Staatsbürger war. Er hielt jedoch einen Sohn *Eulers*, der Artillerieoffizier geworden war, ein Jahr lang gewaltsam zurück. Auf *d'Alemberts* Empfehlung wurde *Lagrange* als *Eulers* Nachfolger 1766 nach Berlin berufen. Die Verärgerung des Königs veranlaßte ihn in einem Briefe an *d'Alembert* vom 26. VII. 1766 zu folgenden spöttischen Bemerkungen über *Euler*: „Herr de la Grange will nach Berlin kommen . . ., und ich verdanke es Euren Bemühungen und Eurer Empfehlung, daß in meiner Akademie ein einäugiger Geometer ersetzt worden ist durch einen Geometer, der seine beiden Augen hat, was besonders den Anatomen gefallen wird. . . . M. Euler, der den großen und den kleinen Bären bis zur Tollheit liebt, ist dem Norden etwas näher gerückt, um sie mehr nach Wunsch beobachten zu können. Ein Schiff, das seine x, z und seine kk trug, hat Schiffbruch erlitten; alles ist verloren, und das ist schade, weil er damit 6 Foliobände Abhandlungen hätte anfüllen können, von Anfang bis zu Ende chiffriert. Europa wird vermutlich des angenehmen Vergnügens beraubt sein, das ihm diese Lektüre bereitet hätte."

Bald nach seiner Rückkehr nach Rußland erblindete *Euler* vollständig. Infolge seines starken Vorstellungsvermögens und seines vorzüglichen Gedächtnisses konnte er trotzdem noch verschiedene wissenschaftliche Arbeiten mit Unterstützung seines ältesten Sohnes fertigstellen. 1783 ist er gestorben.

Zu den Mathematikern, die *Friedrich der Große* hochherzig förderte, obwohl sie ihm eigentlich zuwider waren, gehört *J. H. Lambert* (1728–1777). Der *König* schrieb 1764 in einem Briefe an *d'Alembert*: „Man hat mich sozusagen fast gezwungen, die langweiligste Kreatur, die es im Universum gibt, in meine Akademie aufzunehmen. Er nennt sich Lambert, und obwohl ich bescheinigen kann, daß er nicht den gesunden Menschenverstand besitzt, behauptet man, daß er einer der größten Geometer Europas ist. Aber da dieser Mensch die Sprachen der Sterblichen nicht kennt und nur in Gleichungen und Algebra redet, werde ich nicht so bald die Ehre haben, mich mit ihm zu unterhalten. Indessen bin ich sehr zufrieden mit M. Toussaint, dessen Erwerbung ich gemacht habe. Seine Wissenschaft ist menschlicher als die des anderen. Toussaint ist ein Bürger von Athen und Lambert ein Karibe oder irgendein Wilder von der Küste der Kaffern. Indessen bis zu Euler liegt die ganze Akademie vor ihm auf den Knien, und dieses schmutzige Tier aus dem Sumpfe der dicksten Pedanterie nimmt die Huldigungen entgegen wie Kaligula die des römischen Volkes entgegennahm, bei dem er als Gott gelten wollte."

Lambert war allerdings auch noch anderen Leuten unsympathisch. *Lagrange* schreibt am 15. VII. 1769 an *d'Alembert*:

„M. Lambert hat etwas Eigenartiges in seiner Haltung und seinem Umgange, das zuerst mißfällt, und es überrascht mich nicht, daß der König von ihm nicht entzückt ist, hatte ich doch selbst Mühe, mich an seine Manieren zu gewöhnen. Er war, oder zum mindesten er schien mir so von sich eingenommen, als ich hierher kam, daß ich den Entschluß faßte, ihn nicht mehr zu besuchen, aber zu gleicher Zeit keine Gelegenheit vorübergehen zu lassen, ihn zu ducken; das hat ihn viel nachgiebiger gemacht, und augenblicklich sind wir ziemlich gute Freunde."

Zum Schluß will ich noch eine Stelle aus *Friedrichs des Großen* Werk „De la littérature allemande" (Über die deutsche Literatur) (1780) anführen, wo es heißt:

„Ich habe nichts einzuwenden gegen die, welche die Geometrie lehren. Diese Wissenschaft ist die einzige, welche keine Sekten hervorgebracht hat; sie ist gegründet auf der Analyse, auf der Synthese und der Rechnung; sie beschäftigt sich nur mit handgreiflichen Wahrheiten; daher hat sie das gleiche Verfahren in allen Ländern. Ich hülle mich gleichermaßen in ein ehrerbietiges Schweigen gegenüber der Theologie. Man sagt, daß es eine göttliche Wissenschaft sei, und daß es den gewöhnlich Sterblichen nicht erlaubt sei, am Weihrauchfaß zu rühren."

Gehen wir nun von den Staatsmännern zu den Künstlern über. *Leonardo da Vinci* (1452–1519), der das „Heilige Abendmahl" schuf und die „Mona Lisa", beschäftigte sich eingehend mit Perspektive und mathematischen Proportionen und konstruierte Belagerungsgeschütze und sogar Flugmaschinen. Sein Verhältnis zur Mathematik kennzeichnet folgender Ausspruch: „Wer die höchste Weisheit der Mathematik tadelt, nährt sich von Verwirrung und wird niemals Schweigen auferlegen den Widersprüchen der sophistischen Wissenschaften, durch die man nur ein ewiges Geschrei erlernt." Einer von *Leonardos* zahlreichen Schülern, *Giovanni Boltraffio*, schreibt unter anderem in seinem Tagebuche: „Heute gab mir mein Kollege *Marco d'Oggionno* ein Buch über die Perspektive, das den Worten des Meisters nachgeschrieben ist. Es fängt folgendermaßen an: Der Sonnenschein ist die größte Freude für den Körper, die Klarheit der mathematischen Wahrheit die größte Freude für den Geist. Das ist auch der Grund, daß die Wissenschaft der Perspektive allen anderen menschlichen Forschungen und Erkenntnissen vorzuziehen ist. Denn dabei verbindet sich die Betrachtung der strahlenden Linie mit der Klarheit der Mathematik und das größte Labsal für das Auge mit dem größten Labsal des Verstandes."

Was *Leonardo* für Italien war, das war für Deutschland der Nürnberger *Albrecht Dürer* (1471–1528). Er hat uns nicht nur wundervolle Gemälde, Kupferstiche, Holzschnitt und Handzeichnungen hinterlassen, sondern auch ein mathematisches Lehrbuch mit dem Titel: „Underweysung der messung mit dem zirckel ond richtscheyt in Linien ebnen onnd gantzen corporen durch Albrecht Dürer zusamen getzogen ond zu nutz aller kunstliebhabenden mit zugehörigen figuren in truck gebracht im jar MDXXV." *Hans Thoma* schreibt in der Vorrede zu der von ihm veranlaßten Neuherausgabe dieses Werkes: „So ist dies Buch durchaus nicht veraltet, es ist aus der Praxis hervorgewachsen aus feststehenden Denkgesetzen, es zeigt, wie notwendig zum künstlerischen Schaffen das auf dem Wissen beruhende Vorstellen vom Raume als Grundlage aller bildenden Künste ist."

Bei unseren großen Dichtern finden wir keine besondere Stellungnahme zur Mathematik. Ihr Standpunkt wird vielleicht am besten durch *Schillers* bekanntes Gedicht „An die Astronomen" gekennzeichnet.

„Schwatzet mir nicht so viel von Nebelflecken und Sonnen!
Ist die Natur nur groß, weil sie zu zählen euch gibt?
Euer Gegenstand ist der erhabenste freilich im Raume;
Aber, Freunde, im Raum wohnt das Erhabene nicht."

Eine Ausnahme macht jedoch *Goethe*. Er hat sich oft und ausführlich über die Mathematik ausgesprochen. Die Veranlassung dazu war folgende: In seiner „Farbenlehre" glaubte *Goethe* Ergebnisse gefunden zu haben, die denen *Newtons* widersprachen. Den Grund dafür erblickte er darin, daß *Newton* nicht nur Physiker, sondern auch Mathematiker war. Vielleicht erklären sich die Widersprüche zu *Newton* aber besser dadurch, daß *Goethe* nicht nur Physiker, sondern auch Dichter war?! Jedenfalls eifert *Goethe* immer wieder gegen die enge Verbindung von Mathematik und Physik. In der „Farbenlehre" selbst ist ein ganzer Abschnitt diesem Thema gewidmet. Ich führe einen Teil davon hier an:

„724. Wer bekennt nicht, daß die Mathematik, als eins der herrlichsten menschlichen Organe, der Physik von einer Seite sehr vieles genutzt? Daß sie aber durch falsche Anwendung ihrer Behandlungsweise dieser Wissenschaft gar manches geschadet, läßt sich auch nicht wohl leugnen, und man findet's, hier und da, notdürftig eingestanden.

725. Die Farbenlehre besonders hat sehr viel gelitten, und ihre Fortschritte sind äußerst gehindert worden, daß man sie mit der übrigen Optik, welche der Meßkunst nicht entbehren kann, vermengte, da sie doch eigentlich von jener ganz abgesondert betrachtet werden kann.

726. Dazu kam noch das Übel, daß ein großer Mathematiker über den physischen Ursprung der Farben eine ganz falsche Vorstellung bei sich festsetzte und durch seine großen Verdienste als Meßkünstler die Fehler, die er als Naturforscher begangen, von einer in Vorurteilen stets befangenen Welt auf lange Zeit sanktionierte.

727. Der Verfasser des Gegenwärtigen hat die Farbenlehre durchaus von der Mathematik entfernt zu halten gesucht, ob sich gleich gewisse Punkte deutlich genug ergeben, wo die Beihilfe der Meßkunst wünschenswert sein würde. Wären die vorurteilsfreien Mathematiker, mit denen er umzugehen das Glück hatte und hat, nicht durch andre Geschäfte abgehalten gewesen, um mit ihm gemeine Sachen machen zu können, so würde der Behandlung von dieser Seite einiges Verdienst nicht fehlen. Aber so mag denn auch dieser Mangel zum Vorteil gereichen, indem es nunmehr des geistreichen Mathematikers Geschäft werden kann, selbst aufzusuchen, wo denn die Farbenlehre seiner Hilfe bedarf und wie er zur Vollendung dieses Teils der Naturwissenschaft das Seinige beitragen kann."

Nun, ich glaube, die „vorurteilsfreien Mathematiker" werden wohl ihre Gründe gehabt haben, die Finger von *Goethes* Farbenlehre zu lassen und sich durch andere Geschäfte abhalten zu lassen. Von *Goethe*s „Maximen und Reflexionen" behandeln viele das gleiche Thema. Ich will nur eine kleine Auswahl hier hinsetzen:

„884. Als getrennt muß sich darstellen: Physik von Mathematik. Jene muß in einer entschiedenen Unabhängigkeit bestehen und mit allen liebenden, verehrenden frommen Kräften in die Natur und das heilige Leben derselben einzudringen suchen, ganz unbekümmert, was die Mathematik von ihrer Seite leistet und tut. Diese muß sich dagegen unabhängig von allem Äußeren erklären, ihren eigenen großen Geistesgang gehen und sich selber reiner ausbilden, als es geschehen kann, wenn sie, wie bisher, sich mit dem Vorhandenen abgibt und diesem etwas abzugewinnen oder anzupassen trachtet.

998. Die Mathematiker sind eine Art Franzosen: redet man zu ihnen, so übersetzen sie es in ihre Sprache, und dann ist es alsobald ganz etwas anders."

„1001. Wir müssen erkennen und bekennen, was Mathematik sei, wozu sie der Naturforschung wesentlich dienen könne, wohingegen sie nicht hingehöre, und in welche klägliche Abirrung Wissenschaft und Kunst durch falsche Anwendung seit ihrer Regeneration geraten ist.

1002. Die große Aufgabe wäre, die mathematisch-philosophischen Theorien aus den Teilen der Physik zu verbannen, in welchen sie Erkenntnis, anstatt sie zu fördern, nur verhindern, und in welchen die mathematische Behandlung durch Einseitigkeit der Entwicklung der neueren wissenschaftlichen Bildung eine so verkehrte Anwendung gefunden hat.

1004. *Tycho de Brahe*, ein großer Mathematiker, vermochte sich nur halb von dem alten System loszulösen, das wenigstens den Sinnen gemäß war, das er aber aus Rechthaberei durch ein kompliziertes Uhrwerk ersetzen wollte, das weder den Sinnen zu schauen noch den Gedanken zu erreichen war.

1005. *Newton* als Mathematiker steht in so hohem Ruf, daß der ungeschickteste Irrtum, nämlich das klare, reine, ungetrübte Licht sei aus dunklen Lichtern zusammengesetzt, bis auf den heutigen Tag sich erhalten hat, und sind es nicht Mathematiker, die dieses Absurde noch immer verteidigen und gleich dem gemeinsten Hörer in Worten wiederholen, bei denen man nichts denken kann?"

Tycho Brahe hatte ein Weltsystem aufgestellt, das zwischen dem alten Ptolemäischen und dem neuen Kopernikanischen vermitteln wollte. Die Erde stand ruhend im Mittelpunkte der Welt wie bei *Ptolemäus*, und um sie drehte sich die Sonne. Aber die Planeten bewegten sich nicht, wie bei *Ptolemäus*, in Epizyklen um die Erde, sondern in Kreisen um die Sonne. Der Nebeneinanderstellung von *Tycho Brahe* und *Newton* in 1004 und 1005 liegt wohl eine gewisse Absicht zugrunde. *Goethe* hielt sich für den „Kopernikus" der Farbenlehre, der in der Optik *Newton* überwunden hat, so wie *Kopernikus* in der Astronomie *Tycho Brahe* überwunden hat.

Ähnlich wie *Goethe* äußert sich *Schopenhauer* über *Newton* und die mathematischen Physiker. Der Grund ist der gleiche. Auch *Schopenhauer* hatte eine „Farbenlehre" geschrieben, die von den Physikern nicht recht anerkannt wurde. Er schreibt im 2. Band seiner „Parerga und Paralipomena", im § 108: „Goethe hatte den treuen, sich hingebenden, objektiven Blick in die Natur der Sachen; Newton war bloß Mathematiker, stets eilig, nur zu messen und zu rechnen, und zu dem Zwecke eine aus der oberflächlich aufgefaßten Erscheinung zusammengeflickte Theorie zum Grunde legend. Dies ist die Wahrheit: schneidet Gesichter wie ihr wollt!" Und im § 80: „Über die Polarisation des Lichtes haben die Franzosen nichts als unsinnige Theorien, aus der Undulation und der homogenen Lichter-Lehre, nebst Rechnungen, die sich auf nichts gründen. Stets sind sie eilig, nur zu messen und zu rechnen, halten es für die Hauptsache, und le calcul! le calcul! ist ihr Feldgeschrei. Aber ich sage: où le calcul commence, l'intelligence des phénomênes cesse: während Einer bloße Zahlen und Zeichen im Kopfe hat, kann er nicht dem Kausalzusammenhang auf die Spur kommen. Das Wieviel und Wiegroß hat für praktische Zwecke Wichtigkeit: in der Theorie aber kommt es hauptsächlich und zunächst auf das Was an."

In einem Briefe an *J. Frauenstädt* vom 15. VII. 1855 äußert sich *Schopenhauer* höchst abfällig über *Helmholtz*, weil dieser eine Broschüre „Über das Sehen des Menschen" geschrieben hatte, ohne *Schopenhauers* Schrift „kennen zu wollen". Der betreffende Brief lautet:

„Ihren Aufsatz in No. 27 der Europa hatte ich schon gelesen und gefunden, daß Sie von mir wohl hätten in einem etwas höhern Tone reden können, statt mich einigermaßen mit dem Helmholtz zu parallelisiren. Sagen, ‚er und ich ständen auf demselben Boden' ist wie sagen, der Montblanc und ein Maulwurfshaufen neben ihm ständen auf demselben Boden. Vor einem Jahr hat er einen abgeschmackten Aufsatz über Goethes Farbenlehre verfaßt. Sie hätten ihn dafür, daß er über das Sehn schreibt, ohne mich zu kennen, oder kennen zu wollen, herunterhunzen sollen, und nach Noten."

Schließlich schreibt *Schopenhauer* in seinen „Parerga und Paralipomena", 2. Band, Kapitel XXVI (Psychologische Bemerkungen):

„§ 356. Daß die niedrigste aller Geistesthätigkeiten die arithmetische sei, wird dadurch belegt, daß sie die einzige ist, welche auch durch eine Maschine ausgeführt werden kann; wie denn jetzt in England dergleichen Rechenmaschinen bequemlichkeitshalber schon in häufigem Gebrauch sind. – Nun läuft aber alle analysis finitorum et infinitorum im Grunde doch auf Rechnerei zurück. Danach bemesse man den ‚mathematischen Tiefsinn', über welchen schon *Lichtenberg* sich lustig macht, indem er sagt: ‚Die sogenannten Mathematiker von Profession haben sich, auf die Unmündigkeit der übrigen Menschen gestützt, einen Kredit von Tiefsinn erworben, der viel Ähnlichkeit mit dem von Heiligkeit hat, den die Theologen für sich haben.'"

Die abfälligen Äußerungen *Schopenhauers* über *Euklid* haben wir ja schon im 5. Kapitel kennengelernt. Daß im Gegensatz dazu mathematische und philosophische Begabung auch häufig in einer Person vereinigt sind, zeigen *Descartes* und *Leibniz*. Während bei beiden aber ihre mathematischen und philosophischen Forschungen getrennte Tätigkeiten darstellen, die eigentlich nichts miteinander zu tun haben, geht Kant in seiner Philosophie von der Mathematik aus und hat sich häufig über die große, weit über ihre Anwendungen hinausreichende Bedeutung dieser Wissenschaft ausgesprochen. In der Vorrede zu den „Metaphysischen Anfangsgründen der Naturwissenschaft" schreibt er:

„Eine reine Naturlehre über bestimmte Naturdinge (Körperlehre und Seelenlehre) ist nur vermittels der Mathematik möglich, und da in jeder Naturlehre nur so viel eigentliche Wissenschaft angetroffen wird, als sich darin Erkenntnis a priori befindet, *so wird Naturlehre nur so viel eigentliche Wissenschaft enthalten, als Mathematik in ihr angewandt werden kann.*"

Ferner in seinem „Versuch, den Begriff der negativen Größen in die Weltweisheit einzuführen" (1763):

„Was die Metaphysik anlangt, so hat diese Wissenschaft, anstatt sich einige von den Begriffen oder Lehren der Mathematik zunutze zu machen, vielmehr sich öfters wider sie bewaffnet, und wo sie vielleicht sichere Grundlagen hätte entlehnen können, um ihre Betrachtungen darauf zu gründen, sieht man sie bemüht, aus den Begriffen des Mathematikers nichts als feine Erdichtungen zu machen, die außer seinem Felde wenig Wahres an sich haben. Man kann leicht erraten, auf welcher Seite der Vorteil sein werde in dem Streite zweier Wissenschaften, deren die eine alle insgesamt an Gewißheit und Deutlichkeit übertrifft, die andere aber sich allererst bestrebt, dazu zu gelangen."

Und schließlich in seiner Schrift „Über Pädagogik" (1803):

„Bei einem Kinde muß man im Unterricht allmälig das Wissen und Können zu verbinden suchen. Unter allen Wissenschaften scheint die Mathematik die einzige der Art zu seyn, die diesen Endzweck am besten befriedigt."

Wir wollen unsere Betrachtungen schließen mit dem Urteil zweier Theologen. *Luther* sagt in seiner Schrift „An die Ratherrn aller Städte deutsches Lands, daß sie christliche Schulen aufrichten und halten sollen“ (1524):

„Wenn ich kinder hette und vermöchts, Sie müsten mir nicht alleyne die sprachen und historien hören, sondern auch singen und die musica mit der gantzen mathematica lernen. Denn was ist dis alles denn eyttel kinder spiel? darynnen die Kriechen yhre kinder vor zeytten zogen, da durch doch wunder geschickte leut aus worden zu allerley hernach tüchtig.“

Luthers treuer Helfer *Philipp Melanchthon* schließlich urteilt über die Arithmetik folgendermaßen (aus dem Lateinischen übersetzt):

„Nicht wenn ich hundert Zeugen hätte, könnte ich aufzählen, in wie vielen Fällen die Zahlen Nutzen gewähren. Und so augenfällig und auf der Hand liegend ist der Nutzen nicht nur der Zahlen, sondern auch der Kunst, welche lange und verwickelte Rechnungen mit wunderbarer Geschicklichkeit durchführt und erklärt, daß ich niemanden für so stumpf halte, daß er nicht die Zahlen bewundere und die Rechenkunst hochschätze. Kein Gebildeter kann sie vernachlässigen, weil sie die Quelle und der Anfang alles Vernunftschließens ist.“

19. Kapitel

Mathematik und Spiel

Auf dem bekannten Kupferstich *Dürers* „Melancholie" befindet sich folgendes magische Quadrat:

16	3	2	13
5	10	11	8
9	6	7	12
4	15	14	1

Man versteht unter einem magischen Quadrat ein Quadrat von 9, 16, 25, 36 ... Feldern, in die die Zahlen von 1 bis 9, 16, 25, 36 ... so hineingeschrieben sind, daß die untereinanderstehenden, die nebeneinanderstehenden und die beiden in den Diagonalen stehenden Zahlen die gleiche Summe ergeben. Bei einem 16stelligen Quadrat ergibt sich dabei 10mal die Summe 34:

$$
\begin{array}{cccccccccc}
 & 16 & + & 3 & + & 2 & + & 13 & = & 34 \\
 & + & + & + & & + & + & + & & \\
 & 5 & + & 10 & + & 11 & + & 8 & = & 34 \\
 & + & & + & + & + & & + & & \\
 & 9 & + & 6 & + & 7 & + & 12 & = & 34 \\
 & + & + & + & & + & + & + & & \\
 & 4 & + & 15 & + & 14 & + & 1 & = & 34 \\
 // & \| & & \| & & \| & & \| & & \backslash\backslash \\
34 & 34 & & 34 & & 34 & & 34 & & 34
\end{array}
$$

Es ist gar nicht so einfach, ein derartiges magisches Quadrat aufzustellen. Der Leser versuche sich selbst einmal an dem einfachsten Fall, einem Quadrat mit 9 Feldern, in die die Zahlen von 1 bis 9 hineinzuschreiben sind, so daß ebenfalls alle waagerechten und alle senkrechten Reihen und schließlich auch die beiden Diagonalen die gleiche Summe ergeben, die dann also 8mal auftreten muß.

Es ist eine ganze Reihe von Verfahren ersonnen worden, um derartige Quadrate zu finden. Wir beschränken uns hier darauf, für Quadrate mit ungerader Zellenzahl eine fertige Regel ohne weitere Begründung anzugeben. Wir erklären sie an einem Quadrat mit 25 Zellen: Man schreibe zunächst die 1 in das mittelste Feld der obersten Reihe und gehe dann immer schräg nach rechts oben weiter. Kommt man dabei oben aus dem Quadrat heraus, wie das ja gleich zu Anfang mit der 2 der Fall ist, so fährt man am unteren Rande des Quadrates fort. Gerät man rechts aus dem Quadrat heraus, wie bei der 4, so fährt man am linken Rand fort. Ist eine Zelle, in die man eine Zahl hineinschreiben will, bereits besetzt (hier durch

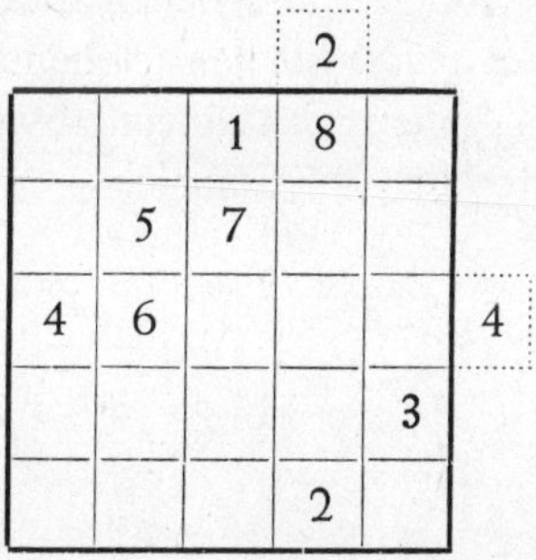

die 1), so schreibt man die betreffende Zahl (hier die 6) senkrecht unter die vorhergehende. Schließlich kann es noch vorkommen, daß man in diagonaler Richtung rechts oben aus dem Quadrat herauskommt. Dann schreibt man

die betreffende Zahl (16) ebenfalls unter die vorhergehende. Das fertige Quadrat sieht dann so aus:

17	24	1	8	15
23	5	7	14	16
4	6	13	20	22
10	12	19	21	3
11	18	25	2	9

und ergibt 12mal die Summe 65.

Die mathematischen Bastler haben sich mit gewöhnlichen magischen Quadraten nicht zufrieden gegeben, sondern sich noch allerlei erschwerende Zusatzbedingungen gestellt, so z. B. bei einem Quadrat von 64 Zellen die, daß es in 4 Teilquadrate zerfallen soll, von denen jedes wieder magisch ist. Das ganze Quadrat ergibt die Summe 260 und jedes der vier Teilquadrate die Summe 130.

58	7	29	36	54	11	17	48
59	6	32	33	55	10	20	45
8	57	35	30	12	53	47	18
5	60	34	31	9	56	46	19
62	3	21	44	50	15	25	40
63	2	24	41	51	14	28	37
4	61	43	22	16	49	39	26
1	64	42	23	13	52	38	27

Das folgende magische Quadrat von 81 Feldern zerfällt in 9 Teilquadrate, die ebenfalls einzeln magisch sind, aber verschiedene Summen haben. Das ganze Quadrat hat die Summe 369. Schreibt man in die Teilquadrate ihre Sum-

11	18	13	74	81	76	29	36	31
16	14	12	79	77	75	34	32	30
15	10	17	78	73	80	33	28	35
56	63	58	38	45	40	20	27	22
61	59	57	43	41	39	25	23	21
60	55	62	42	37	44	24	19	26
47	54	49	2	9	4	65	72	67
52	50	48	7	5	3	70	68	66
51	46	53	6	1	8	69	64	71

men, so ergibt sich folgendes 9zellige magische Quadrat:

42	231	96
177	123	69
150	15	204

Kunstvoll ist auch folgendes Quadrat, bei dem 3 magische Quadrate ineinandergeschachtelt sind. Das größte, 49zellige, hat die Summe 175, das mittlere, 25zellige, die Summe 125 und das kleine, 9zellige, die Summe 75.

40	1	2	3	42	41	46
38	31	13	14	32	35	12
39	30	26	21	28	20	11
43	33	27	25	23	17	7
6	16	22	29	24	34	44
5	15	37	36	18	19	45
4	49	48	47	8	9	10

Manuel Moschopulos, ein byzantinischer Gelehrter, der die Eroberung Konstantinopels durch die Türken (1453) miterlebte und sich viel mit magischen Quadraten beschäftigte, hat sogar ein „magisches Parkett" angegeben:

14	9	2	5	14	9	2	5	....
3	4	15	8	3	4	15	8	....
13	10	1	6	13	10	1	6	....
0	7	12	11	0	7	12	11	....
14	9	2	5	14	9	2	5	....
3	4	15	8	3	4	15	8	....
13	10	1	6	13	10	1	6	....
0	7	12	11	0	7	12	11	....
.....	.....	.....	.....	.....	.....	.....	.....	....

Schneidet man aus diesem Parkett irgendein 16zelliges Quadrat heraus, so ist es stets magisch. Nicht jedes magische Quadrat gibt ein magisches Parkett, da die Diagonalen der herausgeschnittenen Quadrate im allgemeinen nicht die gleiche Summe ergeben.

Wir werden weiter unten noch einmal auf magische Quadrate zurückkommen und wollen jetzt zu einer anderen Art von merkwürdigen Quadraten übergehen, den sogenannten *Euler*schen Quadraten. Wir beginnen mit folgender Aufgabe. Die Buben, Damen, Könige und Asse eines Kartenspiels sollen so zu einem Quadrat gelegt werden, daß weder in einer waagerechten noch in einer senkrechten Reihe zwei Karten desselben Ranges oder derselben Farbe liegen, d. h. in jeder Reihe soll gerade ein Bube, eine Dame, ein König und ein Aß liegen und außerdem auch gerade ein Kreuz, ein Pik, ein Herzen und ein Karo. Bezeichnen wir Bube, Dame, König, Aß mit den großen Buchstaben B, D, K, A und Kreuz, Pik, Herzen, Karo mit den kleinen Buchstaben k p, h, c, so daß also z. B. Kc den Karokönig bezeichnet, so ist die Lösung der gestellten Aufgabe folgende:

Bk	Dp	Kh	Ac
Ah	Kc	Dk	Bp
Kp	Ak	Bc	Dh
Dc	Bh	Ap	Kk

Die ursprüngliche Aufgabe *Eulers* lautete folgendermaßen[1]: 36 Offiziere, welche 6 verschiedenen Regimentern und 6 verschiedenen Chargen angehören, so zwar, daß jedes Regiment durch jede Charge einmal vertreten ist, sollen so in Reihen von je 6 aufgestellt werden, daß Offiziere gleicher Charge oder gleichen Regiments weder in derselben waagerechten noch derselben senkrechten Reihe vorkommen. Nehmen wir an, es wäre ein Fähnrich, ein Leutnant, ein Hauptmann, ein Major, ein Oberst und ein General gewesen, die wir mit F, L, H, M, O, G bezeichnen wollen, und es bedeute L3 z. B. einen Leutnant vom 3. Regiment, so wäre

F1	L2	H3	M4	O5	G6
H2	M3	O4	G5	F6	L1
O3	G4	F5	L6	H1	M2
L4	H5	M6	O1	G2	F3
M5	O6	G1	F2	L3	H4
H6	M1	O2	G3	F4	L5

also eine verkehrte Anordnung, da z. B. in der ersten senkrechten Reihe zwei Hauptleute stehen, in der zweiten senkrechten Reihe zwei Majore usw. Der Leser versuche selbst, die Anordnung richtigzustellen!

[1]) „Recherches sur une nouvelle espèce de carrés magiques", Verhandelingen van het Genootschap te Vlissingen 1782, IX, p. 85—239.

Es wird ihm das kaum gelingen, denn schon *Euler* erklärte die Aufgabe für unlösbar, und *Clausen*, der Assistent des Astronomen *Schumacher*, hatte angeblich einen Beweis für die Unlösbarkeit[1]). Merkwürdigerweise ist die Aufgabe für 5 und 7 Chargen bzw. Regimenter wieder lösbar. Lassen wir also den General und das 6. Regiment fort, so lautet die Lösung:

F1	L2	H3	M4	O5
H2	M3	O4	F5	L1
O3	F4	L5	H1	M2
L4	H5	M1	O2	F3
M5	O1	F2	L3	H4

Nehmen wir dagegen noch einen Unteroffizier U und ein 7. Regiment hinzu, so lautet die Lösung:

U1	F2	L3	H4	M5	O6	G7
L2	H3	M4	O5	G6	U7	F1
M3	O4	G5	U6	F7	L1	H2
G4	U5	F6	L7	H1	M2	O3
F5	L6	H7	M1	O2	G3	U4
H6	M7	O1	G2	U3	F4	L5
O7	G1	U2	F3	L4	H5	M6

Gauß hat die verschärfende Bedingung hinzugefügt, daß sich auch in den beiden Diogonalreihen keine Charge und keine Regimentsnummer wiederholen soll. In den obigen beiden *Euler*schen Quadraten ist für die eine Diagonale diese Bedingung bereits erfüllt. In der anderen Diagonale dagegen stehen lauter Offiziere des 5. bzw.

[1]) Brief *Schumachers* an *Gauß* vom 10. VIII. 1842. Ein Unmöglichkeitsbeweis ist gegeben worden von *G. Tarry* in den Mém. de la Soc. Roy. des Sc. de Liège (3) t. II, 1900.

7. Regiments. Ein *Gauß*sches Quadrat ist z. B. das folgende:

F1	L2	H3	M4	O5
M3	O4	F5	L1	H2
L5	H1	M2	O3	F4
O2	F3	L4	H5	M1
H4	M5	O1	F2	L3

Aus jedem *Gauß*schen Quadrat läßt sich ein magisches gewinnen, aber nicht umgekehrt. Ersetzen wir z. B. in dem obigen Quadrat die Buchstaben F, L, H, M, O durch die Ziffern 1, 2, 3, 4, 5, so daß zweiziffrige Zahlen entstehen, so erhalten wir das magische Quadrat:

11	22	33	44	55
43	54	15	21	32
25	31	42	53	14
52	13	24	35	41
34	45	51	12	23

mit der Summe 165. Es hat den Schönheitsfehler, daß es nicht die Zahlen von 1 bis 25 enthält. Um ein normales magisches Quadrat zu erhalten, ersetzen wir die Buchstaben F, L, H, M, O durch die Zahlen 0, 5, 10, 15, 20 und bilden die Summen mit den Regimentsnummern:

0 + 1	5 + 2	10 + 3	15 + 4	20 + 5
15 + 3	20 + 4	0 + 5	5 + 1	10 + 2
5 + 5	10 + 1	15 + 2	20 + 3	0 + 4
20 + 2	0 + 3	5 + 4	10 + 5	15 + 1
10 + 4	15 + 5	20 + 1	0 + 2	5 + 3

Dadurch erhalten wir das magische Quadrat

1	7	13	19	25
18	24	5	6	12
10	11	17	23	4
22	3	9	15	16
14	20	21	2	8

mit der Summe 65.

Euler hat für das Quadrat mit 64 Feldern (Schachbrett) noch eine ganze andere Aufgabe gestellt[1]). Er schreibt darüber: „Eines Tages befand ich mich in einer Gesellschaft, als bei Gelegenheit des Schachspiels jemand die Frage aufwarf, mit dem Springer bei gegebenem Anfangsfeld alle Felder des Schachbretts der Reihe nach, jedes nur einmal, zu passieren." Die Bewegung des Springers besteht bekanntlich in einem schrägen und einem darauf folgenden waagerechten oder senkrechten Zuge. Die Abb. 19,1 zeigt, daß ein Springer je nach der Lage des Anfangsfeldes nach 2, 3, 4, 6 oder 8 Feldern springen kann.

Die Form, in der die von *Euler* gestellte Aufgabe in den Unterhaltungszeitschriften erscheint, ist die folgende: In die 64 Felder des Schachbretts wird ein Gedicht aus 64 Silben geschrieben, und zwar in jedes Feld eine Silbe, derart, daß zwei im Gedicht aufeinanderfolgende Silben auf dem Schachbrett „rösseln", d. h. in der Form eines Springerzuges aufeinanderfolgen. Es wird also vom Leser nicht verlangt, einen Rösselsprung zu erfinden, sondern

[1]) „Solution d'une question curieuse qui ne paroit soumise à aucune analyse." Histoire de l'academie royale des sciences de Berlin, tome XV 1759, p. 310.

einen schon vorhandenen Rösselsprung zu entdecken. Die Abb. 19,2 enthält ein Beispiel.

Die Lösung gibt die Abb. 19,3.

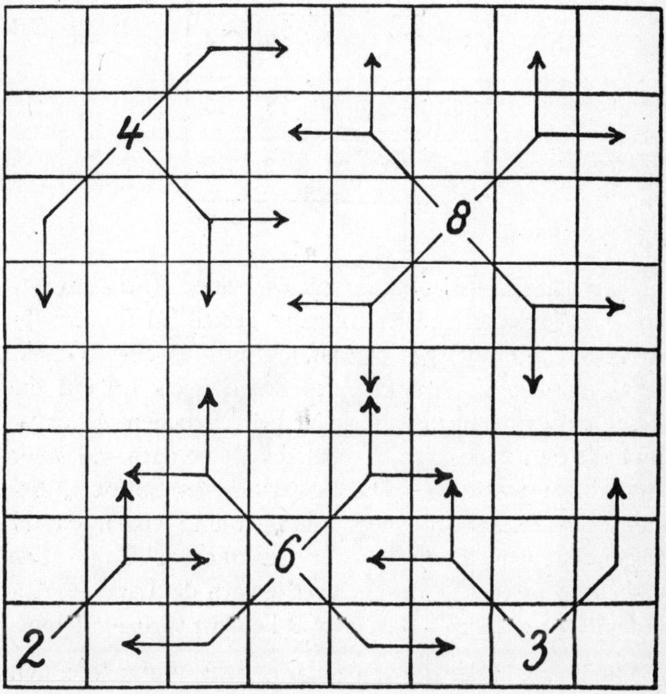

Abb. 19,1 Bewegungsmöglichkeiten des Springers beim Schachspiel

Es ist das ein besonders kunstvoller Rösselsprung, weil man von dem Endfeld wieder auf das Anfangsfeld springen kann. Bei einem solchen „geschlossenen Rösselsprung" kann man also von jedem beliebigen Felde anfangen.

Obwohl die Aufstellung eines Rösselsprungs schon an und für sich eine recht schwierige Aufgabe ist und die eines geschlossenen Rösselsprungs natürlich noch mehr Schwierigkeiten bereitet, hat man sich noch weitere erschwerende Bedingungen gestellt. Einer der kunstvollsten Rösselsprünge, die erdacht worden sind, ist der durch Abb. 19,4 dargestellte.

hi	li	tritt	Stel	Im	im	sen	Viel
Fuß	che	nan	rein	ge	Strand	Ha	schwei
fried	de	che	am	le	er	tau	Fel
Vö	schen	li	sta	send	Am	gen	fen
nes	ne	gel	schäu	ein	O	blickst	le
Hü	hell	Men	Ich	Se	Wel	sa	den
ei	Kei	Kri	das	met	Land	ze	du
stall	ten	weiß	gel	an	kein	die	me

Abb. 19,2 Rösselsprung

Er zerfällt in zwei geschlossene Rösselsprünge, die in Abb. 19,4 dadurch gekennzeichnet sind, daß der eine punktiert ist. Zweitens ist er symmetrisch zum Mittelpunkt des Schachbretts. Dreht man den Rösselsprung um 180°, so geht der ausgezogene Teil in den punktierten über und umgekehrt. Am wunderbarsten ist aber schließlich die dritte Eigenschaft: Man kann die Lösung eines Rösselsprungs statt durch Figuren wie Abb. 19,3 und 19,4 auch dadurch geben, daß man die 64 Felder in der Reihenfolge, in welcher sie vom Springer durchlaufen werden, durch die

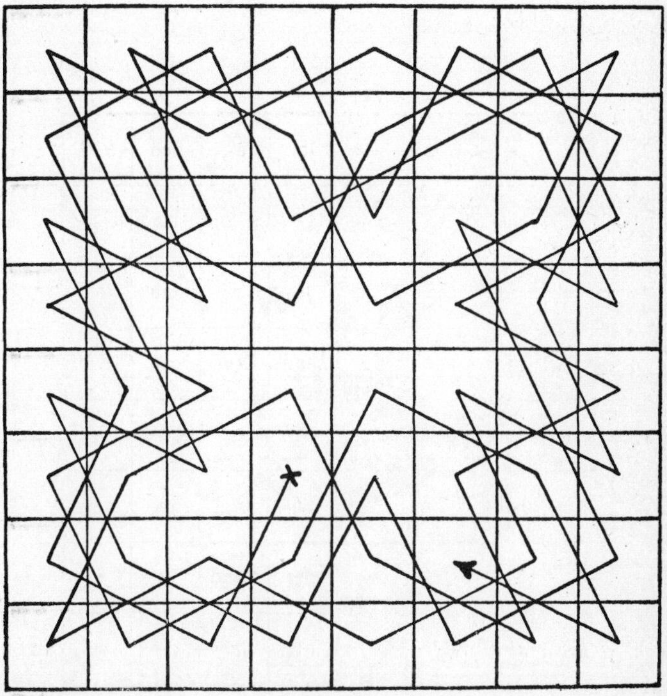

Abb. 19,3 Lösung des Rösselsprunges der Abb. 19,2

Ziffern von 1 bis 64 bezeichnet. Tut man das bei dem Rösselsprung der Abb. 19,4, so ergibt sich nach Abb. 19,5 ein Quadrat, das beinahe magisch ist, indem alle waagerechten und alle senkrechten Reihen die Summe 260 ergeben. Zu einem wirklichen magischen Quadrat fehlen also bloß noch die Summen der beiden Diagonalen, die hier leider 192 und 328 betragen.

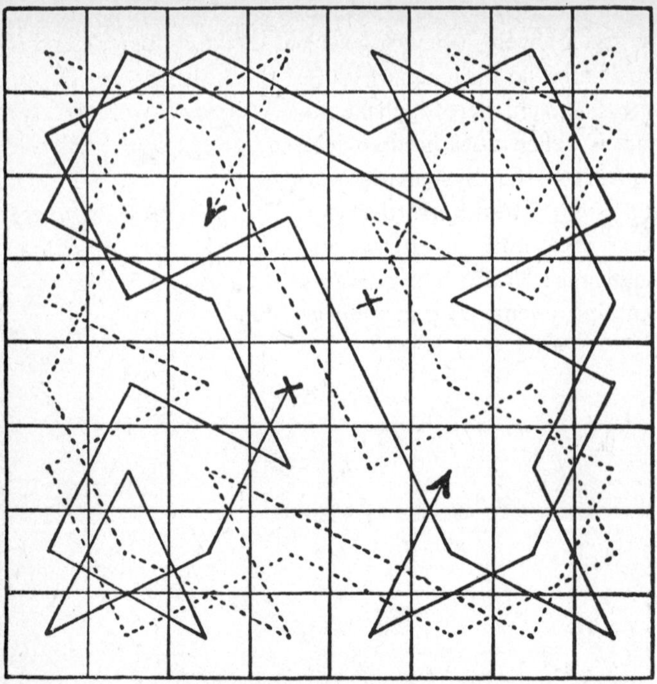

Abb. 19,4 Rösselsprung, der in zwei symmetrische Teile zerfällt

50	11	24	63	14	37	26	35
23	62	51	12	25	34	15	38
10	49	64	21	40	13	36	27
61	22	9	52	33	28	39	16
48	7	60	1	20	41	54	29
59	4	45	8	53	32	17	42
6	47	2	57	44	19	30	55
3	58	5	46	31	56	43	18

Abb. 19,5 „Magisches Quadrat, das zum Rösselsprung der Abb. 19,4 gehört

Nur wer selbst einmal versucht hat, derartige Quadrate zu finden, weiß, wieviel geistige Arbeit in ihnen steckt. Man kann sie nicht durch bloßes Probieren finden. Dazu ist die Anzahl der Möglichkeiten, die Zahlen in die einzelnen Zellen zu schreiben, viel zu groß. Man muß mit einer gewissen Systematik vorgehen, d. h. es ist nicht nur große Geduld erforderlich, sondern auch nicht wenig Scharfsinn, und fast tut es uns leid, daß solche Fähigkeiten und Kräfte hier nur auf ein Spiel verwendet worden sind, wenn auch auf ein geistreiches.

20. Kapitel

Mathematik und Scherz

1. Ein Araber hinterläßt seinen 3 Söhnen 17 Kamele und bestimmt in seinem Testament, daß der älteste Sohn die Hälfte, der zweite Sohn ein Drittel und der jüngste Sohn ein Neuntel erben soll. Es darf aber natürlich kein Kamel durchgeschnitten werden. Wie konnten die Söhne den letzten Willen ihres Vaters zur Ausführung bringen?

2. Zu einem Uhrmacher kommt ein Fremder und kauft eine Uhr zum Preise von 30 RM. Er bezahlt mit einem Hundertmarkschein, und da der Uhrmacher nicht genügend Kleingeld hat, muß er den Hundertmarkschein bei einem Nachbar wechseln. Nachdem der Käufer längst fort ist, kommt der Nachbar aufgeregt zum Uhrmacher und behauptet, der Hundertmarkschein sei falsch, und verlangt Schadenersatz. Der Schein ist tatsächlich falsch, und der Uhrmacher muß seinem Nachbarn 100 RM zahlen. Außerdem ist er die Uhr los im Wert von 30 RM und die 70 RM, die er dem Schwindler ausgezahlt hat. Das macht einen Gesamtverlust von 200 RM — oder nicht??

3. Auf den Schotten *Alkuin*, von dem wir im 2. Kapitel sprachen, geht die Aufgabe der erschwerten Überfahrt zurück: An dem einen Ufer eines Flusses befindet sich ein Mann mit einem Wolf, einer Ziege und einem Kohlkopf und will hinüber. Es steht ihm aber nur ein kleiner Kahn zur Verfügung, der immer nur den Mann und einen seiner drei Gefährten tragen kann, es müssen also immer zwei am Ufer zurückbleiben. Wie stellt es der Mann an,

damit dabei der Wolf nicht die Ziege oder die Ziege nicht den Kohlkopf auffrißt?

4. Eine moderne Abart dieser Geschichte, die weniger unwahrscheinlich klingt, lautet folgendermaßen: Zwei eifersüchtige Ehemänner befinden sich mit ihren Frauen am Übergang über einen Fluß und treffen dort ein kleines Boot ohne Fährmann, das nur zwei Personen faßt. Wie ist die Überfahrt zu bewerkstelligen, wenn sich dabei niemals eine Frau ohne ihren Mann in Gesellschaft des anderen Mannes befinden soll?

5. Wie schreibt man: Elftausendelfhundertundelf?

6. Wie kann man beweisen, daß 7 die Hälfte von 12 und 6 die Hälfte von 11 ist?

7. Zwei Väter und zwei Söhne aßen zum Frühstück drei Eier, und jeder aß ein ganzes Ei. Wie war das möglich?

8. In einer Familie sind 5 Söhne, und jeder Sohn hat eine Schwester. Wieviel Geschwister waren es?

9. a) Auf dem Dache sitzen 7 Spatzen. Einer wird totgeschossen. Wieviel bleiben sitzen? b) In einer Kammer spielen 7 Mäuse. Eine wird totgeschlagen. Wieviel bleiben liegen?

10. Es schrieb ein Mann an eine Wand:
„Zehn Finger hab ich an einer Hand,
Fünf und zwanzig an Händen und Füßen;
Wer dies liest, muß zu lesen wissen!"
Wie ist es zu lesen?

11. *Friedrich der Große* schickte einmal an *Voltaire* einen Brief mit folgendem rätselhaften Inhalt:

$$\frac{\text{p}}{\text{Venez}} \text{ à } \frac{6}{100}$$

Darauf antwortete *Voltaire* mit nur zwei Buchstaben, nämlich: „G a". Was bedeuteten diese beiden geheimnisvollen Schreiben?

12. Ein Baum ist 15 m hoch. Eine Schnecke will hinauf; sie kriecht jeden Tag 7 m in die Höhe und in der darauffolgenden Nacht wieder 5 m hinunter. Wann wird sie oben sein?

13. In einer Bücherei steht ein zweibändiges Werk. Jeder Band ist 35 mm stark und in einen 3 mm dicken Einband gebunden. Ein Bücherwurm kriecht von der ersten Seite des ersten Bandes bis zur letzten Seite des zweiten Bandes. Welche Strecke legt er dabei zurück?

14. Uralte Aufgaben, die sich schon bei *Heron von Alexandrien* finden (um 125 v. Chr.), sind die Brunnenaufgaben, die sich in ungezählten Varianten in den Mathematikbüchern aller Länder finden. Eine dieser Aufgaben lautet: Von 4 Brunnen ist der erste imstande, eine Zisterne an einem Tage zu füllen, der zweite braucht dazu 2 Tage, der dritte 3 und der vierte 6 Tage. In welcher Zeit würden alle 4 Brunnen zusammen die Zisterne füllen?

15. Bei *Johan Widman* (1489) findet sich die Aufgabe in folgender Einkleidung: Ein Löwe, ein Wolf und ein Hund fressen zusammen ein Schaf. Der Löwe allein würde mit dem Schaf in einer Stunde fertig werden, der Wolf würde 3 Stunden daran fressen und der Hund 6 Stunden. Wie lange dauert die Mahlzeit, wenn alle drei gemeinsam fressen?

16. *Leonhard Euler* erblindete, wie wir schon im 18. Kapitel hörten, 1766 in Petersburg. Um sich davon zu überzeugen, daß sein ausgezeichnetes Gedächtnis und sein ungewöhnliches Vorstellungsvermögen ihn trotz der Erblindung zu mathematischen Arbeiten befähigten, verfaßte er zunächst ein elementares Lehrbuch der Algebra. Er diktierte das Buch einem Diener, den er sich aus Berlin mitgebracht hatte und der ursprünglich Schneidergeselle gewesen war. Obwohl dieser Diener also nur ge-

ringe Kenntnisse besaß, gelangte er durch das *Euler*sche Diktat zum vollen Verständnis der Algebra. In diesem Buch, das durch die traurigen Umstände seiner Entstehung bemerkenswert ist, findet sich folgende Aufgabe:

Drei Spieler spielen drei Spiele miteinander. Im ersten Spiel verliert der erste, und der zweite und dritte gewinnen gerade so viel, daß sich ihr Geld verdoppelt. Im zweiten Spiel verliert der zweite, und die beiden anderen gewinnen gerade so viel, daß sich ihr Geld verdoppelt. Im dritten Spiel schließlich verliert der dritte, und die beiden ersten verdoppeln durch den Gewinn ihr Geld. Schließlich haben am Ende des dritten Spiels alle drei gleich viel, nämlich 24 fl. (Abkürzung für Florin = Gulden). Wieviel hat jeder Spieler zu Anfang gehabt?

17. Ein mathematischer Grundsatz, der bei Gleichungen immer wieder angewendet wird, lautet: Gleiches zu Gleichem addiert gibt Gleiches. Dafür ein Beispiel:

1 Katze hat 4 Beine
0 Katze hat 3 Beine

(Der letzte Satz soll heißen: Keine Katze hat drei Beine.) Addiert man nun die beiden obigen Gleichungen, so folgt der merkwürdige Satz:

1 Katze hat 7 Beine.

Wo steckt der Fehler?

18. Nach den Bruchregeln werden Brüche miteinander multipliziert, indem man Zähler mit Zähler und Nenner mit Nenner multipliziert. Es ist also:

$$\frac{1}{2}\,\text{DM} \cdot \frac{1}{2}\,\text{DM} = \frac{1}{4}\,\text{DM} = 25\ \text{Dpf}$$

Nun kann ich statt ½ DM aber 50 Dpf schreiben und erhalte:

$$50\ \text{Dpf} \cdot 50\ \text{Dpf} = 2500\ \text{Dpf} = 25\ \text{DM}$$

Je nachdem, wie ich schreibe. erhalte ich also 25 Dpf oder 25 DM. Wo steckt der Fehler?

19. Die Unbekannte nennt man in Gleichungen meist x. Ich bezeichne nun das Anderthalbfache von x mit y. Es ist also

$$y = 1\tfrac{1}{2}\,x = \tfrac{3}{2}\,x$$

oder, wenn ich beiderseits mit 4 multipliziere:

$$4\,y = 6\,x$$

Dafür kann ich auch schreiben:

$$14\,y - 10\,y = 21\,x - 15\,x$$

oder, wenn ich auf beiden Seiten 15 x addiere

$$15\,x + 14\,y - 10\,y = 21\,x$$

Nun subtrahiere ich auf beiden Seiten 14 y:

$$15\,x - 10\,y = 21\,x - 14\,y$$

und klammere links 5 und rechts 7 aus:

$$5\,(3\,x - 2\,y) = 7\,(3\,x - 2\,y)$$

Dividiere ich nun beide Seiten durch die Klammer, so folgt 5 = 7. Wo steckt der Fehler?

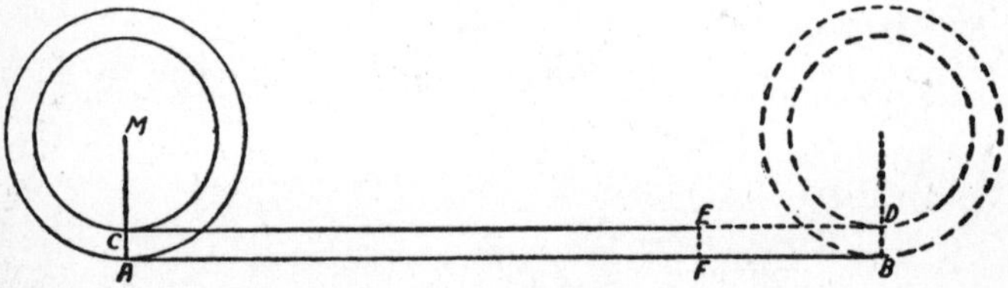

Abb. 20,1 Rollende Räder

20. In Abb. 20,1 mögen die beiden Kreise fest miteinander verbunden sein und wie ein Rad nach rechts rollen. Nachdem der große Kreis gerade einmal auf AB abgerollt ist, befinden sich die beiden Kreise in der gestrichelten Lage. Bei dieser Bewegung ist aber der kleine Kreis auf CD abgerollt! Demnach ist CD der Umfang des kleinen Kreises genau so wie AB der Umfang des großen Kreises ist. Da AB und CD gleich lang sind, heißt das aber: der

Umfang des kleinen Kreises ist gleich dem Umfang des großen Kreises! Wo steckt der Fehler?

21. Um die Erde soll ein Tau gelegt werden, das längs des 40 068 km langen Äquators anliegen soll. Wir nehmen dabei den Äquator als einen genauen Kreis an, denken uns also alle Unebenheiten der Erdoberfläche fort. Das besagte Tau soll nun aber 1 m zu lang sein. Es liegt also nicht absolut dicht an. Wie groß ist wohl der Zwischenraum, der zwischen Äquator und Tau bleibt? Könnte eine Laus unter dem Tau hindurchkriechen??

22. Ein Flugzeug hat eine Geschwindigkeit von 300 km in der Stunde. Es fliegt von einem Orte A nach einem 600 km entfernten Orte B, wendet dort und fliegt sofort wieder nach A zurück. Bei Windstille würde es also zum Hin- und Rückfluge 4 Stunden brauchen. Braucht es dieselbe Zeit, wenn ein Wind von A nach B weht, so daß das Flugzeug beim Hinfluge Rückenwind und beim Rückfluge Gegenwind hat? Nehmen wir beispielsweise an, daß die Windgeschwindigkeit 100 km in der Stunde beträgt.

23. Multipliziere die Zahl 142 857 der Reihe nach mit 1, 3, 2, 6, 4 und 5! Welche merkwürdige Eigenschaft haben die 6 Produkte?

24. Multipliziere die Zahl 12 345 679 der Reihe nach mit 9, 18, 27, 36, 45, 54, 63, 72 und 81!

25. Die Inder, die Erfinder unseres Zahlensystems, hatten eine merkwürdige Freude an großen Zahlen. Das zeigt unter anderem folgende Geschichte: Den Erfinder des Schachspiels *Sessa Ebn Daher* forderte der König *Shehram* auf, sich eine Belohnung für seine Erfindung auszubitten. Er erbat sich die Zahl der Weizenkörner, die auf ein Schachbrett kämen, wenn man auf das erste Feld 1 legt, auf das zweite 2, auf das dritte 4, das vierte 8 usw.,

d. h. auf jedes folgende Feld doppelt soviel wie auf das vorhergehende. Wie groß war schätzungsweise die Anzahl der Weizenkörner?

26. Ich habe 2 Eltern, 4 Großeltern, 8 Urgroßeltern, 16 Ururgroßeltern usw. Wie groß war schätzungsweise die Anzahl meiner Ahnen bei Beginn unserer Zeitrechnung, also vor rund 2000 Jahren, wenn auf ein Jahrhundert etwa 3 Generationen kommen?

27. Um 9 Uhr morgens wird ein Mord entdeckt. Der Entdecker teilt die Nachricht innerhalb der Viertelstunde zwischen 9 und 9¼ Uhr drei Personen mit. Jede dieser drei Personen teilt sie innerhalb der nächsten Viertelstunde drei weiteren Personen mit, und so geht es weiter, indem jeder, der die Nachricht gehört hat, immer in der nächsten Viertelstunde drei Personen findet, denen die Nachricht noch neu ist, und die sie nun von ihm erfahren. Wann würde wohl die ganze Menschheit, wenn wir sie auf 2 Milliarden schätzen, auf diese Weise die Nachricht erhalten haben?

28. a) Wieviel Sekunden hat schätzungsweise ein Jahr? b) In welcher Zeit verfließt ein Million Sekunden? c) In welcher Zeit verfließt eine Billion Sekunden?

L ö s u n g e n :

1. Nur dadurch, daß sie sich ein Kamel borgten. Sie hatten dann also 18 Kamele. Der älteste Sohn erhielt die Hälfte, also 9 Kamele, der zweite Sohn ein Drittel, also 6 Kamele, und der jüngste Sohn ein Neuntel, also 2 Kamele. 9 + 6 + 2 ist aber 17! Das geborgte Kamel blieb also übrig und konnte zurückgegeben werden.

Warum geht es in dieser Geschichte so merkwürdig zu? Das erkennt man sofort, wenn ich die gleiche Geschichte noch einmal mit kleineren Zahlen erzähle: Ein Araber hinterließ seinen b e i d e n Söhnen 3 Kamele mit der Bestimmung, daß der ältere die Hälfte und der jüngere ein Viertel erben sollte. Die Söhne borgten sich ein Kamel, so daß sie nun 4 hatten. Der ältere erhielt die Hälfte, also 2, und der jüngere ein Viertel, also 1, macht zusammen 3, und das geborgte Kamel bleibt wieder übrig.

Der Grund dafür, daß der Ausgang der Geschichte so überraschend ist, ist folgender: Wenn wir hören, daß der älteste Sohn $\frac{1}{2}$, der zweite $\frac{1}{3}$ und der jüngste $\frac{1}{9}$ bekommen soll, so nehmen wir unwillkürlich an, daß $\frac{1}{2} + \frac{1}{3} + \frac{1}{9}$ zusammen ein Ganzes ergibt. Das ist aber nicht der Fall. Es ist vielmehr nach den Regeln der Bruchrechnung:

$$\frac{1}{2} + \frac{1}{3} + \frac{1}{9} = \frac{9}{18} + \frac{6}{18} + \frac{2}{18} = \frac{17}{18}.$$

Es fehlt zum Ganzen also $^1/_{18}$, und daher geht die Teilung nur auf, wenn dieses $^1/_{18}$ hinzugefügt, d. h. ein Kamel geliehen wird. Die zweite Fassung der gleichen Geschichte ist nicht so wirkungsvoll, weil hier jeder gleich merkt, daß $\frac{1}{2} + \frac{1}{4}$ nicht ein Ganzes ergibt.

2. Nein, der Verlust beträgt nur 100 RM, denn die 70 RM, die der Uhrmacher dem Schwindler gab, hatte er ja von den 100 RM. Kleingeld bezahlt, die ihm der Nachbar für den Schein gegeben hatte, und noch 30 RM. übrigbehalten. Diese 30 RM kann er jetzt seinem Nachbarn wiedergeben und muß nur noch 70 RM zulegen. Diese 70 RM sind also sein Verlust und die Uhr im Werte von 30 RM.

3. Es dürfen am Ufer immer nur der Wolf und der Kohlkopf unbewacht zurückbleiben. Der Mann nimmt also bei der ersten Überfahrt die Ziege mit. Dann fährt er zurück (2. Fahrt) und holt den Wolf. Hat er ihn übergesetzt (3. Fahrt), so nimmt er auf der Rückfahrt (4. Fahrt) die Ziege wieder mit. Dann setzt er den Kohlkopf über (5. Fahrt) und holt schließlich noch die Ziege (6. und 7. Fahrt).

4. Es setzen zuerst die beiden Frauen über, und die eine von ihnen fährt mit dem Boot wieder zurück. Dann setzen die beiden Männer über, und die bereits übergesetzte Frau fährt mit dem Boot wieder zurück und holt die andere Frau auch noch hinüber.

5. Nicht etwa 111 111, denn das ist Einhundertelftausendeinhundertundelf. Man kann die Zahl eigentlich gar nicht schreiben, höchstens 12 111, denn Elftausend ist 11 000 und Elfhundert ist 1100. Das macht zusammen 12 100. Der Scherz entsteht dadurch, daß wir Jahreszahlen anders lesen als andere Zahlen. 1900 lesen wir z. B. als Jahreszahl Neunzehnhundert, sonst aber Eintausendneunhundert.

6. Indem man 12 und 11 in römischen Ziffern schreibt: XII und XI. Dann sind die oberen Hälften VII und VI.

7. Es waren Großvater, Vater und Sohn.

8. Nicht etwa 10, sondern nur 6, da ja alle Söhne dieselbe Schwester haben.

9. Es bleibt kein Spatz sitzen, da die 6 nicht getroffenen fortfliegen. Dieser Scherz ist wohl so allgemein bekannt, daß niemand mehr auf ihn hereinfällt. Läßt man aber auf ihn sofort die andere Geschichte folgen, so erhält man meist die Antwort: „Keine, sie laufen alle weg." Das ist aber falsch! Die totgeschlagene bleibt liegen.

10. Mit anderer Interpunktion: Zehn Finger hab ich, an einer Hand fünf, und zwanzig an Händen und Füßen.

11. Der Brief des Alten Fritz ist folgendermaßen zu lesen: „Venez sous p à cent sous six" (Venez souper à Sanssouci), und die Antwort Voltaires: „G grand, a petit" (J'ai grand appetit).

12. Die meisten rechnen so: Die Schnecke kommt täglich $7 - 5 = 2$ m in die Höhe, also braucht sie $15 : 2 = 7\frac{1}{2}$ Tage. Das ist aber falsch, denn nach 4 Tagen ist

sie 8 m hoch gekommen. Wenn sie nun am 5. Tag 7 m hoch kriecht, so ist sie oben!

13. Man denkt zunächst, der Wurm muß beide Bände und zwei Einbanddecken durchkriechen, also 76 mm. Das ist aber nur richtig, wenn die beiden Bände v e r k e h r t in der Bücherei stehen. Sind sie richtig aufgestellt, so steht der erste Band links und der zweite Band rechts. Dann ist aber die erste Seite des ersten Bandes der letzten Seite des zweiten Bandes benachbart, und der Wurm braucht nur die 6 mm der beiden Einbände zu durchkriechen. Wer's noch nicht glaubt, stelle zwei Bücher vor sich hin und sehe nach!

14. Der

1.	Brunnen	füllt	in	einem	Tage	die	ganze	Zisterne
2.	"	"	"	"	"	"	halbe	"
3.	"	"	"	"	"	"	$^1/_3$	"
4.	"	"	"	"	"	"	$^1/_6$	"

Also würden alle vier Brunnen zusammen in einem Tage

$$1+\frac{1}{2}+\frac{1}{3}+\frac{1}{6}=\frac{6}{6}+\frac{3}{6}+\frac{2}{6}+\frac{1}{6}=\frac{12}{6}=2$$

Zisternen füllen. Eine Zisterne füllen sie also in einem halben Tage.

15. Der Löwe frißt in einer Stunde ein ganzes Schaf, der Wolf $^1/_3$ Schaf und der Hund $^1/_6$ Schaf. Alle drei zusammen fressen also in einer Stunde

$$1+\frac{1}{3}+\frac{1}{6}=\frac{6}{6}+\frac{2}{6}+\frac{1}{6}=\frac{9}{6}=\frac{3}{2}$$

also ein und ein halbes Schaf. Für ein Schaf brauchen sie also $^2/_3$ Stunden oder 40 Minuten.

16. Wir bezeichnen die Spieler mit I, II und III und gehen in der Betrachtung rückwärts. Am Schluß waren also die fl. gleichmäßig verteilt:

I. 24, II. 24, III. 24.

Da im 3. Spiel I und II ihr Geld verdoppelt haben, so

muß vor dem 3. Spiel die Verteilung folgende gewesen sein:

I. 12, II. 12, III. 48.

Im 2. Spiel haben I und III ihr Geld verdoppelt, also war die Verteilung vor dem 2. Spiel:

I. 6, II. 42, III. 24.

Im 1. Spiel haben II und III ihr Geld verdoppelt. Also war die Verteilung vor dem 1. Spiel, d. h. zu Anfang des Spiels:

I. 39, II. 21, III. 12.

17. Der Fehler steckt darin, daß die Sätze „1 Katze hat 4 Beine" und „Keine Katze hat 3 Beine" doch keine Gleichungen sind. Das Wörtchen „hat" bedeutet doch nicht dasselbe wie „ist gleich". Deswegen ist es sinnlos, die beiden Sätze zu addieren.

18. Der Fehler liegt darin, daß es unsinnig ist, DM mit DM oder Dpf mit Dpf multiplizieren zu wollen. Man kann zwar Meter mit Meter multiplizieren, denn dann erhält man als Ergebnis Quadratmeter, und das hat einen guten Sinn. Quadratmark und Quadratpfennige aber, die eigentlich in den beiden obigen Gleichungen auf der rechten Seite stehen müßten, gibt es nicht.

19. Der Trugschluß klärt sich folgendermaßen auf: Der Fehler steckt in dem allerletzten Schluß. Alle vorhergehenden Rechnungen waren richtig, aber auch überflüssig, und dienten nur dazu, den wahren Sachverhalt zu verschleiern. Lasse ich dieses Beiwerk fort, so sieht der Trugschluß folgendermaßen aus:

$$5 \cdot 0 = 7 \cdot 0.$$

Diese Gleichung ist offenbar richtig, denn 5 mal 0 ist Null und 7 mal 0 ist auch Null. Dividiere ich nun durch 0, so folgt:

$$5 = 7$$

und das ist falsch, denn durch Null darf ich nicht dividieren. Wie wir schon im 1. Kapitel sahen, stellt die Null die erste Erweiterung unseres Zahlensystems dar. Bei jeder derartigen Erweiterung muß nun erst untersucht werden, ob wirklich alle Regeln, die für die alten Zahlen galten, auch für die neuen Zahlen gültig bleiben. Die Regel, daß man jede Gleichung durch eine beliebige Zahl dividieren darf, gilt für die Zahl Null eben nicht. Wir können uns das noch einmal so klarmachen: Wenn ich kein Geld habe, so kann ich sagen: „Ich habe keine 1000 D-Mark", ich kann aber auch sagen: „Ich habe keine 100 D-Mark." Das kann ich mathematisch so schreiben:

$$0 \cdot 1000\,\text{DM.} = 0 \cdot 100\,\text{DM.}$$

Daraus folgt doch nun aber nicht, daß 1000 DM = 100 DM sind. Das, was in dem obigen Trugschluß in der Klammer steht, ist aber Null, da ja y das Eineinhalbfache von x sein sollte.

20. Der Fehler liegt in der Annahme, daß die beiden Kreise gleichzeitig „abrollen". Es kann nur immer einer rollen; der andere muß eine aus Rollen und Gleiten zusammengesetzte Bewegung ausführen. Rollt der große Kreis auf AB, so rutscht der kleine Kreis auf CD immer etwas nach vorn. Rollt dagegen der kleine Kreis auf CE, so rutscht der große Kreis auf AB immer etwas zurück. Wenn z. B. das Rad eines Eisenbahnwagens oben auf der Schiene rollt, und der Spurkranz berührt seitlich die Schiene, wie das in Kurven der Fall ist, so führt der Spurkranz ebenfalls eine aus Gleiten und Rollen zusammengesetzte Bewegung aus, was sich durch den bekannten quietschenden Ton bemerkbar macht.

21. Der Umfang eines Kreises ist 2π mal dem Radius, d. h. er ist rund 6mal so lang wie der Radius, oder umgekehrt: Der Halbmesser ist $\frac{1}{6}$ des Umfanges. In Abb. 20,1 sei AB der Umfang des großen und CE der Umfang des kleinen Kreises. Dann ist also der Radius MA der 6. Teil

des Umfanges AB und MC ist $\frac{1}{6}$ von CE. Dann ist aber der Unterschied AC der beiden Radien auch $\frac{1}{6}$ des Unterschiedes FB der beiden Umfänge. AC ist also, und darauf kommt es an, nur von dem Unterschiede der beiden Umfänge abhängig, nicht jedoch von der Größe des einzelnen Umfanges. Wie groß also AB und CE auch sein mögen, wenn ihr Unterschied 1 m beträgt, so ist der Unterschied AC der beiden Radien $\frac{1}{6}$ m, d. h. rund 16 cm. Das gilt also auch, wenn CE der Umfang des Äquators und AB die Länge unseres Taues ist. AC ist dann der fragliche Abstand, der zwischen Tau und Äquator bleibt.

22. Man denkt zunächst, da das Flugzeug einmal mit und einmal gegen den Wind fliegt, müßte sich die Wirkung des Windes aufheben. Das ist aber nicht der Fall. Bei Rückenwind hat das Flugzeug eine Geschwindigkeit von 400 km/Std., braucht also für die 600 km lange Strecke $\frac{600}{400}$ Std. = $1\frac{1}{2}$ Std. Bei Gegenwind ist die Geschwindigkeit 200 km/Std., also dauert der Rückflug $\frac{600}{200}$ = 3 Stunden. Die Gesamtzeit für Hin- und Rückflug beträgt demnach $4\frac{1}{2}$ Std., also $\frac{1}{2}$ mehr als bei Windstille. Die Wirkung des Windes hebt sich nur auf, wenn der Wind während der gleichen Zeit beschleunigend und verzögernd wirkt. Fliegt das Flugzeug 2 Stunden mit dem Winde, legt es eine Strecke von $2 \cdot 400 = 800$ km zurück. Fliegt es 2 Stunden gegen den Wind, ist die zurückgelegte Strecke $2 \cdot 200 = 400$ km, zusammen also 1200 km wie bei Windstille. In unserer Aufgabe wirkt der Wind aber nicht während der gleichen Zeit, sondern über der gleichen Strecke, und zwar $1\frac{1}{2}$ Std. beschleunigend und 3 Stunden verzögernd, im ganzen also verzögernd.

23. Es ist: $1 \cdot 142\,857 = 142\,857$
$3 \cdot 142\,857 = 428\,571$

$$2 \cdot 142\,857 = 285\,714$$
$$6 \cdot 142\,857 = 857\,142$$
$$4 \cdot 142\,857 = 571\,428$$
$$5 \cdot 142\,857 = 714\,285$$

Die Reihenfolge der Ziffern ist also immer dieselbe, die Zahlen beginnen bloß immer mit einer anderen Ziffer. 142 857 ist nämlich die Periode von $\frac{1}{7}$, wenn man diesen Bruch in einen Dezimalbruch entwickelt.

24. Es ist:

$$9 \cdot 12\,345\,679 = 111\,111\,111$$
$$18 \cdot 12\,345\,679 = 222\,222\,222$$
$$27 \cdot 12\,345\,679 = 333\,333\,333$$
$$36 \cdot 12\,345\,679 = 444\,444\,444$$
$$45 \cdot 12\,345\,679 = 555\,555\,555$$
$$54 \cdot 12\,345\,679 = 666\,666\,666$$
$$63 \cdot 12\,345\,679 = 777\,777\,777$$
$$72 \cdot 12\,345\,679 = 888\,888\,888$$
$$81 \cdot 12\,345\,679 = 999\,999\,999$$

012 345 679 ist die Periode von $\frac{1}{81}$. Multipliziert man $\frac{1}{81}$ mit 9, so ergibt sich $\frac{1}{9}$, und $\frac{1}{9}$ gibt, in einen Dezimalbruch entwickelt, 0,111 . . ., multipliziert man mit 18, so ergibt sich $\frac{2}{9} = 0{,}222\ldots$ usw.

25. Die Anzahl der Weizenkörner auf den ersten 8 Feldern ist

$$1, 2, 4, 8, 16, 32, 64, 128$$

oder in Potenzschreibweise:

$$1, 2, 2^2, 2^3, 2^4, 2^5, 2^6, 2^7$$

Die Anzahl auf den 8 Feldern der zweiten Reihe des Schachbrettes ist:

$$2^8, 2^9, 2^{10}, 2^{11}, 2^{12}, 2^{13}, 2^{14}, 2^{15}$$

und so geht das weiter. Auf dem 8. Felde befinden sich also 2^7 Körner, auf dem 16. Felde 2^{15} Körner usw., auf dem letzten, 64. Felde, 2^{63} Körner. Nennen wir die Summe aller Körner S, so ist also:

(1) $S = 1 + 2 + 2^2 + \ldots + 2^{61} + 2^{62} + 2^{63}$

Diese Summe berechnet man folgendermaßen: Durch Multiplikation mit 2 ergibt sich:

(2) $2S = 2 + 2^2 + 2^3 + \ldots + 2^{62} + 2^{63} + 2^{64}$

Vergleichen wir die beiden rechten Seiten, so erkennen wir, daß sie alle Summanden gemeinsam haben bis auf das 1. Glied von (1) und das letzte Glied von (2). Subtrahieren wir (1) von (2), so ergibt sich also

$$S = 2^{64} - 1$$

Die Potenzen wachsen nun sehr rasch an. Es ist

$$2^{64} - 1 = 18\,446\,744\,073\,709\,551\,615$$

also über 18 Trillionen! Mit dieser Menge könnte man den gesamten festen Teil der Erdoberfläche mit einer zentimeterdicken Körnerschicht bestreuen.

26. Da auf ein Jahrhundert rund 3 Generationen kommen, hatte ich also vor 100 Jahren 8 Ahnen, vor 200 Jahren $8^2 = 64$ Ahnen, vor 300 Jahren $8^3 \ldots$, vor 2000 Jahren also etwa $8^{20} = 2^{60}$, d. h. rund eine Trillion Ahnen. Die Erdoberfläche beträgt rund 500 Billionen Quadratmeter. Es hätten also damals auf jedem Quadratmeter der gesamten Erdoberfläche (einschließlich der Polarzonen, aller Ozeane, aller Gebirge und Wüsten) etwa 2000 meiner Ahnen stehen müssen! Und was meinen Ahnen recht ist, ist natürlich denen meiner 2 Milliarden Mitmenschen billig. Der Widerspruch klärt sich dadurch auf, daß durch Verwandtenehen immer ein Ahnen*verlust* eintritt.

27. Bereits um 14 Uhr! Nach 5 Stunden haben die Nachricht nämlich so viel Menschen erfahren, wie die Summe

$$1 + 3 + 3^2 + 3^3 + \ldots + 3^{20} = 5\,230\,176\,601$$

Daß es in Wirklichkeit so schnell nicht gehen wird, liegt unter anderem daran, daß hier eine ähnliche Erscheinung auftritt wie der Ahnenverlust in der Ahnentafel. Immer häufiger werden die, welche die Nachricht verbreiten wollen, auf Leute stoßen, die die Nachricht bereits von anderer Seite gehört haben.

28. Ein Jahr hat 12 Monate, ein Monat rund 30 Tage, ein Tag 24 Stunden, eine Stunde 60 Minuten und eine Minute 60 Sekunden. Folglich hat das Jahr

$$12 \cdot 30 \cdot 24 \cdot 60 \cdot 60 = 31\,104\,000 \text{ Sekunden}$$

also rund 31 Millionen Sekunden. Ein Monat dagegen hat nur

$$30 \cdot 24 \cdot 60 \cdot 60 = 2\,592\,000 \text{ Sekunden.}$$

Eine Million Sekunden verfließt daher in etwa 14 Tagen. Eine Billion Sekunden dagegen erst in rund 30 000 Jahren. In geschichtlicher Zeit hat die Menschheit also noch keine Billion Sekunden erlebt.

REGISTER

INHALTSVERZEICHNIS